天线技术可以无源地放大
无线系统的能力

陈志宁

二零二三年十月

"十四五"时期国家重点出版物出版专项规划项目

● 6G 前沿技术丛书

下一代通信和雷达系统的基片集成毫米波天线

［新加坡］陈志宁（Chen Zhining）
［新加坡］卿显明（Qing Xianming）　／ 编著

杨晶　苗光辉　丁伟　陶啸　崔万照　　／ 译

北京理工大学出版社
BEIJING INSTITUTE OF TECHNOLOGY PRESS

图书在版编目（ＣＩＰ）数据

下一代通信和雷达系统的基片集成毫米波天线／
（新加坡）陈志宁，（新加坡）卿显明编著；杨晶等译
．－－北京：北京理工大学出版社，2024.1（2024.9 重印）
书名原文：Substrate - Integrated Millimeter - Wave
Antennas for Next - Generation Communication and
Radar Systems
ISBN 978 - 7 - 5763 - 2220 - 0

Ⅰ.①下… Ⅱ.①陈… ②卿… ③杨… Ⅲ.①通信系
统-微波天线-研究②雷达系统-微波天线-研究 Ⅳ.
①TN822

中国国家版本馆 CIP 数据核字（2023）第 053168 号

北京市版权局著作权合同登记号 图字：01 - 2023 -1315

责任编辑：李玉昌　　**文案编辑**：李玉昌
责任校对：周瑞红　　**责任印制**：李志强

出版发行 / 北京理工大学出版社有限责任公司
社　　址 / 北京市丰台区四合庄路 6 号
邮　　编 / 100070
电　　话 / （010）68944439（学术售后服务热线）
网　　址 / http：//www.bitpress.com.cn

版 印 次 / 2024 年 9 月第 1 版第 2 次印刷
印　　刷 / 廊坊市印艺阁数字科技有限公司
开　　本 / 710 mm×1000 mm　1/16
印　　张 / 21.75
彩　　插 / 2
字　　数 / 402 千字
定　　价 / 88.00 元

图书出现印装质量问题，请拨打售后服务热线，负责调换

主 编 简 历

陈志宁，新加坡工程院院士，**IEEE Fellow**。

1985 年获通信工程学院电子工程专业工学学士学位，1988 年获通信工程学院微波与电磁场工程专业工学硕士学位，1993 年获通信工程学院电气工程专业工学博士学位，2003 年于日本筑波大学获其第二个工学博士学位。

1988—1995 年，陈教授在通信工程学院从事教学与科研。1993—1995 年，加入东南大学做博士后，后任副教授。1995—1997 年赴香港城市大学，曾任研究助理及研究员。2001 年和 2004 年两次获日本学术振兴会资助赴日本筑波大学从事短期访问研究（高级研究员）。2004 年，作为访问学者加入美国 IBM Thomas J. Watson 研究中心从事天线研究工作。2013 年，作为 DIGITEO 高级客座科学家加入法国 Supelec 大学。2015 年，加入日本仙台东北大学东北亚研究中心，担任高级客座教授。1999—2016 年，加入新加坡科技与研究局资讯通信研究院（I^2R），曾任首席科学家、射频与光学研究部主任、技术顾问。2012 年，加入新加坡国立大学电气与计算机工程系任终身教授。曾兼任东南大学（长江学者讲座教授）、南京大学、清华大学、上海交通大学、同济大学、中国科技大学、复旦大学、大连海事大学、台湾科技大学、华南理工大学、上海大学、北京邮电大学、云南大学、北京理工大学、香港城市大学和千叶大学等学校客座教授。现任东南大学毫米波国家重点实验室、香港城市大学太赫兹毫米波国家重点实验室学术委员会委员。受邀在重要国际学术会议上作主题报告/大会报告/大会特邀报告 100 多次，发表学术论文 660 篇以上，出版学术著作 5 本：*Broadband Planar Antennas*（Wiley，2005 年）、*UWB Wireless Communication*（Wiley，2006 年）、*Antennas for Portable Devices*（Wiley，2007 年）、*Antennas for Base Stations in Wireless Communications*（McGraw-Hill，2009 年）、*Handbook of Antenna Technologies*（76 章）（Springer，2016 年）。参与撰写了 *Developments in Antenna Analysis and Design*（IET，2018 年）、*UWB Antennas and Propagation：For Communications,*

Radar and Imaging（Wiley，2006 年）、*Antenna Engineering Handbook*（McGraw-Hill，2007 年）、*Microstrip and Printed Antennas*（Wiley，2010 年）、*Electromagnetics of Body Area Networks*（Wiley，2016 年）中的相关章节。受理/授权发明专利 36 项，实现工业界技术转让成果 40 多项。在国际上率先开展研究小型和宽带/超宽带天线、可穿戴/植入医疗天线、封装天线、近场天线/线圈、三维集成 LTCC 阵列、微波透镜天线、面向通信/传感/成像系统应用的微波超材料/超表面/超金属线天线，最近研究重点是人工智能算法在超材料和天线优化与综合中的应用。

2019 年，陈教授因其在无线通信技术研发和商业化的卓越贡献而当选新加坡工程院院士；2021 年，获 IEEE 天线与传播学会颁发的克劳斯天线奖（John D. Kraus Antenna Award），以表彰他在天线工程用电磁超材料研究领域所作出的开创性贡献。2007 年，因其在无线通信应用小型、宽带天线领域的突出贡献，当选 IEEE Fellow。2010 年，获得天线与传播国际会议最佳论文奖；2008 年、2015 年两次获 CST 大学出版奖；2013 年，获东盟杰出工程成就奖；2006 年、2013 年、2014 年三次获新加坡工程师学会杰出工程奖；2014 年，获新加坡科技研究局资讯通信研究院最佳季度论文奖；2005 年，获 IEEE iWAT 最佳海报奖；1990—1997 年间，多项成果获得中国科技进步奖，指导的学生获得 23 项学术奖励；1997 年，日本学术振兴会（JSP）资助其在日本筑波大学开展研究。作为技术顾问、客座教授和首席科学家，为新加坡和海外 9 家电信、IT 跨国公司及中小企业提供技术咨询服务。他是 2005 年国际天线技术研讨会（iWAT）、2010 年国际资讯通信及多媒体技术在生物医学及健保中应用专题大会（IS 3T－in－3A）、2010 年国际微波论坛（IMWF）、2012 年亚太天线与传播会议（APCAP）的发起人及首届大会主席。

陈教授在国际学术界十分活跃，作为大会主席、技术程序委员会主席、评奖委员会主席、国际指导委员会主席组织与参与了众多国际学术活动。2015—2020 年，任 IEEE Council on RFID 副主席；2018—2020 年，任期刊 IEEE *Journal of RFID* 副主编；IEEE RFID 杰出演讲者；2010—2016 年，任 IEEE *TRANSACTION ON ANTENNAS AND PROPAGATION* 副编辑；2009—2012 年，IEEE 天线与传播学会杰出演讲者；2008 年，任新加坡 IEEE MTT/AP 分会主席；2015 年，筹建 IEEE RFID 分会并担任主席；2019—2020 年，担任 IEEE RFID 分会主席；2021 年，在新加坡举办的 IEEE APS 和 USNC－URSI 无线科学会议上担任大会总主席；现为 IEEE MTT－29 委员会委员。

卿显明，IEEE Fellow。

1985 年，获电子科技大学电磁场工程学士学位；2010 年，获日本千叶大学电气电子工程专业工学博士学位。

1985—1996 年，卿博士先后在电子科技大学担任助教、讲师、副教授。1997 年，加入新加坡国立大学从事高温超导天线研究。1998 年起，任职于新加坡科技研究局资讯通信研究院（I²R），现任信号处理射频光学部首席科学家和射频团队负责人。主要研究方向是无线应用之天线设计和测量，近期研究重点是波束控制天线、基于新材料/超材料的天线、近场天线、医疗天线和毫米波/亚毫米波天线。

卿博士在国际学术期刊或会议上发表或与他人共同发表论文 270 余篇，编著出版学术著作 2 本：*Handbook of Antenna Technologies*（Springer，2016 年）和 *Substrate Integrated Millimeter Wave Antennas for Next-generation Communications and Radars*（Wiley-IEEE Press，2021 年）。参与撰写在 *Antenna for Portable device*（Wiley，2007 年）、*Ultra-Wideband Short-Pulse Electromagnetics 7*（Springer，2007 年）、*Antennas for Fixed Base-Stations in Wireless Communications*（McGraw-Hill，2009 年）、*Microstrip and Printed Antennas：New Trends，Techniques and Applications*（Wiley，2010 年）、*Antenna Technologies Handbook*（Springer，2015 年）、*Electromagnetics of Body-Area Networks：Antennas，Propagation，and RF Systems*（Wiley-IEEE press，2016 年）、*Developments in Antenna Analysis and Synthesis*（IET，2018 年）、*Antennas for Small Mobile Terminals*》（Artech House，2018 年）、*Substrate Integrated Millimeter Wave Antennas for Next-generation Communications and Radars*（Wiley-IEEE Press，2021 年）等书。受理和授权发明专利 21 项。2010 年获 IEEE 天线与传播国际会议最佳论文奖，2015 年获 CST 大学出版奖，2016 年获 IEEE 亚太天线与传播会议最佳学生论文奖。1993 年和 1995 年获得四川省电子工业进步一等奖，1995 年和 1997 年获得四川省电子工业进步三等奖，1994 年获中国电子工业部科学技术进步二等奖，1997 年获中国电子工业部科学技术进步三等奖，2006 年、2013 年、2014 年三次获新加坡工程师学会杰出工程奖，2014 年获新加坡制造业联合会奖。

卿博士是 IEEE Fellow，是期刊 IEEE *Open Journal of Vehicular Technology* 和 *International Journal of Microwave and Wireless Technologies*（Cambridge University Press/EuMA）副主编，期刊 *Chinese Journal of Electronics* 编委会委

员，2015 年、2018 年两次担任 IEEE 亚太天线传播会议和 2016 年 IS 3Tin3 A 会议的大会联合主席。2021 年在新加坡举办的 IEEE APS 和 USNC – URSI 无线科学会议上担任大会联合主席。现任 IEEE 天线及传播学会 Fellow 评审委员会委员（2023—2024）和标准委员会委员（2022—2023）。

推　荐　序

    如今大量有关毫米波天线设计分析的研究论文不断涌现，说明毫米波天线的研究已经非常成熟。陈志宁教授及其同事们包括他已经毕业的研究生们，多年来在这一领域做出了重大贡献。许多即将推出的无线系统如5G移动通信、汽车防撞系统、无人机自动控制系统、卫星雷达和通信系统等都将工作在毫米波频段，因此本书的出版非常及时。

    读者将会发现本书的覆盖面既广又深，不仅详细介绍了毫米波技术的特点、天线设计的独特挑战、毫米波测量技术及测量设备，而且全面介绍了可以通过LTCC技术实现的多种改进毫米波频段的典型天线技术。天线设计包括低剖面基片集成波导缝隙天线、超材料宽带天线阵列、基片集成腔天线、大口径背腔基片集成波导缝隙天线、圆极化基片集成波导狭缝天线、具有抑制表面波损耗的微带天线、面向汽车雷达应用的基板集成天线和基板边缘辐射天线。本书最后还总结了实现低旁瓣的天线方向图合成技术。

    本书特别适合从事毫米波天线设计的工程师、学者和研究生阅读和学习。最后，我要祝贺陈志宁教授和他的合著者们，您们共同编写的这部著作将对全球天线界大有裨益。

香港城市大学电子工程系讲座教授
IEEE Fellow
陆贵文

陈志宁教授、卿显明教授主编的《下一代通信和雷达系统的基片集成毫米波天线》一书的中译本，经过中国空间技术研究院西安分院译者们的共同努力，终于可以奉献给广大读者了。

天线是 5G/6G 无线系统的重要组件，天线设计需要新颖和可靠的解决方案，以实现良好且稳定的性能，并降低各种设备和平台之间跨系统集成的复杂性和困难。《下一代通信和雷达系统的基片集成毫米波天线》共分 11 章，围绕着通信和雷达系统的毫米波天线设计相关问题，每章自成体系，基于现有的天线和阵列集成技术，通过设计实例详细阐述了不同毫米波天线的设计流程和设计思路。针对某些特定的应用场景，可能对毫米波天线在宽带、高增益、辐射效率、波束扫描等方面有一些特殊的要求，本书在设计实例中也提供了相应的解决方案，特别适合具有一定天线理论基础与工程设计经验的相关研究者和设计人员参考使用。

本书的主要译者是中国空间技术研究院西安分院从事天线设计与研究工作的研究人员，多年来陈教授团队的研究成果总是能为我们提供一些新的思路，会发现天线还可以如此生动有趣，为了能为国内天线界学者和工程师提供更多的参考资料，让更多人能够因此受益，译者在繁忙的工作之余，完成了本书的翻译工作，所有参加翻译工作的人无不竭尽全力，精益求精，力图准确传达原书作者的思想。主要参加翻译的人员和所译的章节如下：本书第1章由崔万照翻译，第2章由苗光辉翻译，第3、4章由陶啸翻译，第5、9章由杨晶翻译，第10、11章由丁伟翻译，全书由崔万照统稿、丁伟校稿。

虽然，我们在翻译本书的过程中力求既忠实原文，又尽量符合中文习惯，同时尽可能准确地使用各种专业术语，中文译本难免会存在疏漏、错误和译文不够准确的地方，真诚希望发现疏漏和错误的读者及时给予指正。

前言

　　毫米波技术的研究由来已久。2000 年年初，未经授权的面向短距离链路 60 GHz 无线通信（后为 IEEE 802.11ad）再次成为业界的研究热点。作为天线研究人员，我们在思考如何为新型毫米波系统的研发添瓦加砖。经过深入研究毫米波频段天线设计后，重点关注损耗控制、集成设计和测量设备。2008 年以来，我们几乎对所有设计的天线进行了损耗分析，并针对材料、表面波和馈电结构引起的损耗提出了多种抑制方法。我们探索了几乎所有可能将天线和阵列集成到各种基板上的方法，如印刷电路板（PCB）、低温共烧陶瓷（LTCC）和集成电路封装（IC 封装）；而且还搭建了三套测量系统，用于测试 60～325 GHz 频率范围内天线的阻抗、方向图和增益。我们的工作得到了学术界和工业界的广泛认可：国际著名学术期刊上发表数十篇论文，申请多项发明专利，完成多项工业研发项目。

　　随着 5G 毫米波技术的部署应用，毫米波频段天线技术的研发正在快速推进到工业应用中。我们针对毫米波频段天线所面临的基础挑战而研发的技术将会有更多的机会得到进一步发展和应用。

　　本书主要内容源于我们过去十年毫米波天线的研究工

作，本书的主编和作者们都曾在或仍在新加坡资讯通信研究院（I²R）工作，相关研究得到了新加坡科技研究局的资助。

我们团队克服种种困难在短时间内完成了本书的撰写，所有作者们特别感谢同事们及家人，尤其在 COVID-19 期间对其撰写书稿工作的一贯支持。

新加坡国立大学　陈志宁

新加坡资讯通信研究院　卿显明

目　录
CONTENTS

第 1 章　毫米波天线简介 ·················· 001

1.1　毫米波的概念 ···························· 001

1.2　毫米波的传播特性 ······················ 002

1.3　毫米波技术 ···························· 005

　1.3.1　重要特征 ························· 005

　1.3.2　现代主要应用 ····················· 005

1.4　毫米波天线的独特挑战 ·················· 008

1.5　先进毫米波天线的优点 ·················· 010

1.6　毫米波天线制造的注意事项 ·············· 011

　1.6.1　天线的制造工艺和材料 ·············· 012

　1.6.2　天线常用的传输线系统 ·············· 013

1.7　微带线和基片集成波导的损耗 ············ 014

1.8　5G NR 及以上的最新毫米波技术 ·········· 018

1.9　本书的组织结构 ························ 020

1.10　小结 ······························· 022

参考文献 ·································· 022

第 2 章　60 ～ 325 GHz 频段天线的测量方法和测量装置 ········ 029

2.1　引言 ·································· 029

　2.1.1　远场天线测量装置 ················· 030

2.1.2　近场天线测量装置 ·· 032

2.2　最先进的毫米波测量系统 ··· 033

2.2.1　商用毫米波测量系统 ·· 033

2.2.2　定制的毫米波测量系统 ·· 036

2.3　测量装置配置的注意事项 ··· 044

2.3.1　远场、近场和紧缩场 ·· 045

2.3.2　射频系统 ·· 045

2.3.3　射频仪器与 AUT 之间的接口 ······································ 046

2.3.4　片上天线测量 ·· 049

2.4　毫米波天线测量装置 ··· 050

2.4.1　60 GHz 天线测量装置 ··· 050

2.4.2　140 GHz 频段天线测量装置 ·· 052

2.4.3　270 GHz 频段的天线测量装置 ······································ 055

2.5　小结 ··· 057

参考文献 ··· 057

第 3 章　LTCC 基片集成毫米波天线 ····························· 063

3.1　引言 ··· 063

3.1.1　独特的设计挑战和有前景的解决方案 ································ 064

3.1.2　LTCC 上的 SIW 缝隙天线和阵列 ···································· 065

3.2　基于 LTCC 工艺的高增益毫米波 SIW 缝隙天线阵列 ····················· 069

3.2.1　SIW 三维集成馈电 ·· 069

3.2.2　60 GHz 基片集成腔体天线阵列 ····································· 072

3.2.3　140 GHz 高阶模式天线阵列的简化设计 ······························ 078

3.2.4　270 GHz 全基片集成天线 ·· 092

3.3　小结 ··· 099

参考文献 ··· 099

第 4 章　60 GHz 频段宽带超材料蘑菇形天线阵列 ·············· 105

4.1　引言 ··· 105

4.2　宽带低剖面 CRLH 蘑菇形天线 ··· 108

4.2.1　工作原理 ·· 109

4.2.2　阻抗匹配 ·· 112

4.3　60 GHz 宽带 LTCC 超材料蘑菇形天线阵列 ···························· 113

4.3.1　SIW 馈电 CRLH 蘑菇形天线单元 ·············· 113

4.3.2　自解耦功能 ······························· 117

4.3.3　自解耦超材料蘑菇形子阵列 ················ 120

4.3.4　超材料蘑菇形天线阵列 ···················· 123

4.4　小结 ··· 127

参考文献 ··· 127

第 5 章　60 GHz 窄壁馈电基片集成腔体天线 ············· 133

5.1　引言 ··· 133

5.2　基片集成天线宽带技术 ························· 134

5.2.1　SIW 天线的阻抗匹配增强 ·················· 136

5.2.2　多模基片集成腔体天线 ···················· 139

5.2.3　基片集成背腔缝隙天线 ···················· 141

5.2.4　贴片加载基片集成腔体天线 ················ 153

5.2.5　加载行波单元的基片集成腔体天线 ·········· 156

5.3　Ka、V 频段 SIW 窄壁馈电 SIC 天线 ············ 161

5.3.1　SIW 窄壁馈电 SIC 天线 ···················· 161

5.3.2　35 GHz SIW 窄壁馈电 SIC 天线阵列 ········· 165

5.3.3　60 GHz SIW 窄壁馈电 SIC 天线阵列 ········· 168

5.4　小结 ··· 172

参考文献 ··· 172

第 6 章　60 GHz 背腔 SIW 缝隙天线 ··················· 177

6.1　引言 ··· 177

6.2　背腔天线的工作原理 ··························· 178

6.2.1　结构 ··································· 178

6.2.2　背腔的分析 ····························· 178

6.2.3　背腔的设计 ····························· 180

6.3　背腔 SIW 缝隙天线 ····························· 180

6.3.1　馈电技术 ······························· 180

6.3.2　SIW 背腔 ······························· 182

6.3.3　辐射缝隙 ······························· 184

6.4　SIW CBSA 的类型 ······························· 187

6.4.1　宽带 CBSA ······························· 187

6.4.2 双频 CBSA ··············· 188

6.4.3 双极化和圆极化 CBSA ··············· 188

6.4.4 小型化 CBSA ··············· 189

6.5 60 GHz CBSA 设计示例 ··············· 190

6.5.1 不同 WLR 缝隙的 SIW CBSA ··············· 190

6.5.2 不同 WLR 缝隙的阵列 ··············· 192

6.6 小结 ··············· 196

参考文献 ··············· 196

第 7 章 60 GHz 圆极化 SIW 缝隙 LTCC 天线 ··············· 203

7.1 引言 ··············· 203

7.2 毫米波 CP 天线阵列关键技术 ··············· 203

7.2.1 天线单元选择 ··············· 204

7.2.2 AR 带宽增强方法 ··············· 208

7.3 60 GHz 宽带 CP LTCC SIW 天线阵列 ··············· 210

7.3.1 宽带 AR 单元 ··············· 210

7.3.2 隔离设计 ··············· 213

7.3.3 实验结果讨论 ··············· 216

7.4 小结 ··············· 220

参考文献 ··············· 220

第 8 章 抑制表面波提高 LTCC 微带贴片天线增益 ··············· 225

8.1 引言 ··············· 225

8.1.1 微带贴片天线上的表面波 ··············· 225

8.1.2 微带贴片天线的表面波效应 ··············· 227

8.2 抑制贴片天线表面波的最新方法 ··············· 227

8.3 移除部分基板的微带贴片天线 ··············· 230

8.3.1 移除部分基板技术 ··············· 230

8.3.2 移除部分基板的 60 GHz LTCC 天线 ··············· 234

8.4 小结 ··············· 237

参考文献 ··············· 237

第 9 章 毫米波汽车雷达的基片集成天线 ··············· 241

9.1 引言 ··············· 241

9.1.1　汽车雷达分类 ································· 241

9.1.2　汽车雷达的频段 ······························ 243

9.1.3　24 GHz 和 77 GHz 频段的比较 ··············· 243

9.1.4　汽车雷达传感器天线系统的注意事项 ·········· 244

9.1.5　制造和封装注意事项 ·························· 247

9.2　最先进的 24 GHz 和 77 GHz 汽车雷达天线 ········· 247

9.2.1　最先进的 24 GHz 汽车雷达天线 ··············· 248

9.2.2　最先进的 77 GHz 汽车雷达天线 ··············· 251

9.3　用于 24 GHz 汽车雷达的单层 SIW 缝隙天线阵列 ··· 255

9.3.1　天线配置 ···································· 256

9.3.2　缝隙阵列天线设计 ···························· 257

9.3.3　馈电网络设计 ································ 258

9.3.4　实测结果 ···································· 260

9.4　用于 77 GHz 汽车雷达的透射阵列天线 ············ 264

9.4.1　单元 ·· 264

9.4.2　四波束透射阵列 ······························ 266

9.4.3　结论 ·· 267

9.5　小结 ··· 269

参考文献 ··· 270

第 10 章　Ka 频段基片集成天线阵列的旁瓣抑制 ·········· 277

10.1　引言 ·· 277

10.2　基片集成天线阵列的馈电网络 ···················· 278

10.2.1　串联馈电网络 ······························ 278

10.2.2　并联馈电网络 ······························ 281

10.2.3　基于平面透镜/反射面的准光学馈电网络 ········ 282

10.2.4　功分器 ······································ 283

10.3　Ka 频段旁瓣抑制的 SIW 天线阵列 ··············· 284

10.3.1　双层 8×8 SIW 缝隙阵列 ···················· 284

10.3.2　16×16 单脉冲 SIW 缝隙阵列 ················ 288

10.4　小结 ·· 295

参考文献 ··· 295

第 11 章　基片边缘天线 ································· 299

11.1　引言 ······························· 299

11.2　前沿技术 ···························· 301

    11.2.1　端射 SEA ······················· 301

    11.2.2　漏波 SEA ······················· 303

11.3　用于宽带阻抗匹配的锥形条带 ············· 304

    11.3.1　锥形三角形条带 ·················· 304

    11.3.2　锥形矩形条带 ···················· 306

11.4　用于增益增强的内嵌平面透镜 ············· 310

    11.4.1　内嵌金属透镜 ···················· 310

    11.4.2　嵌入式间隙透镜 ·················· 312

11.5　用于宽带定向波束漏波 SEA 的棱镜透镜 ····· 316

11.6　小结 ······························· 323

参考文献 ······························· 323

第1章 毫米波天线简介

陈志宁

新加坡国立大学电气与计算机工程系，新加坡 117583

1.1 毫米波的概念

国际电信联盟（International Telecommunication Union，ITU）规定，毫米波是波长在毫米范围内（1～10 mm）的电磁波；对应频率为 30～300 GHz，也称为极高频（Extremely High Frequency，EHF），如表 1.1 所示。通常，工作在 30 GHz 以下的附近的频率（如 24 GHz）的系统也属于毫米波（Millimeter Wave，mmW）系统，因为该频率下电磁波的特性与 mmW 频率电磁波的特性非常相似。此外，ITU 规定波长在亚毫米级（0.1～1 mm）、频率在 300～3 000 GHz 范围内的波属于"太赫兹"（Terahertz，THz）波，而波长在 1 mm～1 m，频率在 300 MHz～300 GHz 范围内的波属于"微波"[1]。因此，毫米波频段位于微波频段以上，其波长比低频微波频段的波长短，比红外频段的波长长。

表 1.1 国际电联对无线电频段的分配

ITU 频段序号	指定频段	频率	波长
1	极低频（ELF）	3～30 Hz	9 993.1～99 930.8 km
2	超低频（SLF）	30～300 Hz	999.3～9 993.1 km
3	特低频（ULF）	300～3 000 Hz	99.9～999.3 km
4	甚低频（VLF）	3～30 kHz	10.0～99.9 km
5	低频（LF）	30～300 kHz	1.0～10.0 km
6	中频（MF）	300～3 000 kHz	0.1～1.0 km
7	高频（HF）	3～30 MHz	10.0～100.0 m

ITU 频段序号	指定频段	频率	空气中的波长
8	甚高频（VHF）	30~300 MHz	1.0~10.0 m
9	特高频（UHF）	300~3 000 MHz	0.1~1.0 m
10	超高频（SHF）	3~30 GHz	10.0~100.0 mm
11	极高频（EHF）	30~300 GHz	1.0~10.0 mm
12	至高频（THF 或 THz）	300~3 000 GHz	0.1~1.0 mm

1.2　毫米波的传播特性

绝大多数现有的无线通信和雷达系统工作在较低的微波频段，本书重点介绍频率范围为 24~300 GHz 的毫米波频段的无线应用。

毫米波因其频率高、波长短而拥有非常独特的传播特性，传播特性直接决定了波通过特定路径或介质传播到目的地的传播行为。在长距离无线通信、雷达或成像/传感应用中，电磁波的传播特性完全决定了系统的设计需求，特别是需要选择适当的工作频率和带宽[2]。

如表 1.2 所示，电磁波的主要传播模式与工作频率有关，传播模式类型决定传播距离。归纳如下：

表 1.2　不同频率下电磁波的主要传播模式和典型应用

频率	波长	主要传播模式	典型应用
极低频（ELF） 3~30 Hz	9 993.1~99 930.8 km	地面和电离层之间传播	远距离无线通信（水下/地下）
超低频（SLF） 30~300 Hz	999.3~9 993.1 km	地面和电离层之间传播	远距离无线通信（水下/地下）
特低频（ULF） 300~3 000 Hz	99.9~999.3 km	地面和电离层之间传播	远距离无线通信（水下/地下）
甚低频（VLF） 3~30 kHz	10.0~99.9 km	地面和电离层之间传播	远距离无线通信（水下/地下）
低频（LF） 30~300 kHz	1.0~10.0 km	地面和电离层之间传播；沿地面传播	远距离无线通信和广播
中频（MF） 300~3 000 kHz	0.1~1.0 km	沿地面传播；电离层产生折射波	远距离无线通信和广播

续表

频率	波长	主要传播模式	典型应用
高频（HF） 3～30 MHz	10.0～100.0 m	沿地面传播；电离层产生折射波	远距离无线通信和广播
甚高频（VHF） 30～300 MHz	1.0～10.0 m	电离层产生视距折射	无线通信、广播和电视广播
特高频（UHF） 300～3 000 MHz	0.1～1.0 m	视距	无线通信、电视广播、加热、定位、远程控制
超高频（SHF） 3～30 GHz	10.0～100.0 mm	视距	无线通信、直接卫星广播、射电天文、雷达
极高频（EHF） 30～300 GHz	1.0～10.0 mm	视距	无线通信、射电天文、雷达、遥感、能量武器、扫描仪
至高频（THF 或 THz） 300～3 000 GHz	0.1～1.0 mm	视距	射电天文、遥感、成像、光谱学、无线通信

（1）当频率较低时，如甚高频（VHF）及以下，电磁波主要以"天波"电离层模式传播；

（2）当频率在低频（LF）到高频（HF）频段时，电磁波像"地波"一样以表面模式传播；

（3）在较高频率下，通常为 VHF 及以上，电磁波仅以直接模式即视距（LOS，Line - of - Sight）传播，传播限制在从可视地平线到地表 64 km 高度的范围内。

视距传播是指电磁波从发射天线到接收天线沿直线传播。但是，电磁波尤其是在 VHF 及以下低频段的电磁波不是只能视距传播，电磁波通过绕射或反射能够穿过建筑物、树叶和其他障碍物。

另外，光波也是一种电磁波，波长较短的毫米波，特别是在 EHF 以上频段，总是以 LOS 模式传播。反射、折射、衍射、吸收和散射等现象对 LOS 传播的影响非常显著，因此传播路径必须畅通，确保没有任何损耗或尺寸与波长相当的障碍物。而在毫米波系统天线设计中，这种传播的反射特性不容忽视。

除了传播路径中的障碍物外，电磁波与介质（如地球的大气层）间的相互作用也影响毫米波的传播。图1.1所示为20℃时海平面上波的大气吸收平均值，气压为标准大气压1 013.24 mbar（1 bar = 0.1 mPa）、水蒸气密度为7.5 g·m^{-3}[3]。吸收与频率相关，低频时可忽略，如频率低于20 GHz时衰减小于0.1 dB·km^{-1}，而频率为50 GHz时衰减小于1.0 dB·km^{-1}。目前，这是几乎所有的远距离地面无线系统都工作在6 GHz以下低频段的关键原因之一。图1.2所示为口径天线和微带天线结构示意图。

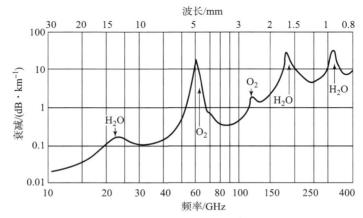

图1.1 20℃时海平面上波的大气吸收平均值（标准大气压1 013.24 mbar，水蒸气密度为7.5 g·m^{-3}）[3]

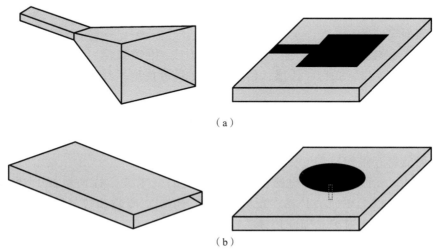

（a）

（b）

图1.2 口径天线和微带天线结构示意图

（a）口径天线；（b）微带天线

电磁波衰减是由于大气中水（H_2O）和/或氧气（O_2）的吸收而引起的。在 400 GHz 内的频带上有很多吸收峰，两个较低峰值分别出现在 25 GHz 和 60 GHz 频段附近。特别地，60 GHz 频带的衰减是 30 GHz 频带衰减的 10 倍。此外，温度、压力和水蒸气密度也对吸收有很大的影响。也就是说，当雨、雪或雾情况下，毫米波的衰减会大大增加。在毫米波系统的链路预算时，必须考虑上述因素。总之，天线的选择和设计应满足毫米波系统要求，尤其需要注意电磁波传播的唯一性。

1.3　毫米波技术

1.3.1　重要特征

在过去几十年中，毫米波技术成功应用于各种无线系统，这是因为与低频工作的系统相比，毫米波技术具有明显的优势：相同的分数带宽下，毫米波系统的工作波长较短，工作带宽较宽。工作波长短有利于成像系统实现较高的空间分辨率。从物理上讲，成像系统的分辨率限制了仪器的成像能力，要区分两个目标，其横向间隔距离必须大于成像波的半波长。

由于工作波长较短，毫米波系统部件比低频工作系统部件的尺寸要小得多。尤其是一些关键射频（RF）组件（例如天线和滤波器）的性能由设计的电尺寸决定，因此毫米波设备的总体积可以大大减小。射频组件的小型化无疑有益于设备设计，特别是对于需要小型化设备的应用，如手机、可穿戴设备和植入物。目前，在手机中安装多个天线是非常困难的，总体空间有限，很难在 690 ~ 960 MHz 频段上安装两个以上的天线。但在未来 5G（Fifth Generation）网络中，为手机安装多个工作在 28 GHz 或 39 GHz 频带的天线，甚至阵列天线都是可以实现的。

毫米波系统的另一个优势是工作带宽。60 GHz 频率下 10% 的工作带宽为 6 GHz，是 6 GHz 频段 10% 带宽（600 MHz）的 10 倍。根据 Shannon – Hartley 定理，绝对工作带宽越大，数据传输速率越高。基础理论告诉我们，在存在噪声的情况下，通信信道的最大传输速率或容量与带宽成正比[4]。因此，毫米波无线通信可以实现每秒数 Gbps 的数据传输速率。

1.3.2　现代主要应用

自 1890 年赫兹时代以来，毫米波技术在无线应用领域有着悠久的历史[5]。表 1.3 简要总结介绍了毫米波技术研究发展的关键里程碑。图 1.3 所示为缝隙天线结构示意图。

表 1.3　19 世纪 80 年代以来毫米波技术研究发展的关键里程碑

年份	重要活动	典型应用	参考文献
1890 – 1945	• Hertz 和 Lebedew 的厘米/毫米波长实验 • Nichols，Tear 和 Glagolewa Arkadiewa 利用火花隙发生器发明的仪器扩展到 0.22 mm、0.082 mm • Cleeton 和 William 发明真空管源 • Boot 和 Randall 发明了用于雷达的腔体磁控管	• 证实了麦克斯韦的预测 • 辐射计 • 毫米波源 • 10 GHz 和 24 GHz 雷达	[5 – 10]
1947 – 1965	• Beringer、Van Vleck 和 Gordy 大气衰减测量实验 • 贝尔实验室所有射频组件的全循环电模式传输 • Georgia 测地透镜天线 • 贝尔实验室 58 GHz 宽带螺旋线行波放大器 • 法国汤姆森 CSF 公司生产的 150 GHz 返波振荡器 • Wiltse 发现成像线及其相关分量，表面波 Goubau 线上或 Sommerfeld 波在未涂覆金属丝上的传播 • 1963 年在美国佛罗里达州奥兰多举行第一届 IRE 毫米波和亚毫米波会议 • 1966 年 4 月，出版《IEEE 会议录》第一期专刊	• 点对点传输 • 第一个 14km 的传输系统 • 光谱学 • 70 GHz 雷达 • 毫米波源 • 大功率毫米波源	[11 – 17]
1965 – 1984	• 由美国陆军弹道研究实验室和英国皇家雷达机构开发的 35 GHz、94 GHz、140 GHz 和 220 GHz 组件 • IEEE Transaction on Antennas and Propagation 出版第一期关于毫米波天线和传播的专刊。 • 固态源	• 辐射计 • 雷达 • 导弹制导 • 通信	[18 – 20]

随着毫米波材料、加工、制造和测量技术的迅速发展，毫米波技术已迅速应用于现代无线通信、雷达、成像扫描和成像系统中。下面分别介绍毫米波技术应用的最新案例。

1. 下一代无线通信

无线通信正迅速向高数据速率和超低延迟的物联网（Internet of Things，

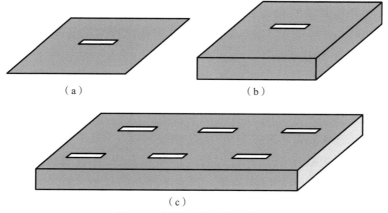

图 1.3　缝隙天线结构示意图

（a）接地层；（b）腔体；（c）波导

IoT）方向发展，由于需要更高的数据速率，毫米波技术有望用于 24 ~ 86 GHz 的 5G 网络。用于毫米波蜂窝移动网络和 WLAN/WiFi 的基础设施研发和技术投资呈指数增长，毫米波技术是未来利用小型基站概念实现蜂窝网络的最佳方案，不仅可用于移动终端，也可用于点对点回传，通过连接移动基站（Base Stations，BS）在一定程度上可以取代传统的光纤传输线。

2. 高清视频和虚拟现实耳机

1 080p 高清（High – Definition，HD）视频的传输需要每秒千兆比特的数据速率，因此在小于 6 GHz 的频段上，现有的无线微波链路无法支持如此高的速率。使用 60 GHz 毫米波技术，未经许可的带宽高达 5 ~ 7 GHz（例如，美国：57. 05 ~ 64 GHz，欧洲：57. 0 ~ 66. 0 GHz），可以将数字机顶盒、笔记本电脑、数字视频光盘（Digital Video Disc，DVD）播放器、HD 游戏机和其他 HD 视频源的 HD 视频无线传输到高清电视（TV）。而且，小型传输设备还可以一起集成到电视机中。

与 HD 视频应用类似，虚拟现实（Virtual Reality，VR）应用也需要短距离超高速无线链路，以满足未来多媒体应用的需求，无线链路支持视频和音频数据的高速传输，涵盖了从头显等移动设备到控制计算机或其他 VR 设备。迄今为止，毫米波无线通信是满足该要求的唯一解决方案。

3. 汽车通信和雷达

工作在 24 GHz 的毫米波雷达是毫米波技术史上的第一个毫米波系统，如表 1.3 所示。近年来，自动驾驶技术的发展非常迅速，需要超高分辨率检测行人和其他障碍物，并通过网络与其他车辆进行低延迟地实时通信。采用毫米波雷达系统开发的超高分辨率雷达工作在 77～81 GHz 频段，探测范围为 0.15～200 m，可通过 5G 网络实现每秒千兆比特的通信链路。

4. 人体扫描仪与成像

短波长可以实现高分辨率成像，而高频可以快速成像，目前市场上的人体扫描仪广泛采用毫米波技术。毫米波人体扫描仪不仅可以实现高精度扫描，而且对人体伤害小，尤其在机场安检处，毫米波全身扫描仪非常常见，其发射功率小于 1 mW，工作在 70～80 GHz 频段。

总之，毫米波技术以其独特优势，在高速有线/无线通信、雷达探测和成像方面具有非常广阔的应用前景。图 1.4 所示为反射天线和透镜天线工作原理图。

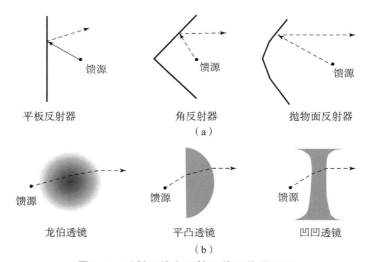

图 1.4　反射天线和透镜天线工作原理图

（a）反射天线；（b）透镜天线

1.4　毫米波天线的独特挑战

天线是将电能从无线系统电路传输到介质的唯一手段，反之亦然。传统天线设计面临工作带宽、高增益、辐射效率、理想的辐射性能、小型化、共形、低成本材料利用与制造等诸多挑战。然而，毫米波无线系统由于频率更高、波长更短，天线设计面临的挑战更具有一些特殊性。

设计过程中需要考虑：

（1）宽频带：在毫米波频段，可用于无线通信和雷达应用的频谱范围通常较宽，而且可以在超过 10% 的工作带宽内实现阻抗匹配和期望的辐射性能，如方向图、辐射效率和极化，但天线要同时满足所有的设计要求很具有挑战性。

（2）高增益：由于工作频率高，毫米波频段传播的路径损耗比微波频段大得多，特别是在雨天、雾天或雪天，为了弥补路径损耗，我们必须设计更高增益的天线。依据 IEEE 802.11ad 标准，某些 60 GHz 频段系统，10 m LOS 无线链路所需天线的增益达到 15 dBi。

（3）高辐射效率：由于工作频率高，设计材料和连接产生的欧姆损耗更严重。通常，介质和金属的损耗随频率的增大而增大，如 FR4 在 1 MHz 时的损耗角正切为 0.016，而在 16 GHz 时的损耗角正切则大于 0.1。另外，天线设计使用的电厚介质引起的表面波也会产生损耗。假设贴片天线设计使用相同的介质基板，2.4 GHz 频率时介质基板的电厚度为 0.01λ，而在 24 GHz 时介质基板的电厚度达 0.1λ。厚基板不可避免地产生更严重的表面波，表面波增大会将部分功率辐射到其他方向，而不是期望的方向，例如视轴方向，这会降低天线的辐射效率或增益。

（4）波束扫描功能：由于需要高增益，方向图的波束宽度较窄，难以实现宽覆盖，因此很容易被障碍物阻挡。为了确保传播链路连续可用，波束扫描天线是一种解决方案，因此需要设计更昂贵、更复杂的天线。

在制造和测量过程需要：

（1）高端材料和苛刻的制造公差：为了降低材料带来的欧姆损耗，必须使用价格昂贵的高端材料，如用昂贵但性能更好的 Rogers、陶瓷或液晶聚合物（Liquid Crystal Polymer，LCP）取代 FR4。另外，由于高频的波长较短，因此需要更高精度的制造工艺，才能在可接受的公差范围内实现天线的性能。例如，传统的印制电路板（Printed Circuit Board，PCB）工艺可保证 0.2 mm 的公差，在 3 GHz 时为 0.002λ，但在 60 GHz 时却高达 0.04λ。

（2）测试设备：市场上和实验室有许多高达 40 GHz 的天线测试设备，但要测试频率高于 40 GHz 或 67 GHz 的天线，需要升级设备和系统。对于毫米波系统，扩频需要昂贵的上变频器接头；要测量阻抗或 S 参数，必须使用高质量的连接器和电缆，保证插入损耗可接受。此外，片上毫米波天线测量要使用精确昂贵的探针，测量也要在昂贵的特殊探针台上进行；要测量辐射性能，由于缺乏链路预算和测试环境的考虑，往往需要高精度旋转定向机械结构的设备。

简而言之，设计毫米波天线比低频段微波天线的损耗更大、更复杂也更昂贵，毫米波天线技术研发需要综合考虑以上这些特殊的问题。

1.5　先进毫米波天线的优点

从天线工作的角度来看，毫米波天线可以是任何类型的辐射器，如图1.2、图1.3和图1.4所示的导线、口径、缝隙、微带、反射器和透镜。此外，将辐射器布局为阵列不仅可以增强辐射性能，而且可以实现更多功能。由于其波长本身较短（如上所述，300 GHz波长为1 mm，而30 GHz波长为10 mm）带来一些问题，因此多种辐射器适合毫米波天线设计。表1.4几乎列出了所有类型的毫米波天线设计方案。为了提高天线性能，人们提出了多种天线变体，具体可参见文献［21，22］。

表1.4　毫米波天线设计方案

辐射类型	加工/测试	性能/应用	示意图
口径形式： ● 喇叭 ● 开口波导 ● 波导喇叭	● 制造测试简单 ● 金属结构为三维结构，体积大 ● 难以与电路集成 ● 空气填充设计的低损耗 ● 可用PCB和LTCC工艺制造	● 中等带宽 ● 高增益 ● 点对点链接 ● 测量系统的标准天线	图1.2
微带贴片	● 制造和测试简单 ● 结构为平面或低剖面 ● 高频损耗大 ● 宽馈电线 ● 共形结构 ● 易于组成阵列 ● 易于与电路集成 ● 用PCB和LTCC工艺加工简单	● 窄带 ● 低增益 ● 边射 ● 应用广泛	
缝隙形式： ● 接地板 ● 腔体 ● 波导	● 制造和测试简单 ● 平面几何结构 ● 易于组成阵列 ● 几何共形 ● 难以与电路集成	● 窄带 ● 低增益 ● 边射	图1.3
反射器形式： ● 角 ● 平面 ● 曲面	● 制造和测试困难 ● 带馈源的三维结构，体积大 ● 难以组成阵列 ● 难以与电路集成	● 宽带 ● 超高增益 ● 定向辐射	图1.4

续表

辐射类型	加工/测试	性能/应用	示意图
透镜形式： ● 龙伯 ● 凸－平 ● 凹－平 ● 凹－凹 ● 凸－凹 ● 凸－凸	● 制造困难，测试简单 ● 带馈源的三维结构，体积大，重量重 ● 难以组成阵列 ● 难以与电路集成	● 宽带 ● 超高增益 ● 定向辐射	
线及在衬底上变形	● 制造和测试简单 ● 几何形状为平面或低剖面 ● 高频损耗大 ● 宽馈电线 ● 共形结构 ● 易于组成阵列 ● 易于与电路集成 ● PCB 和 LTCC 工艺加工简单	● 中等带宽 ● 低增益 ● 边射/端射	

此外，根据物理几何结构，天线分为两类：平面结构和三维结构。如上所述，对于需要的高增益应用毫米波系统，如果不受空间和安装限制，三维结构设计如反射器天线和透镜天线则是最佳选择；而大型平面单元阵列，如微带天线阵列和缝隙天线阵列，难以在有限的物理空间内形成大规模馈电网络，并且馈电网络会产生高损耗。

学者们还发明了一种在 PCB 基板上层压波导的技术[23-24]，在某种程度上可以认为，该技术是柱杆形成空气波导的延伸[25]。后来，有学者深入研究了这种结构，提出了基片集成波导（Integrated Waveguide，SIW）的概念，并广泛应用于毫米波天线设计[26-27]，其中电磁波导结构由两个金属化通孔阵列形成的两个壁构成。相邻通孔的间距必须满足一定的标准以避免结构中传播的波泄漏。基片集成技术为毫米波频段波导设计和相关天线设计增添了新的活动。

1.6　毫米波天线制造的注意事项

在毫米波频段，系统板的平面或平面设计需要多层基板工艺实现天线和基板的集成。传统电路制造工艺，如分层板上的印制电路工艺可以制造基片集成天线（Substrate Integrated Antenna，SIA），天线是电路板或集成电路封装的一部分，这样可以大大减少电路和天线连接引入的损耗，不仅可以实现系统小型化，而且可以降低制造成本，从而无须额外安装天线就可以提高系统的稳健性。天线在基板上的集成度主要取决于制造过程，包括基材的选择和合适的制造工艺。

1.6.1 天线的制造工艺和材料

由于毫米波的工作波长很短，在毫米量级，因此毫米波天线的制造公差比微波天线的制造公差要求更严格，才能实现期望的性能。例如，工作在 60 GHz 的直薄半波偶极子天线的总长度约为 2.5 mm，可接受的制造公差通常为 0.2% 波长，即 0.05 mm，几乎达到传统商业 PCB 工艺的极限。如果天线和馈电网络印刷在相对介电常数大于 1 的 PCB 上，对制造公差的要求将更严格，因此，毫米波天线和馈电网络制造工艺的选择比低频微波天线更加严格，不仅是因为公差，还要考虑加工、材料和组装成本。

在毫米波频段，层压电路和天线常用多层基板有聚四氟乙烯（Polytetrafluoroethylene，PTFE）、四氟乙烯合成的氟聚合物、填充随机玻璃或陶瓷的 PTFE 复合材料（如 RT/duroid ®）。PTFE 基板的损耗角正切较低且稳定（一般 10 GHz 时为 0.001 8 或更高），而且耐化学处理、防水、热稳定性好。与 FR4 玻璃环氧树脂相比，PTFE 基板的成本更高，材料更软，热膨胀系数更高；FR4 玻璃环氧树脂常用在 3 GHz 以下频段，损耗角正切随频率增大而增大。

LCP 是一类芳香族聚合物，其基板的特点是柔软，与 PTFE 基板的性能类似，化学稳定性好、高温下机械强度高、惰性强。但是在电学应用中，尤其是在毫米波频段，应注意 LCP 的导热性较差和它的表面粗糙度。

为了满足制造公差、电气和其他力学性能的要求，在电气和电子工程中，尤其是在更高频率下，低温共烧陶瓷（Low Temperature Co - Fired Ceramic，LTCC）一直是高性价比的基板技术。LTCC 是一种多层玻璃陶瓷基板，在低温下（850 ~ 900℃）与低阻抗金属导体（如金或银）共烧，所谓低温是相对于高温多层陶瓷的烧结温度 1 600 ~ 1 800℃ 而言。商业公司开发了许多陶瓷材料，详细信息可参见文献 [28]，该书研究了面向毫米波应用的各种电子材料，特别是关于 LTCC 使用的陶瓷材料信息非常全面。

Ferro A6M 已广泛应用于毫米波频段，相对介电常数为 5.9 ~ 6.5，3 GHz 的损耗角正切为 0.001 ~ 0.005，电性能尤其稳定，不随频率变化。DuPont 951 陶瓷在 3 GHz 的相对介电常数和损耗角正切分别为 7.85 和 0.006 3。需要注意的是，LTCC 使用的陶瓷相对介电常数一般为 6 ~ 10，有时为 18 [29]，毫米波频段的天线设计不需要太高的相对介电常数，这是因为介电常数太高会使天线尺寸太小，因而需要更高的制造精度[30]。

使用 LTCC 工艺，LTCC 陶瓷基板可以承载几乎无限多层，薄层堆叠在另一层之上。采用丝网印制的方法，将金或银厚膜浆料的导电层逐层印刷在每层的表面上。多层结构被堆叠和印制后，可以在工艺炉中烧结，低温烧结可以使用金和银作为导电线。过程可以简单描述如下：

第一步：通孔打孔、通孔导体填充、导线印制；

第二步：层叠和层压；

第三步：多层共烧。

图 1.5 简单比较了 PCB 和 LTCC 工艺。从波导馈电网络和天线设计的角度来看，PCB 和 LTCC 工艺之间最重要的区别在于，LTCC 工艺能够实现盲孔和嵌入式腔体，而 PCB 工艺却无法实现。

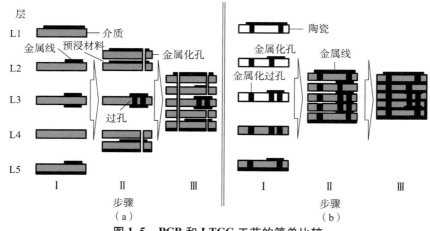

图 1.5　PCB 和 LTCC 工艺的简单比较

（a）PCB；（b）LTCC

此外，用于 SIA 设计的 LTCC 还有低损耗正切、低介电常数容差、导热性好、多层基板、空腔/嵌入式空腔、金线和银线的材料成本低、易于与其他电路集成、大规模生产成本低等优点。

根据我们的经验，当工作频率低于 60 GHz 时，PCB 工艺是 SIA 设计的首选工艺，而 LTCC 是 60~300 GHz 频率天线的首选工艺，但高于 300 GHz 频率时，由于工艺限制比如过孔间距，LTCC 制造将会非常困难。

1.6.2　天线常用的传输线系统

任何天线系统都一样，馈电结构是天线设计制造的关键，特别是在毫米波频段，馈电网络的损耗会大大降低天线阵列的性能。与微波频段的天线不同，毫米波天线馈电网络损耗不仅是由介质基板造成的，还有可能由用作传输和辐射导体的金属造成。与微波频段的介质一样，介质基板的损耗可以通过其损耗角正切来测量。与微波频段的设计不同，导体的导电性和表面粗糙度带来的金属损耗不容忽视。

除了微带传输线外，波导型传输线系统因为它们在毫米波频段由介质和金属引起的损耗较低也很受欢迎[23-27,31]。文献［32］分析了微带线、实心金属壁波导、后壁或层压波导和 SIW 的损耗分析，研究结果表明：没有介电损耗的实心金属壁波导的金属损耗较小，而微带线则存在多种介电损耗，在毫米波频段，后壁波导和 SIW 存在介电损耗和金属损耗，但总损耗在可接受范围内。然而，应注意的是，传输线系统损耗产生的原因可能很复杂，介质和金属材料以及传输线类型或布局都有可能会影响损耗。

传输线系统可以是微带线，也可以是同轴线。与传统的圆柱传输线相比，基片集成同轴线（Substrate Integrated Coaxial Line，SICL）是一种平面矩形同轴线，带状线夹在两层接地介质之间，并由旁边的金属孔阵列屏蔽[33]。与传统同轴线类似，SICL 传播的主模仍是横电磁波（Transverse Electromagnetic，TEM）。

传统的多层 PCB 和 LTCC 工艺都可以实现 SICL。因此，SICL 结合了同轴线和平面传输线的优势：宽带单模工作、低成本、非色散性能、电磁兼容性好、易于与其他平面电路集成，已用于高速数据传输[34]和其他各种应用，如毫米波频段的天线、耦合器、巴伦和滤波器等[35-41]。

此外，还出现了用于毫米波频段传输线系统的基片集成间隙波导（Substrate Integrated Gap Waveguide，SIGW）和印制脊间隙波导（Printed Ridge Gap Waveguide，PRGW）。SIGW 和 PRGW 结合了 PCB 和 LTCC 工艺的微带线和间隙波导技术[42-44]。将反面印制的带状线布局在周期性蘑菇状结构上方，不仅可以抑制不需要的表面波，而且在工作频带上可以实现只有准TEM 模式。与 SIW 和 SICL 不同，SIGW 的顶部和底部接地并未连接，因此工艺复杂度大大降低。SIGW/PRGW 技术已广泛应用于毫米波频段的天线和阵列[44-51]。

应该注意的是，材料和传输线系统的选择会显著影响天线效率，建议对天线（包括其馈电结构）进行损耗分析，以了解损耗的主要来源，从而选择合适的材料和传输系统类型、开展结构优化设计来控制总损耗[52]。

1.7　微带线和基片集成波导的损耗

如前所述，为了补偿较高频率下的路径损耗，毫米波系统通常需要大规模的天线阵列。在如此大规模的天线阵列中，馈电网络必然会变得错综复杂。馈电网络中较长的电流和功率路径是引起传输损耗的主要原因。增加阵列单元数量引起的插入损耗抵消了增益的增加，额外的不可忽略的传输损耗便成为了限制大规模天线阵列实现高增益的障碍。例如，如果馈电网络的功率路径增加导致的插入损耗达到 3 dB，即使天线阵列单元数量加倍，增益的提升也会很小。因此，在设计毫米波频段的阵列之前，分析传输线系统的插入损耗至关重要。

下面，以 60 GHz LTCC 的微带线（Microstrip – Lines，MSL）和 SIW 为例对比分析插入损耗。LTCC 的基板为 Ferro A6 – M，相对介电常数 $\varepsilon_r = 5.9 \pm 0.20$，100 GHz 的损耗角正切 $\tan\delta = 0.002$。金属化过孔的导体为金，电导率为 $4.56 \times 10^7 \, S \cdot m^{-1}$。

图 1.6 所示的 LTCC 板上有一个 10 mm 长的弯曲微带传输线，仿真时 MSL 两个端口都设置为 50 Ω。图 1.7 比较了 0 ~ 70 GHz 频率范围内 LTCC 基板厚度变化引起的插入损耗，可以看出，随着厚度增加，高频的插入损耗明显增加，尤其当厚度大于 0.7 mm 时，每厘米厚的损耗高达 13 dB。

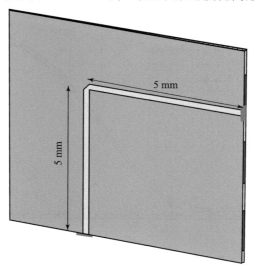

图 1.6　LTCC 板上弯曲的微带传输线

图 1.8 清楚地诠释了高频尤其是毫米波频段插入损耗产生的原因。系统中由介质基板和导体引入的损耗仅占总损耗的一小部分。正如前文所述，在 60 GHz 时，由微带不连续性激励的高阶模产生表面波（Surface Wave，SW）/泄漏损耗，基板越厚这个问题越严重。因此，毫米波频段微带传输线的 SW 对于实际天线设计来说无疑是一个大问题。

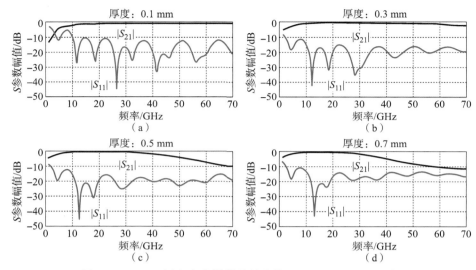

图 1.7　LTCC 板上弯曲微带传输线的 $|S_{11}|$ 和 $|S_{21}|$ 比较

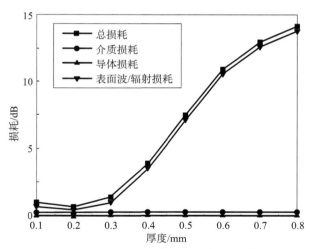

图 1.8　60 GHz 不同厚度 LTCC 板因微带弯曲
传输线而产生的主要损耗

图 1.9 所示的 LTCC 板上有一个 10 mm 长的弯曲 SIW。图 1.10 为 60 GHz 不同厚度 LTCC 基板上弯曲 SIW 的主要损耗。很明显，SIW 系统不会遇到这样的问题，厚度较小时最高损耗小于 1 dB/cm，而当厚度大于 0.3 mm 时，总损耗低于 0.6 dB，在任何厚度下都具有低损耗特性。但实际上，当厚度只有非常薄的 0.1 mm 时，SIW 的导体损耗很高。因此在 60 GHz

下，SIW 通常优先选用 0.5 mm 的厚度，主要损耗是由介质和导体引起的，这与微带传输线不同。

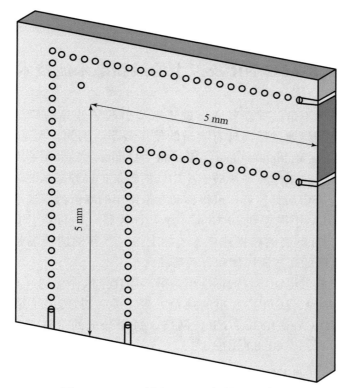

图 1.9　LTCC 板中 10 mm 长的 SIW 弯曲

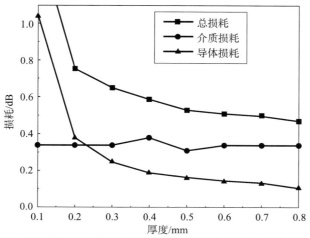

图 1.10　60 GHz 不同厚度 LTCC 板因 SIW 弯曲而产生的主要损耗

简而言之，微带传输线存在多种表面波损耗，而与之相比的是 SIW 传输线系统在 60 GHz 以上频段的插入损耗更低。然而需要注意的是，与微带传输线相比，SIW 制造更复杂、成本更高，在设计时有必要权衡性能和制造成本。

1.8 5G NR 及以上的最新毫米波技术

毫米波虽然不是一项新技术，近年来却引起了业界的广泛关注。特别是，移动通信网络通过提高现有频谱的使用效率。例如，大量使用多输入/多输出（Massive Multiple – Input – Multiple – Output，Massive – MIMO）、增加小型基站数量、将工作频率从低于 6 GHz 的频带扩展到毫米波频带提高工作带宽，从而显著增加其容量，可将移动宽带使用的峰值数据速率在下行链路（Downlink，DL）中提高到 20 Gbps，在上行链路（Uplink，UL）中提高到 10 Gbps。凭借如此高的数据速率，才能支持一些新的应用场景，如 4 K 或 8 K 超高清电影的高速流媒体和自动驾驶汽车。

根据开发移动电话协议的标准组织第三代合作伙伴计划（3rd Generation Partnership Project，3GPP）发布的规范，表 1.5[53]中列出了第五代（5G）新无线电定义（New Radio，NR）网络，每个分配的带宽高达 3 GHz，总频率范围为 24.25 ~ 40.00 GHz。

表 1.5　用于 5G NR 的毫米波频率范围（TTD）

NR 工作频带	FUL/DL_low ~ FUL/DL_high
n257	26.50 ~ 29.50 GHz
n258	24.25 ~ 27.50 GHz
n260	37.00 ~ 40.00 GHz

注：● 双工模式：时分双工（TDD）；
● 上行链路（UL）：基站（BS）接收和用户设备（UE）发送；
● 下行链路（DL）：基站（BS）发射和用户设备（UE）接收。

表 1.6 对比了 5G NR 6 GHz 以下频段和毫米波频段工作的移动通信网络的特性。毫不奇怪的是，工作在毫米波频段的系统在密集环境中传播时折射和反射较弱，因此路径损耗更高，阻塞严重。

表 1.6　5G NR 6 GHz 以下频段和毫米波频段网络特性比较

特性	6 GHz 以下频段	毫米波
带宽	≈100 MHz	500 MHz @ 28 GHz 或 > 2 GHz @ E 频段
BS/UE 天线配置	单阵列/扇形阵列	定向阵列的增益非常高
网络部署	基站密度低	基站密度非常高
小尺度衰落	与高阶相关	与低阶相关，随视距（LOS）或非视距（NLOS）变化
大尺度衰落	路径损耗与距离相关	随机阻塞模型和停机与距离相关
同时服务的用户数	较高（>10）	较低（<10）

　　根据之前的分析和现场试验初步反馈，5G NR 网络毫米波的典型应用场景如图 1.11 所示。据估计，5G NR 毫米波系统可用于 sub-6 GHz 频段的类似场景，但由于路径损耗较高，毫米波传播阻塞，覆盖范围将显著减小。较高的路径损耗是由接收天线的物理口径减小引起的，其增益与低频工作的天线相同。因此，与低频工作的天线相比，可以通过增加毫米波天线的电口径或增益，以确保增益和链路预算不变。

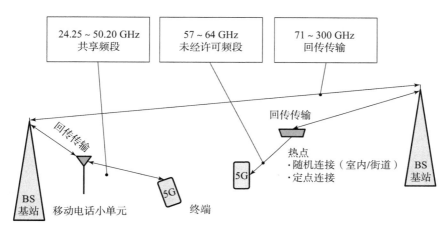

图 1.11　5G NR 和未来网络中的潜在毫米波应用场景

　　除了 3GPP 为 5G NR 发布的毫米波频带外，近年来不少学者提出并研究了将用于移动通信网络的毫米波频带下限从 30 GHz 提高到 60 GHz 或更高频段的可能性。然而，毫米波频段越高，路径损耗越高，阻塞越严重，毫米波系统的不同应用场景如图 1.11 所示。工作在 60 GHz 频带上的系统可能是室内热点或热区覆盖的最佳选择，以实现分布连接和/或定向连接的高速数据传输。工作频率高于110 GHz的毫米波系统可用于长距离回传，取代高成本的光纤和电缆连接。最新毫米波应用可能是宏基站和小型基站之间的回传，以实现低成本和灵活的网络配置。

总之，可以预见毫米波系统在5G NR中的应用只是一个开始，仍然存在许多技术挑战。在5G乃至后5G时代，天线技术将发挥越来越重要的作用。小型化或紧凑的多功能大规模MIMO、波束成形/扫描、多波束和可重构天线系统将得到极大发展，以满足挑战性的系统需求。

1.9　本书的组织结构

本书的组织结构如下。

第1章"毫米波天线简介"作者陈志宁。本章首先介绍了毫米波技术的相关概念、毫米波特有的传播特性、以及毫米波技术已有的和潜在应用前景；然后讨论了毫米波频段天线特有的设计难点，介绍了最先进的毫米波天线设计；最后简单讨论了毫米波天线从选材到工艺的制造难点，介绍了面向5G及以上新无线电毫米波系统的最新发展和应用，以及未来天线技术的研究和发展方向。

第2章"60～325 GHz频段天线的测量方法和测量装置"作者卿显明和陈志宁。本章首先介绍了毫米波天线测量装置，不仅解决了测量装置昂贵、系统动态范围有限、校准复杂、测量步骤繁琐等问题，其次讨论了60～300 GHz毫米波天线的测量问题，介绍了最先进的毫米波天线测量系统，讨论了测量系统配置的关键注意事项。最后详细讲述了采用商用配件实现最大系统动态范围的设备配置，分别在60 GHz、140 GHz和270 GHz频段，以不同馈电连接（同轴电缆、波导管和探头）测量了多个天线的反射系数、增益和方向图。

第3章"LTCC基片集成毫米波天线"作者陈志宁和卿显明。本章首先介绍了SIW天线尤其是SIW缝隙天线的基本原理，然后详细介绍了基于LTCC工艺的设计实例，包括工作在60 GHz、140 GHz和270 GHz的平面高增益阵列天线，重点介绍了利用LTCC工艺实现的三维耦合馈电网络（Corporate Feeding Network，CFN）。

第4章"60 GHz频段宽带超材料蘑菇形天线阵列"作者刘炜和陈志宁。本章首先总结了增大贴片天线带宽的技术；然后评估了高介电常数基板的带宽增强技术，重点介绍了超材料蘑菇形天线——一种汇集低剖面、宽带、高增益、高辐射效率、低互耦和低交叉极化水平等优点于一身的 LTCC 毫米波天线设计。

第 5 章 "60 GHz 窄壁馈电基片集成腔体（Substrate Integrated Cavity，SIC）天线"作者张彦，本章介绍了毫米波 SIC 天线设计的独特挑战。首先综述了毫米波腔体天线，然后介绍并讨论了最先进的 SIC 天线，重点介绍了利用窄壁缝隙激励 SIC 的技术，并以 60 GHz 窄壁缝隙馈电 SIW 的 2×2 阵列为例分析了毫米波 SIC 天线。

第 6 章 "60 GHz 背腔 SIW 缝隙天线"作者龚克。本章首先介绍了背腔天线（Cavity - Backed Antennas，CBA）的发展历史和里程碑式的进展，以及毫米波应用面临的一些挑战，分析了 CBA 的低剖面设计方法和制造技术，重点介绍了基片集成 CBA；然后讨论了低剖面 SIW CBA 的工作机制，提出了多种增强带宽、减小尺寸、改善增益等提高天线性能的方法；最后以一种大口径背腔 SIW 缝隙天线为例，详细介绍了天线单元的设计，该天线不仅保留了传统金属 CBA 高增益、高前后比、低交叉极化水平的优点，而且保留了平面天线低剖面、重量轻、制造成本低、易于与平面电路集成的优点。

第 7 章 "60 GHz 圆极化 SIW 缝隙 LTCC 天线"作者李越。本章首先介绍了毫米波圆极化（Circularly Polarized，CP）天线的最新技术；其次通过实例阐释为了获得宽的阻抗带宽和宽的轴向比（Axial Ration，AR）带宽，采用 LTCC 基板在 60 GHz 处引入了加载金属线的 SIW 馈电缝隙天线阵列；最后系统地介绍了 AR 带宽增强特性及其在各种毫米波 CP 中的可能应用。

第 8 章 "抑制表面波提高 LTCC 微带贴片天线增益"作者陈志宁和卿显明。本章介绍了抑制毫米波天线由高介电常数的厚介质基板引起表面波损耗的技术。首先，讨论了表面波损耗的产生机理，以贴片天线为例说明了抑制表面波的方法；然后，以工作在 60 GHz 的平面无通孔天线阵列为例，通过抑制表面波损耗来提高增益，抑制表面波的方法是在其辐射片周围切割形成开放式空腔。在毫米波频段开放式空腔可以减小表面波和介质基片造成的损耗，阵列由带有接地共面波导（Grounded Coplanar - Waveguide，GCPW）转换的微带线或带状线馈电网络激励，设计 GCPW 转换是为了在自由空间测量贴片阵列天线，减少探针台对测量的影响。与没有空腔的传统天线阵列相比，所提出的空腔天线阵列在 60 GHz 处的阻抗带宽约 7 GHz，而且增益提升了 $1 \sim 2$ dB。

第 9 章 "毫米波汽车雷达的基片集成天线"作者卿显明和陈志宁。本章介绍了用于汽车雷达传感器的 PCB 高增益基片集成毫米波天线。首先介绍了汽车雷达的特点，包括分类、频率规划、系统要求和天线设计的需求，其次介绍了 24 GHz 和 77 GHz 汽车雷达采用的先进天线设计；然后介绍了两种类型的天线阵列：一种紧凑型共面波导（CPW）中心馈电 SIW 缝隙天线阵列，使 24 GHz 汽车雷达天线的 H 面波束宽度更窄、副瓣电平更低；另一种为汽车 77 GHz 雷达设计的双层 PCB 发射天线阵列，采用四个 SIW 缝隙天线作为主馈源，发射阵列能够产生四个切换波束，共面结构使毫米波频段发射阵列的设计与制造变得更容易。

第 10 章 "Ka 频段基片集成天线阵列的旁瓣抑制" 作者李滕。本章首先介绍了低旁瓣阵列因子的合成技术和优化方法，为了准确地得到所需的方向图，简要分析了互耦；然后介绍了 SIW 阵列天线的最新馈电技术。在此基础上，举例说明了面向 Ka 频段 SIW 阵列天线应用的小天线阵列、单脉冲天线阵列、低旁瓣的赋形波束阵列以及不同的馈电技术。

第 11 章 "基片边缘天线" 作者王磊和殷晓星。本章介绍了从 PCB 边缘辐射的基片边缘天线（Substrate Edge Antennas，SEA）。为了减少 PCB 边缘天线和自由空间之间的不匹配，在 SEA 口径前面印制两种类型的平面条带，这样可以改善阻抗带宽和前后比。同时为了提高口径效率，在 SEA 中嵌入了两种基片集成透镜。在 SEA 中集成相位校正透镜可以保持 SEA 结构的紧凑，此外还提出了一种加载棱镜透镜的漏波 SEA，这样可以在宽频带上实现固定的波束，而棱镜透镜是利用色散超表面实现的。通过补偿漏波 SEA 和棱镜透镜的色散，在 Ka 频段固定辐射波束的带宽超过 20%。

1.10　小　　结

毫米波天线的研究、发展与应用历史悠久。随着器件技术的快速进步和各种商业应用系统的快速部署，与毫米波天线相关的理论和技术将得广泛的研究与发展[54-64]。本书将重点讨论无线通信和雷达系统毫米波天线的关键设计挑战问题。

参 考 文 献

[1] ITU – R Recommendation（2015）. V. 431："Nomenclature of the frequency and wavelength bands used in telecommunications（Table I）." Geneva：International Telecommunication Union. https://www. itu. int/dms_pubrec/itu – r/rec/v/R – REC – V. 431 – 8 – 201508 – I!! PDF – E. pdf（accessed 19 December 2020）.

［2］　Seybold，J. S. （2005）. Introduction to RF Propagation，3 – 10. Wiley.

［3］　Petty，K. R. and Mahoney，W. P. III，（2007）. Weather applications and products enabled through vehicle infrastructure integration （VII）. （Section 5） United States Department of Transporta – tion – Federal Highway Administration Report No. FHWA – HOP – 07 – 084. https：//ops. fhwa. dot. gov/publications/viirpt/ viirpt. pdf （accessed 19 December 2020）.

［4］　Shannon，C. E. （1949）. Communication in the presence of noise. Proc. Inst. Rad. Eng. 37 （1）：10 – 21.

［5］　Wiltse，J. C. （1984）. History of millimeter and submillimeter waves. IEEE Trans. Microwave The – ory Tech. 32 （9）：1118 – 1127.

［6］　Nichols，E. F. and Tear，J. D. （1923）. Short electric waves. Phys. Rev. 21：587 – 610.

［7］　Nichols，E. F. and Tear，J. D. （1923）. Joining the infra – red and electric wave spectra. Proc. Nat. Acad. Sci. 9：211 – 214.

［8］　Tear，J. D. （1923）. The optical constants of certain liquids for short electric waves. Phys. Rev. 21：611 – 622.

［9］　Cleeton，C. E. and Williams，N. H. （1934）. Electromagnetic waves of 1. 1cm wave – length and the absorption spectrum of ammonia. Phys. Rev. 45：234 – 237.

［10］　Boot，H. A. H. and Randall，J. T. （1976）. Historical notes on the cavity magnetron. IEEE Trans. Electron Dev. 23：724 – 729.

［11］　Bennger，R. （1946）. The absorption of one – half centimeter electromagnetic waves in oxygen. Phys. Rev. 70：53 – 57.

［12］　Warters，W. D. （1977）. WT4 millimeter waveguide system：introduction. Bell Syst. Tech. J. 56：1925 – 1928.

［13］　Button，K. J. and Wiltse，J. C. （eds. ） （1981）. Millimeter Systems，vol. 4，（series on Infrared and Mil – limeter Waves）. NY：Academic.

［14］　Schwartz，R. F. （1954）. Bibliography on directional couplers. IRE Trans. Microwave Theory Tech. 2：58 – 63.

［15］　Convert，G. ，Yeou，T. ，and Pasty，B. （1959）. Millimeter – wave O – carcinotron. In：Proceedings of Symposium on Millimeter Waves，vol. IX，313 – 339.

［16］　Wiltse，J. C. （1959）. Some characteristics of dielectric image lines at millimeter wavelengths. IRE Trans. 7：63 – 69.

［17］ Taub, J. J. , Hindin, H. J. , Hinckelmann, O. F. , and Wright, M. L. （1963）. Submillimeter components using oversize quasi – optical waveguide. IEEE Trans. Microwave Theory Tech. 11 （9）: 338 – 345.

［18］ Richer, K. A. （1974）. Near earth millimeter – wave radar and radiometry. Proc. IEEE Int. Symp. Microw. Theorv Tech. : 470 – 474.

［19］ Wiltse, J. C. （1979）. Millimeter wave technology and applications. Microw. J. 22: 39 – 42.

［20］ Chang, K. and Sun, C. （1983）. Millimeter – wave power – combining techniques. IEEE Trans. Microwave Theory Tech. 31 （2）: 91 – 107.

［21］ Chen, Z. N. （ed.） （2016）. Handbook of Antenna Technologies. Springer.

［22］ Balanis, C. A. （2016）. Antenna Theory: Analysis and Design, 4e. Wiley.

［23］ Uchimura, H. , Takenoshita, T. , and Fujii, M. （1998）. Development of a "laminated waveguide". IEEE Trans. Microwave Theory Tech. 46 （12）: 2438 – 2443.

［24］ Takenoshita, T. and Uchimura, H. （1999）. Laminated aperture antenna and multilayered wiring board comprising the same. EP20030026894 （Application number in 1998） and EP0893842B1 （Grant number in 2004）. https://patentimages. storage. googleapis. com/74/5e/eb/c2c2e031af31c7/ EP0893842A2. pdf （accessed 19 December 2020）.

［25］ Hirokawa, J. and Ando, M. （1998）. Single – layer feed waveguide consisting of posts for plane TEM wave excitation in parallel plates. IEEE Trans. Antennas Propag. 46 （5）: 625 – 630.

［26］ Deslandes, D. and Wu, K. （2001）. Integrated microstrip and rectangular waveguide in planar form. IEEE Microwave Wirel. Compon. Lett. 11 （2）: 68 – 70.

［27］ Yan, L. , Hong, W. , Hua, G. et al. （2004）. Simulation and experiment on SIW slot array antennas. IEEE Microwave Wirel. Compon. Lett. 14 （9）: 446 – 448.

［28］ Sebastian, M. T. , Ubic, R. , and Jantunen, H. （eds.） （2017）. Microwave Materials and Applications. Wiley.

［29］ Sebastian, M. and Jantunen, H. （2008）. Low loss dielectric materials for LTCC applications. Int. Mat. Rev. 53 （2）: 57 – 90.

［30］ Ullah, U. , Ain, M. F. , Mahyuddin, N. M. et al. （2015）. Antenna in

LTCC technologies：a review and the current state of the art. IEEE Antennas Propag. Mag. 57（2）：241 −260.

［31］ Deslandes，D. and Wu，K.（2006）. Accurate modeling，wave mechanisms，and design con − siderations of a substrate integrated waveguide. IEEE Trans. Microwave Theory Tech. 54（6）：2516 −2526.

［32］ She，Y.，Tran，T. H.，Hashimoto，K. et al.（2011）. Loss of post − wall waveguides and efficiency estimation of parallel − plate slot arrays fed by the post − wall waveguide in the millimeter − wave band. IEICE Trans. Electron. E94 −C（3）：312 −320.

［33］ Gatti，F.，Bozzi，M.，Perregrini，L. et al.（2006）. A novel substrate integrated coaxial line（SICL）for wideband applications. In：Proceedings of the 36th European Microwave Conference，1614 −1617.

［34］ Shao，Y.，Li，X. −C.，Wu，L. −S.，and Mao，J. −F.（2017）. A wideband millimeter − wave substrate inte − grated coaxial line array for high − speed data transmission. IEEE Trans. Microwave Theory Tech. 65（8）：2789 −2800.

［35］ Zhu，F.，Hong，W.，Chen，J. −X.，and Wu，K.（2012）. Ultra − wideband single and dual baluns based on substrate integrated coaxial line technology. IEEE Trans. Microwave Theory Tech. 60（10）：3062 −3070.

［36］ Yang，T. Y.，Hong，W.，and Zhang，Y.（2016）. An SICL − excited wideband circularly polarized cavity − backed patch antenna for IEEE 802. 11aj（45 GHz）applications. IEEE Antennas Wirel. Propag. Lett. 15：1265 −1268.

［37］ Liu，B.，Xing，K. J.，Wu，L. et al.（2017）. A novel slot array antenna with substrate integrated coaxial line technique. IEEE Antennas Wirel. Propag. Lett. 16：1743 −1746.

［38］ Miao，Z. −W. and Hao，Z. −C.（2017）. A wideband reflectarray antenna using substrate integrated coaxial true − time delay lines for QLink − pan applications. IEEE Antennas Wirel. Propag. Lett. 16：2582 −2585.

［39］ Xing，K.，Liu，B.，Guo，Z. et al.（2017）. Backlobe and sidelobe suppression of a Q − band patch antenna array by using substrate integrated coaxial line feeding technique. IEEE Antennas Wirel. Propag. Lett. 16：3043 −3046.

［40］ Liang，W. and Hong，W.（2012）. Substrate integrated coaxial line 3 dB coupler. IET Electron. Lett. 48（1）：35 – 36.

［41］ Chu，P. et al. （2014）. Wide stopband bandpass filter implemented with spur stepped impedance resonator and substrate integrated coaxial line technology. IEEE Microwave Wirel. Compon. Lett. 24（4）：218 – 220.

［42］ Zhang，J.，Zhang，X.，and Shen，D. （2016）. Design of substrate integrated gap waveguide. IEEE MTT – S Int. Microwave Symp. Dig.：1 – 4.

［43］ Zhang，J.，Zhang，X.，Shen，D.，and Kishk，A. A. （2017）. Packaged microstrip line：a new quasi – TEM line for microwave and millimeter – wave applications. IEEE Trans. Microwave Theory Tech. 65（3）：707 – 718.

［44］ Cao，B.，Wang，H.，Huang，Y.，and Zheng，J. （2015）. High – gain L – probe excited substrate integrated cavity antenna array with LTCC – based gap waveguide feeding network for W – band application. IEEE Trans. Antennas Propag. 63（12）：5465 – 5474.

［45］ Cao，B.，Wang，H.，and Huang，Y. （2016）. W – band high – gain TE220 – mode slot antenna array with gap waveguide feeding network. IEEE Antennas Wirel. Propag. Lett. 15：988 – 991.

［46］ Dadgarpour，A.，Sorkherizi，M. S.，and Kishk，A. A. （2016）. Wideband low – loss magnetoelec – tric dipole antenna for 5G wireless network with gain enhancement using meta lens and gap waveguide technology feeding. IEEE Trans. Antennas Propag. 64（12）：5094 – 5101.

［47］ Sorkherizi，M. S.，Dadgarpour，A.，and Kishk，A. A. （2017）. Planar high – efficiency antenna array using new printed ridge gap waveguide technology. IEEE Trans. Antennas Propag. 65（7）：3772 – 3776.

［48］ Bayat – Makou，N. and Kishk，A. （2017）. Millimeter – wave substrate integrated dual level gap waveguide horn antenna. IEEE Trans. Antennas Propag. 65（12）：6847 – 6855.

［49］ Dadgarpour，A.，Sorkherizi，M. S.，Denidni，T. A.，and Kishk，A. A. （2017）. Passive beam switching and dual – beam radiation slot antenna loaded with ENZ medium and excited through ridge gap waveguide at millimeter – waves. IEEE Trans. Antennas Propag. 65（1）：92 – 102.

［50］ Zhang，J.，Zhang，X.，and Kishk，A. A. （2018）. Broadband 60 GHz antennas fed by substrate inte – grated gap waveguides. IEEE Trans.

Antennas Propag. 66（7）：3261 –3270.

[51] Shen, D., Ma, C., Ren, W. et al. （2018）. A low – profile substrate – integrated – gap – waveguide – fed magnetoelectric dipole. IEEE Antennas Wirel. Propag. Lett. 17：1373 –1376.

[52] Yeap, S. B., Chen, Z. N., Li, R. et al. （2012）. 135 – GHz co – planar patch array on BCB/silicon with polymer – filled cavity. Int. Workshop Antennas Tech. : 1 –4.

[53] 3GPP TS 38. 101 – 2 v15. 2, online available：https：//www. 3gpp. org （accessed 19 December 2020）.

[54] Chen, Z. N., Chia, M. Y. W., Gong, Y. et al. （2011）. Microwave, millimeter wave, and Terahertz technologies in Singapore. In：Proceedings of the 41st European Microwave Conference, 1 –4.

[55] Chen, Z. N. et al. （2012）. Research and development of microwave & millimeter – wave technology in Singapore. In：Proceedings of the 42nd European Microwave Conference, 1 –4.

[56] Li, T., Meng, H. F., and Dou, W. B. （2014）. Design and implementation of dual – frequency dual – polarization slotted waveguide antenna array for Ka – band application. IEEE Antennas Wirel. Propag. Lett. 13：1317 – 1320.

[57] Mao, C. – X., Gao, S., Luo, Q. et al. （2017）. Low – cost X/Ku/Ka – band dual – polarized array with shared – aperture. IEEE Trans. Antennas Propag. 65（7）：3520 –3527.

[58] Wang, Z., Xiao, L., Fang, L., and Meng, H. （2014）. A design of E/Ka dual – band patch antenna with shared aperture. In：Proceedings of the Asia – Pacific Microwave Conference, 333 –335.

[59] Han, C., Huang, J., and Chang, K. （2005）. A high efficiency offset – fed X/Ka – dual – band reflectarray using thin membranes. IEEE Trans. Antennas Propag. 53（9）：2792 –2798.

[60] Hsu, S. – H., Han, C., Huang, J., and Chang, K. （2007）. An offset linear – array – fed Ku/Ka dual – band reflectarray for planet cloud. IEEE Trans. Antennas Propag. 55（11）：3114 –3122.

[61] Chaharmir, M. and Shaker, J. （2015）. Design of a multilayer X –/Ka – band frequency – selective surface – backed reflectarray for satellite applications. IEEE Trans. Antennas Propag. 63（4）：1255 –1262.

［62］ Attia, H. , Abdelghani, M. L. , and Denidni, T. A. （2017）. Wideband and high – gain millimeter – wave antenna based on FSS Fabry – Perot cavity. IEEE Trans. Antennas Propag. 65 （10）: 5589 – 5594.

［63］ Li, T. and Chen, Z. N. （2020）. Wideband Sidelobe – level reduced Ka – band Metasurface antenna Array fed by substrate integrated gap waveguide using characteristic mode analysis. IEEE Trans. Antennas Propag. 68 （3）: 1356 – 1365.

［64］ Hong, W. et al. （2017）. Multibeam antenna technologies for 5G wireless communications. IEEE Trans. Antennas Propag. 65 （12）: 6231 – 6249.

第 2 章

60 ~ 325 GHz 频段天线的测量方法和测量装置

卿显明[1]，陈志宁[2]

[1] 新加坡科技研究局资讯通信研究院（I²R）信号处理射频光学部，
新加坡 138632

[2] 新加坡国立大学电气与计算机工程系，新加坡 117583

2.1 引 言

　　天线测量是表征天线特性的基础和关键，不仅可以确保天线设计满足指标要求，验证仿真或设计的合理性，而且可以验证所设计天线的制造过程符合要求。天线测量不仅需要在天线理论和工程方面有扎实的基础知识和丰富的经验，而且还需要精密、昂贵的设备以提供可接受精度的测量数据。许多天线测量方法的提出最早可追溯至第二次世界大战之前。特别是由于航空航天、国防工业的迫切需求，自 20 世纪 60 年代以来，专门为各种天线测量设计的商用系统也都陆续面市。尤其近几十年来，随着现代移动通信的快速发展，天线测量的新方法和先进技术更是不断涌现[1-5]。

　　目前，现代无线系统如 5G 无线通信系统和物联网（Internet of Things，IoT）对电小天线和电大天线、低增益和高增益天线（也在毫米波频段）的需求日益迫切。24 GHz、28 GHz、38 GHz、58 GHz、60 GHz、71 ~ 86 GHz、94 GHz、120 ~ 150 GHz 的频率，以及更高的"窗口"频率，由于其带宽宽、波长短、潜在的高分辨率和高数据速率的应用，也已引起雷达、成像和通信领域越来越多的关注[6-9]。与较低微波频率的天线测量相比，毫米波天线的测量则更加复杂、昂贵烦琐[10-14]。首先，毫米波频段同轴电缆和波导等传输线的损耗较大，且输出功率有限，加之毫米波模块的灵敏度又低，这些都会对低增益天线的测量有巨大的影响。其次，用于连接待测天线（Antenna under Test，AUT）的电缆、连接器或片上探针的尺寸与 AUT 相当，甚至比 AUT 更大，这对天线测量，特别是天线辐射性能有着不容忽视的影响。第三，毫米波测量装置十分昂贵。而且，可选的商用毫米波高性能器件或者组件如大功率放大器、低噪声功率放大器、旋转关节等都非常有限，这使得毫米波天线系统配置变得更具挑战性。

毫米波天线测量分为远场法和近场法。在远场天线测量系统中，一般采用均匀平面波照射 AUT，直接测量天线参数。而在近场天线测量系统中，一般利用探针测量 AUT 的近场分布，并通过近场到远场的变换得到远场特性。

2.1.1　远场天线测量装置

天线的远场测量可在室内，也可在室外完成。通常有两种远场天线测量场：反射场和自由空间场。在地面反射场中，利用地面的镜面反射获得 AUT 上均匀的相位和幅度分布。在自由空间场内，环境反射最小。典型的自由空间场有高架场、倾斜场、吸波室和紧缩场，其中使用吸波室[15]和紧缩场的天线测量最适合毫米波天线的测量。

1. 吸波室

对于远场天线测量，AUT 需要均匀的平面波照射，因此需要理想辐射特性的信号源和发射天线。远场天线测量系统框图如图 2.1 所示，系统的主要部分包括信号源、发射天线、接收机、定位系统（转台）和记录系统/数据处理系统。现有的矢量网络分析仪（Vector Network Analyzer，VNA）除了配置独立的信号源和接收机外，还具有优异的相位稳定性、频谱纯度、灵敏度和动态范围（远远超过 100 dB），非常适合天线测量，并已在天线测量系统中应用多年。

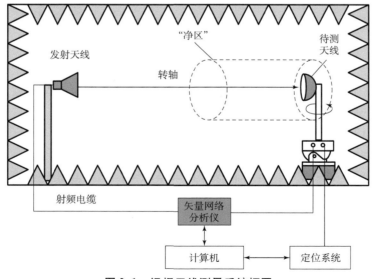

图 2.1　远场天线测量系统框图

吸波室是最常用的天线测量场所。与室外的测试室相比，吸波室能够提供可控的环境，保证全天候的测试性能和安全性保障，并将天线测量可能产生的电磁干扰降至最低。在测试区，发射天线入射平面波的幅值和相位变化最小，分别为 0.2 dB 和 0.5°。一般来说，用于微波频率的吸波材料则在毫米波频段具有更好的性能。随着工作频率的增加，更薄的吸波材料能够保证更稳定的反射性能[15]。

对于电大尺寸的毫米波天线，经典的远场测量方法实施起来困难重重。AUT 和发射天线之间的间隔 d 必须满足远场要求，即 $d \geqslant 2D^2/\lambda$，其中 D 是 AUT 的最大尺寸，λ 是测量波长。远场方法一般适用于增益小于 30 dBi 的毫米波天线，要求远场距离小于 1 m，且可以在受控环境（如吸波室）中进行测量。对于更高增益的天线，如在 60 GHz 处直径为 0.5 m、增益约为 49 dBi（口径效率为 80%）的抛物面反射天线，所需的远场距离达 100 m，考虑到较高的自由空间传输衰减和射频电缆的损耗，执行所需的测量极具有挑战性。

2. 紧缩场

替代电大天线远场测量的解决方案是紧凑型天线测试场，简称紧缩场。这是一个准直装置，能够在非常短的距离内产生准平面波照射[16-17]。如图 2.2 所示，在紧缩场内，发射天线作为偏置主馈源用于照射抛物面反射器，且入射的球面波经反射器反射后将被转换成平面波。这与碟形天线的工作原理非常相似。紧缩场通常根据类似的反射天线配置来指定，如抛物天线、卡塞格伦天线、格里高利天线等[18-20]。AUT 被放置到静区（Quiet-Zone，QZ），静区最大幅值和相位偏差通常须小于 ±0.5 dB 和 ±5°。而且毫米波天线表面加工精度的要

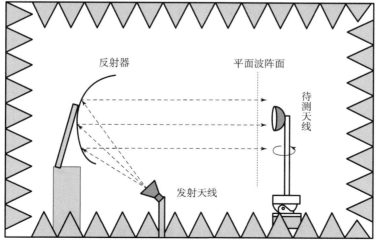

图 2.2　紧缩场测试原理图

求非常严格，例如均方根（Root－Mean－Square，RMS）表面误差应小于 0.01λ，如在 75 GHz[11] 时天线表面误差约为 40 μm。

一般来说，传统远场测量装置中的 AUT 位于转台上，可旋转以接收来自保持固定不动的发射天线的信号。然而，传统装置由于馈电机构的限制，尤其不适用于片上天线或封装天线，其中 AUT 由片上探针馈电并安装在探针台上，因此无法旋转。在这种情况下，发射天线则需要安装在一个可以绕 AUT 旋转的臂上。

2.1.2　近场天线测量装置

天线辐射性能也可以通过测量 AUT 的近场分布来表征。利用探头采集 AUT 近场的幅值和相位，然后使用数值变换方法计算远场辐射特性[21-24]。利用小探头扫描 AUT 周围的表面，通常探头和 AUT 之间的间隔为 $4\lambda \sim 10\lambda$。在测量过程中，近场的相位和幅值通过离散的点矩阵进行采集；然后利用傅里叶变换将数据变换到远场。在近场测试中，AUT 通常首先与扫描设备的坐标系对齐；然后移动探头或测试天线。但在实际中，在线性轴上扫描射频探头或在角轴上扫描 AUT 则更简单、更经济。原则上，测量可以在一个曲面上进行，该曲面可以定义 6 种正交坐标系（如矩形、圆柱形（圆柱）、球形、椭圆圆柱形、抛物线圆柱形和圆锥形）中的任何一种。然而，只有前三种便于数据的采集，并且从平面到柱面，再到球面的解析变换复杂性不断增加。

对于毫米波天线，近场采样通常在如图 2.3 所示的平面上完成。采样区域必须覆盖全，以便捕获 AUT 发射的所有重要能量。采样点必须足够密集，

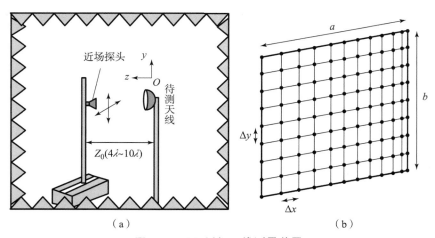

（a）　　　　　　　　　　　　　　　（b）

图 2.3　平面近场天线测量装置

（a）测量框图；（b）矩形扫描面

以满足奈奎斯特（Nyquist）采样标准，即两个采样点之间的距离必须小于 λ/2。近场扫描的主要误差源于弯曲或扭曲电缆的相位误差、探头的不准确定位以及探头与 AUT 之间的反射。

2.2　最先进的毫米波测量系统

2.2.1　商用毫米波测量系统

1. ETH – MMW – 1000 （18~75 GHz）[25]

Ethertronics 公司生产的 ETH – MMW – 1000 是一种全电子的毫米波远场测量系统，能够测试频率范围为 18~75 GHz 的天线。该系统独立、紧凑且可移动，适用于实验室或生产环境。如图 2.4 所示，ETH – MMW – 1000 包括一个分布式轴定位系统，由一个围绕 φ 轴旋转 AUT 的方位桅杆旋转器和一个升降 AUT 周围喇叭的 θ 环定位器组成。适用于 18~26.5 GHz、26.5~40 GHz、33~50 GHz、40~60 GHz、50~67 GHz 和 50~75 GHz 的不同频段的毫米波带宽。每个测量频段都配置专用路径（射频电缆、矩形波导管、测量喇叭），共用一个通用放大器。为了提供一个良好的屏蔽环境，专门配备了全吸波罩，确保其测量结果的稳定性。该系统适用于同轴或波导馈电结构的 AUT，而且还有共面波导（Co – Planar Waveguide，CPW）结构，可用于片上测量。ETH – MMW – 1000 的关键参数见表 2.1。

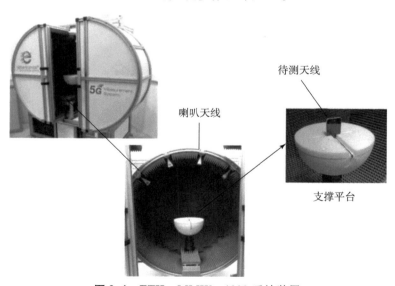

喇叭天线

待测天线

支撑平台

图 2.4　ETH – MMW – 1000 系统装置

表 2.1　ETH – MMW – 1000 的关键参数

技术	远场/球面过采样
频率范围	18 ~ 75 GHz
测量半径	NA
增益精度	+ / – 0.9 dB
典型动态范围	> 50 dB，40 ~ 67 GHz；> 55 dB，20 ~ 40 GHz
尺寸大小	1.56 m（长）× 1.25 m（宽）× 2.12 m（高）
DUT 最大尺寸	45 cm
DUT 最大重量	10 kg

2. μ – Lab（50 – 110 GHz）[26]

如图 2.5 所示，μ – Lab 装置是由 MVG 集团（Microwave Vision Group）开发，用于收集 50 ~ 110 GHz 毫米波范围内，片上天线和微型天线远场及近场的电磁数据。该系统的设计便于手动切换，适用于片上天线的测量，其定位子系统由安装在方位定位器上的轻型精密龙门架臂组件组成。一方面，安装在龙门架臂上的近场探头可以旋转，用于改变天线的极化方式。龙门架臂组件以方位角旋转，可以覆盖测量球体上的所有纵向切面；另一方面，AUT 保持在固定盘上，而探头围绕 AUT 在俯仰角和方位角上旋转，用以覆盖测量整个球体。整个系统允许测量频段重新配置，从而实现宽频带天线测量。

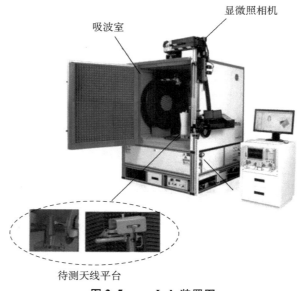

图 2.5　μ – Lab 装置图

μ – Lab 的关键参数见表 2.2。

表 2.2　μ – Lab 的关键参数

技术	远场/球面　近场/球面
频率范围	50 ~ 110 GHz
测量半径	15 in.（38.1 cm）
增益精度	+/ – 0.5 dB
典型动态范围	>60 dB
尺寸大小	1.52 m（长）×1.52 m（宽）×2.13 m（高）
DUT 最大尺寸	中心支撑杆：最大尺寸为笔记本电脑大小； 片上天线测量移动杆：5 cm×5 cm
DUT 最大重量	10 kg

3. 小型紧缩场（4 ~ 110 GHz）[27]

如图 2.6 所示，MVG 开发的小型紧缩场和吸波室组件能够实现经济高效地测试微波、毫米波天线，静区直径可达 0.5 m。基本配置采用标准 VNA 收集完整的三维方向图。紧缩场馈源极化旋转器可以在单个测试期间或测试之间改变天线的极化方式。发射旋转器和滚动轴的连轴运动可以在一次测试中实现自动获取 AUT 的 E 面、H 面方向图。倾斜（升降）轴允许 E 面、H 面方向图通过波束的峰值，避免了电轴和机械轴的不一致。不过该系统不适用于片上天线的测量。小型紧缩场的关键参数如表 2.3 所示。

图 2.6　小型紧缩场装置

表 2.3　小型紧缩场的关键参数

参数	指标
频率范围	4 ~ 110 GHz
静区直径	0.5 m
增益精度	±0.5 dB
典型动态范围	>80 dB
尺寸大小	2.9 m（长）×2.4 m（宽）×4.0 m（高）
DUT 最大尺寸	直径达 0.5 m
DUT 最大重量	高达 45 kg（仅方位角方向） 高达 13 kg（转台滚动角方向/方位角方向） 高达 23 kg（配置 AL - 161 - 19 转台滚动角方向/方位角方向）

2.2.2　定制的毫米波测量系统

虽然目前的商业测量装置可以实现高达 110 GHz 的毫米波天线测量，但是它们并没有得到广泛的应用，主要分布在大学和研究机构中。这主要是在20 世纪 90 年代后期由于缺乏片上天线测量的能力所致。但是据报道，许多针对不同应用定制的毫米波天线测量装置测量频率高达 950 GHz。本节将概述典型的毫米波天线测量装置，其中大多数装置都适用于片上天线的测量。

1999 年，Simons 和 Lee 演示了第一个使用片上探针测量毫米波天线的实验装置[28]。图 2.7 显示了测量渐变开槽天线增益的装置。在这个装置中，金属卡盘替换为泡沫块，以避免不必要的金属反射，周围所有不可避免的金属部件都覆盖吸波材料。将两个相同的天线彼此放置在距离 R 处，采用 Friis

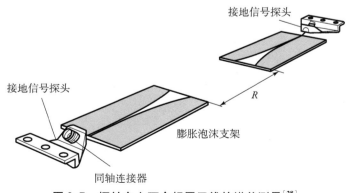

图 2.7　探针台上两个相同天线的增益测量[28]

方程由测量得到的 S_{21} 计算增益。若天线到天线的距离大于远场距离时，则需要使用校准基板，将 AUT 馈电探头校准到探头尖端。利用一对接地信号（ground-signal，GS）微波探头（Pico 探针型号 40 A，螺距为 10 mil（1 mil = 25.4 μm））、片上探针台（级联型号 42）和矢量网络分析仪（HP8510C），系统能够精确地测量天线的输入阻抗匹配和增益。但是该装置只能测量端射天线的增益，因为 AUT 固定致其不能测量天线方向图。

为了实现片上天线方向图的测量，人们提出了几种简单的远场测量装置，如图 2.8 所示。在这些装置中[29-31]，AUT 位于金属卡盘上，由接地探针馈电，探针通过同轴电缆连接 VNA。喇叭天线安装在塑料支架上，并在远离 AUT 的位置沿塑料支架手动旋转，通过沿 θ 方向移动喇叭可以测量半球形方向图。不过该装置的突出缺点是在 67 GHz 以上的频率范围上，金属卡盘、探针定位器和毫米波模块等环境的反射都会严重影响测量结果。因为 AUT 是静态的，所以除了能够测量少数切面方向图外，无法测量完整的半球形方向图。此外，探头/模块定位器的遮挡也在一定程度上限制了测量角度。

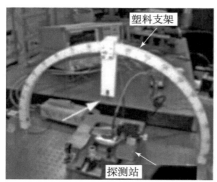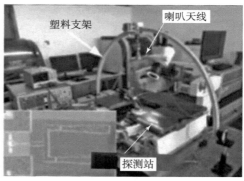

图 2.8　一种改进的片上天线测量装置[29-31]

Pilard 等也报道了一种改进的测量装置[32]，如图 2.9 所示。AUT 放置在旋转的 Rexolite 卡盘上，三轴微操作器允许 AUT 和网络分析仪（如 Agilent PNA E8361A）通过安装在探针支架上的片上探针实现连接。标准的增益喇叭沿 Rexolite 拱门移动，以 2° 的间隔绕待测天线转 90° 可获得俯仰方向图。固定拱门的半径 R，使 AUT 与喇叭天线保持恒定的远场距离。喇叭天线和探头通过同轴电缆与网络分析仪相连，旋转卡盘可以测量 AUT 上方半球的方向图。每个平面的交叉极化电平也可以通过 0°～90° 旋转喇叭天线测量。此外，在吸波室中使用射频吸波材料覆盖微操作器和卡盘，使寄生反射最小化。

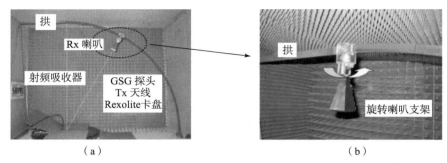

（a）　　　　　　　　　　　　　（b）

图 2.9　测量装置系统示意图和 Rexolite 拱门上的标准增益喇叭[32]

（a）系统配置示意图；（b）标准增益喇叭

天线方向图的测量是一项繁琐而耗时的工作。因此，天线自动测量装置始终是天线研究人员/工程师的首选。2004 年，Thomas 等开发了一种片上毫米波天线自动测量的装置，能够在 ±90° 的范围以及三个不同平面内测量天线的方向图[33]。如图 2.10 所示，AUT 由一个定制的样品架固定，样品架从防振台伸入吸波室。装有微波探头的第二个机械臂安装在探头定位器上，附带有额外的探头调平装置位于防振台上；装有 WR15 波导段和标准喇叭天线的机械臂绕 AUT 旋转 38 cm，以确保始终满足远场条件。在步进电机的中心安装一个带有低噪声放大器的 WR15 旋转接头，用来避免由于电机移动引起的电缆弯曲，并在一定程度上提高天线增益测量的灵敏度。

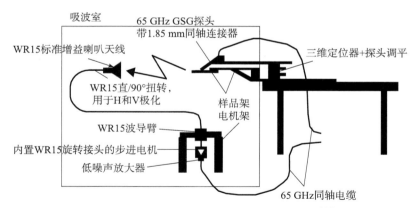

图 2.10　片上毫米波天线自动测量的装置图[33]

为了进一步增大天线方向图的测量角度范围，Zwick 等提出了一种片上的近三维天线方向图测量装置[34-35]。如图 2.11 所示，AUT 支架连接在塑料臂上，塑料臂的另一端则连接在防震台上。向上放置于自由空间的静止 AUT

向上发射电磁波，安装在双轴转台上的接收喇叭天线接收来自不同观测角度的电磁波，用于测量方向图。双轴转台和两臂用于围绕 AUT 旋转接收角度，其中一个较大的旋转台放置在地板上，正好位于 AUT 下方的轴上，因此第二个较小的旋转台放置在 AUT 的水平面上。两种旋转状态下的方位角和俯仰角一致，使它可以测量要么是几乎完整的三维方向图，要么是三个剖面，而无须对装置进行周而复始的重新排列。测量喇叭天线的附件可保证 90° 的旋转，从而实现两个正交极化方向图的测量。伸缩臂的旋转角度部分被工作台遮挡，以至于测量水平平面时只能在 270° 以内，垂直平面只能在 255° 以内。两种装置的测量距离均为 60 cm，这对于 60 GHz 及以上的大多数天线阵列来说已经足够大了。

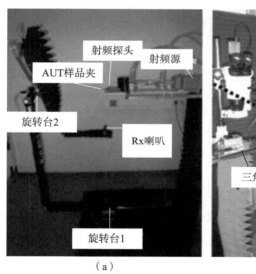
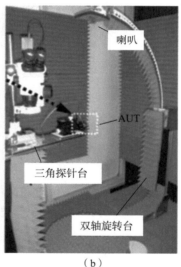

（a）　　　　　　　　　　　　　（b）

图 2.11　基于片上的近三维辐射方向图测量装置[34,35]

通常，片上天线测量装置需要一个带有防震台的探针台。然而，巨大的金属平台对被测天线的阻抗匹配和辐射特性造成了严重的影响。为了克服这一问题，这里介绍了一些无探针台片上天线的测量装置[36-37]。如图 2.12 所示，Titz 等提出了一种 60 GHz 片上天线测量系统。与传统的片上天线测量装置不同，AUT 没有放置在金属卡盘上，而是放置在 $\varepsilon_r \approx 1$ 的特定泡沫支架上。泡沫有 1 cm 厚，足够坚硬平整，泡沫内还有一个空腔，确保 AUT 可以正确安装。支架用螺钉固定在由硬质聚氨酯材料制成的特殊载体上，载体与金属三维定位器相连，而且不给 AUT 的任何目标留有空间。机械零件的体积小于 1 m³，并使用了一个非常重的工作台以保证其稳定性，避免在测量过程中发生任何震动以免损坏探头。此外，为避免任何反射工作台上覆盖吸波材料。

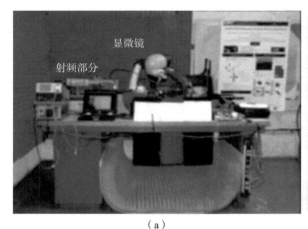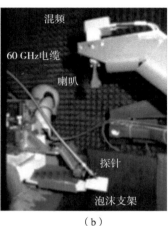

（a）　　　　　　　　　　　　　　　　（b）

图 2.12　测量装置的照片和测量装置的近距离视图[36]

如图 2.13 所示，Mosalanejad 等提出了一种带有背面探测技术的天线测量装置。在装置的中心有一个金属工作台，可用作反射器，也可用作 AUT、微型定位器和探头的支架。四个商用减震器安装在工作台周围，以便隔离来自固定轨道或支撑框架的任何震动。扫描臂由非导电材料制成，用于承载喇叭天线并围绕 AUT 旋转。扫描臂由步进电机驱动，可在俯仰角方向上旋转，用来测量指定切面的方向图。俯仰角扫描（沿 θ 方向）的测量范围为 $-90° \sim 90°$。测量平面的选择通过沿固定导轨推/拉托架，可以手动完成切换。这条

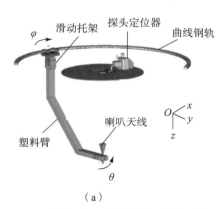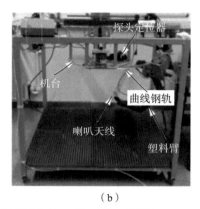

（a）　　　　　　　　　　　　　　　　（b）

图 2.13　采用背面探测技术的天线测量装置和天线测量系统[37]

（a）天线测量装置；（b）天线测量系统照片

固定的导轨在方位角（沿 φ 方向）上覆盖超过 180°，确保完整扫描底部半球，从而能够测量整个半球内任何一个切面的三维方向图。此外，与传统装置相比，通过测量半球屏蔽探头，可以增大测量动态范围 20 dB。

由于测量距离有限，远场毫米波天线测量装置一般适用于低增益天线单元或较小的天线阵列。对于高增益（如 40 dBi 及以上）的大型天线阵列或反射器型天线，近场测量装置则更适用。

Nearfield Systems Inc.（NSI，现为 NSI – MI Technologies）的 Rensburg 等提出了一种用于地球观测和射电天文学天线表征的亚毫米波平面近场天线测试系统[38]。图 2.14 为美国喷气推进实验室（Jet Propulsion Laboratory，JPL）用于地球观测系统的 650~660 GHz 微波邻边探测仪的扫描仪。这种亚毫米波平面近场扫描仪命名为 NSI – 905 V – 8×8（2.4 m×2.4 m），其平面度 RMS 为 5 μm。扫描仪使用花岗岩底座来实现热稳定性，并在垂直塔上进行全面的空气冷却，以最大限度地减少由于环境温度变化引起的结构变形。扫描仪结构由两个平行的花岗岩梁构成 x 轴，一个垂直的花岗岩塔构成 y 轴，从而确保天线具有低频空间误差的精确表面。

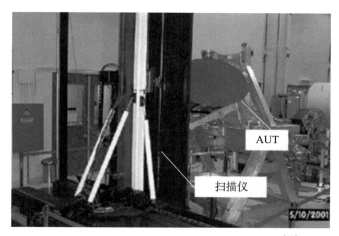

图 2.14 NSI – 905 V – 8×8 平面近场扫描仪[38]

另一个报道的亚毫米波扫描仪是为支持 950 GHz 的 Atacama 大型毫米波阵列（Atacama Large Millimeter Array，ALMA）计划而研制[38]。如图 2.15 所示的亚毫米波可倾斜平面近场扫描仪，名为 NSI – 906HT – 3×3（0.9 m×0.9 m），在从垂直到水平的任何扫描仪平面上的平面度 RMS 为 20 μm。主动结构校正用于增强扫描仪平面度，虽然没有采用激光监测结构，但在采集期间通过使用 z 轴向线性传动机构数据集校正平面度。

图 2.15　NSI – 906HT – 3 × 3 平面近场扫描仪[38]

　　还有几种其他方法也可以获得近场数据：第一种方法是测量惠更斯表面（即垂直于主波束传播方向的平面）的辐射场，计算天线区域的等效源，然后从这些辐射源计算出近场和远场中任意一点的辐射场；第二种方法是直接测量孔径前面三维空间中目标观测点的容积近场，这种方法比较直接。它可以在感兴趣的区域获得精确的测量结果，所获得的数据也可以直接用作参考或校准数据，而不受处理误差的影响。除了目前的这些应用，体积近场扫描仪还可以用于在多个平行平面快速和准确的测量平面，这有助于分析和消除 AUT 和探测天线之间多次反射的影响[39]。而且，无相位近场到远场变换算法利用在两个平面上精确测量的幅值和相位值，其中相位用作参考。

　　本节介绍了一种用于毫米波天线测量的三维体积近场装置，频率测量范围为 40～110 GHz。如图 2.16 所示，该装置由一个 HP8510C 网络分析仪形式的射频采集单元（带毫米波扩展）和一个机械定位单元（带三个轴，一个用于 AUT，两个用于探头天线）组成。承载 AUT 的 z 轴与探头天线在其上移动的 xoy 平面垂直对齐。x、y 轴系统是水平轴和垂直轴的固定组合。轴的定位相互独立，因此 Δx、Δy 和 Δz 内的全网格可以达到 ± 20 μm 的分辨率和重复性。探头天线安装在 y 轴上的底座上，同时采用 110 GHz 柔性介质波导段连接 AUT，不但降低了传输损耗，而且提高了系统的动态范围。此外，该装置使用由刚性线段和旋转接头组成的"铰接线"，确保了相位稳定在 ± 0.5°。

　　传统近场测量装置的扫描仪采用近场探头在 x、y、z 方向定位不同的几何体，目前，还有一些机器人控制的近场毫米波天线测量装置：通过采用 6

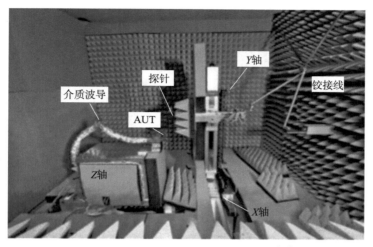

图 2.16　一种容积式毫米波测量装置[40]

个自由度（Degrees of Freedom，DOF）的工业机器人可以测量频率高达 550 GHz 的方向图[41-43]。如图 2.17 所示，Boehm 等提出了一种基于机器人的近场天线测量装置（60 ～ 330 GHz）。其中一个喇叭天线安装在机械臂上，用于接收来自 AUT 的信号，再由 AUT 连接 Tx 模块和 VNA。利用 6 个自由度，不仅可以在 x、y 和 z 轴方向上调整 Rx 的位置，还可以旋转三个轴（Rotx、Roty、Rotz）来改变方向，这一设计在扫描几何结构（如球体和平面扫描）方面具有很高的灵活性，扫描精度为 50 μm。整个测量过程由计算机控制，数据可进行后续离线处理和远场变换。除了波导和同轴馈电天线外，该系统还可以使用探针定位器测量片上天线。

　　此外，Novotny 等还报道了另一种机器人控制的近场方向图测量装置，频率范围为 50 ～ 500 GHz。如图 2.18 所示，该系统由一个精密的工业六轴机械手臂、一个六轴并联六足机器人和一个高精度旋转平台组成。其中，激光跟踪器用于确定机器人的位置和校准。机器人定位臂可编程，允许扫描各种几何图形，包括球形、平面和圆柱形，以及其他用户定义的几何图形，并执行原位外推测量。对于平面几何体，覆盖范围为 1.25 m × 2 m 的矩形；对于球形几何体，半径为 2 cm ～ 2 m，θ 方向为 ±120°，φ 方向为 ±180°。六足机器人定位精度为 30 μm，激光跟踪器精度为 15 μm。不过，该装置暂不支持片上天线的测量。

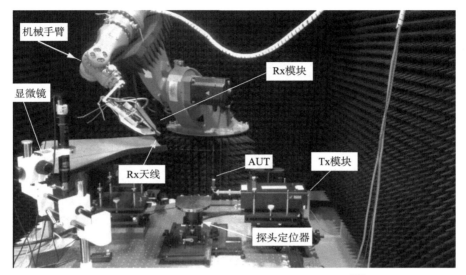

图 2.17   一种基于机器人的近场天线测量装置[41]

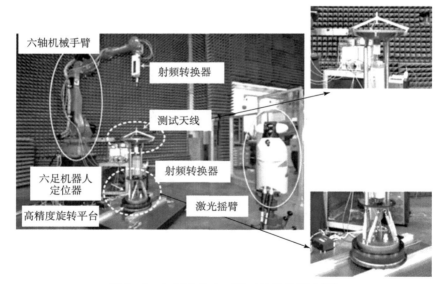

图 2.18   机械定位和测量系统的装置图[43]

2.3   测量装置配置的注意事项

如前几节所述，天线测量装置的配置是一项艰巨的任务，必须考虑许多因素。特别是片上天线，其测量能力使其配置更具挑战性。总体而言，配置毫米波天线测量装置有如下关键问题[10-11,44]。

2.3.1　远场、近场和紧缩场

1. 远场测量

天线测量的首选是远场法。然而，对于电大天线，经典的远场测量方法存在一些问题。一是 AUT 和源天线之间的距离过大，不适用远场法。例如，对于直径为 0.5 m、频率为 60 GHz 的抛物面反射天线，要求距离要达到 100 m（增益为 48.5 dBi，80% 口径效率），当需要测量到更低的副瓣电平时，可能还需要更远的距离。二是，大气温度和湿度变化会引起衰减和畸变。所以，远场一般适用于增益小于 30 dBi 的毫米波天线，可以在天线距离小于 1 m 的吸波室之类的受控环境中测量天线。另外，对于增益较低的 dBi 天线（如单个微带贴片天线），远场距离虽不是问题，但同轴/波导适配器/连接器等测量接口会严重干扰测量。

2. 近场测量

近场测量是指可以在室内或相对较小的空间内开展的天线测量实验。测量过程中可以控制测量环境的湿度和温度，从而减小由于大气引起的误差。在毫米波天线的测量中，近场的采样点通常在一个平面上完成，且该平面必须是完整的，以便能够捕获 AUT 传输的所有能量。而且采样点必须足够密集，以满足奈奎斯特采样标准，即两个采样点之间的距离必须小于波长的一半（$D < \lambda/2$）。近场扫描的主要误差来源是弯曲电缆的相位误差、探头定位的不准确性以及探头和 AUT 之间的反射误差。

此外，近场测量装置对片上天线的测量很具挑战性：片上探头和探头定位器的存在限制了 AUT 的采样区域，因此 AUT 传输的能量只能部分捕获，从而无法准确地计算远场性能。

3. 紧缩场测量

CATR 可以在室内平面波条件下实现天线测量，甚至可以通过旋转 AUT 直接测量天线的方向图。由于大多数的 CATR 都是基于反射镜，因而对于毫米波频段，该方法对其表面平整度的要求则非常严格。例如，均方根表面误差应小于 0.01λ（在 75 GHz 时为 40 μm）。此外，由于 AUT 需要旋转，CATR 也不适用于片上天线的测量。

2.3.2　射频系统

在毫米波频段，任何天线测量的射频仪器都面临着巨大的挑战。测试的最低配置是在给定的毫米波频率，拥有一个足够输出功率的频率稳定的发射机和一个灵敏接收机。一般而言，幅值测量可以满足如增益、效率、方向图、交叉极化电平等大多数参数的需求，此外，频谱分析仪是一种优秀的非相干接收器（当配备有外部下变频单元）。然而，大多数天线测量需要矢量测量，好在目前市场上已经有了基于倍频和谐波混频的可扩展到太赫兹频段的矢量网络分析仪。

目前，50 GHz 以上的同轴电缆损耗非常大。在测试中为了获得良好的系统灵敏度和动态范围，一般使用频率上/下转换例如靠近发射和接收天线的端口扩展模块（Port Extension Modules，PEM）来解决这个问题。如图2.19 所示，75 GHz 及以上的标准 PEM 可以从各种测试设备制造商处购买[45-48]。如果使用 PEM，那么 VNA 和 PEM 之间的同轴电缆传输的频率一般低于 26 GHz。这样在 50~110 GHz 频段，可实现超过 40 dBi 的校准底噪和超过 70 dB 的动态范围。

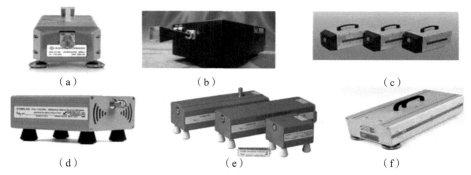

图 2.19　市场上常见的端口扩展模块

2.3.3　射频仪器与 AUT 之间的接口

需要注意的是，目前的频谱分析仪、矢量网络分析仪等射频仪器都是同轴接口。如图 2.20 所示，在微波频率范围内，AUT 可通过同轴连接器或同轴/波导适配器，用同轴电缆直接连接到频谱分析仪/矢量网络分析仪。

在毫米波频率范围30~60 GHz 时，同轴波导适配器仍然适用于波导馈电结构的天线。但对于 PCB 上的天线，普通同轴连接器由于其微小的内导体难以焊接到 PCB 上，一般无法使用，因此需要使用特制的同轴连接器，如图 2.21（a）所示的末端发射连接器，用于安装微带或 GCPW 馈电结构的电缆和天线之间的连接。商用终端发射连接器的工作频率为 100 GHz，但是由于

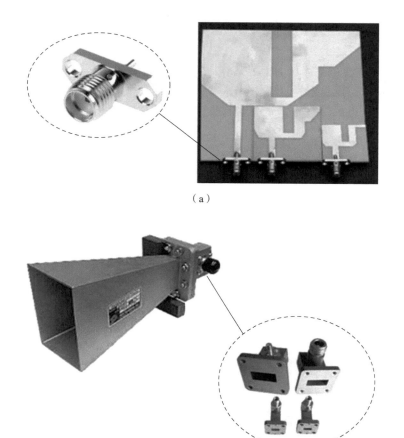

（a）

（b）

图 2.20　微波天线测量接口的同轴连接器和同轴波导适配器

（a）同轴连接器；（b）同轴波导适配器

与射频仪器相连的同轴电缆损耗大，因此建议只使用至 60 GHz 频段。对于片上天线测量，通常使用同轴探头，如图 2.21（c）所示。同轴空气共面探头（Air Coplanar Probe，ACP）是一种坚固耐用的毫米波探头，拥有一个兼容的尖端，可用于片上和信号完整性应用的精确、可重复测量。它为探测非平面的表面提供了出色的兼容性，并提供稳定和可重复的超温测量，在纯金焊盘上的典型探针寿命为 500 000 个触点。此外，可提供单信号和双信号应用的配置，而且商用探头的典型间距一般为 100 μm、125 μm、150 μm、200 μm 和 250 μm。

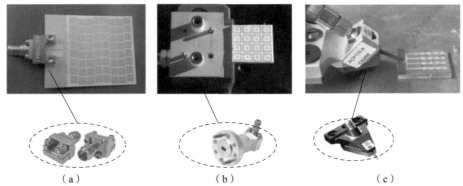

图 2. 21 60 GHz 毫米波天线测量接口的末端发射连接器、
同轴波导适配器和同轴探头

（a）末端发射连接器；（b）同轴波导适配器；（c）同轴探头

而在 75 GHz 以上的频率，由于必须使用 PEM，因此只能使用波导接口。如图 2.22 所示，AUT 必须是波导馈电结构，以便可以直接连接到 PEM 或 CPW 馈电结构，即通过波导探头连接到 PEM。

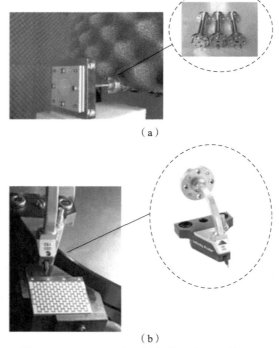

图 2. 22 75 GHz 以上毫米波天线测量的接口

（a）标准波导；（b）波导探针

2.3.4　片上天线测量

目前，片上天线的微探测给天线测量带来了新的挑战。一方面，由于采用了抗冲击和抗震动技术来保护探头，从而提高测量的完整性，因此微探台在物理/电气上又大又重；另一方面，金属环境使得探针台在辐射测量中并不是很好的选择。此外，微探台和相关探头定位器的存在不仅会对球面覆盖产生物理堵塞，还会对预期信号造成辐射干扰。而且与传统的天线测量装置相比，片上天线测量装置还具有如下所述的若干限制。

1. 馈电和移动限制

在大多数传统的方向图测试装置中，相对于喇叭天线的静止状态，AUT是旋转的。但是，因为 AUT 被定位在一个与探头定位器相关的又大又重的探针台上。在片上天线的测量中 AUT 旋转是不可能的，与传统测量装置的三轴定位器不同，这种信号源喇叭天线需要一个改进的旋转定位器，使其可以围绕 AUT 旋转。类似地，近场扫描测量也会出现问题，所以它的近场探头必须围绕 AUT 旋转，这样才能保证其能捕获辐射场。

2. 探针/金属环境引起的反射

典型的商用探针台是由一个防震台、一个卡盘、一个显微镜、一个定位器和一个探针组成。测量装置的所有金属部分都可能引发错误测量的电磁场反射和散射源。卡盘本身作为一个接地平面，可防止其他非目标方向图的产生。AUT 的后向辐射可从卡盘获得其反射场，并以一定的相位延迟叠加到直接信号中。此外，标准参考天线的辐射也可能在吸盘和其他近距离金属表面之间形成反弹信号，从而引起多重反射。而且对于更小的片上 AUT，靠近物理/电大探针会导致环境反射，进而恶化天线的方向图。

与片上测量相关的另一个常见问题是探头与 AUT 馈线点的精确对齐。探头对准并精确滑动，以便与 AUT 良好接触。这种校准，特别是窄间距探针，需要馈电点和探头的微观视图。如果在试验箱中安装显微镜将会引起反射，从而影响 AUT 的方向图，因此需要一个可移动的显微镜。

图 2.23 展示了四个选定的毫米波测量装置，但是由于杂乱的金属环境中存在太多的反射，预计无法获得准确的天线性能测量结果。

3. 测量探头引起的耦合

片上天线基板的残余电流可能与测量探针相互作用，在测量中产生误差。ACP 探头的尖端屏蔽，会产生这种耦合效应。目前，使用校准基板进行去嵌入过程无法抑制这种非预期耦合。而且用于测量的传统片上 GSG 焊盘的电容效应，改变了 AUT 的谐振频率，这些焊盘的位置和放置也可能直接干扰 AUT 的阻抗匹配，导致谐振频率偏移[49-50]。

2.4　毫米波天线测量装置

本节将分别演示 60 GHz、140 GHz 和 270 GHz 频段的三个毫米波天线的测量装置。其中，60 GHz 的天线测量系统由 VNA、LNA 和功率放大器组成，系统动态范围最大，适用于同轴、波导或探头馈电结构的天线。140 GHz 的天线测量系统由一个 VNA、两个毫米波 PEM 和一个低噪声放大器组成，具有理想的系统动态范围，适用于由波导或探头馈电的天线。270 GHz 的天线测量系统则由一个 VNA 和两个毫米波 PEM 组成，提供了一个可接受的系统动态范围，适用于由波导或探针馈电结构连接的天线。我们通过测试不同的毫米波天线，验证了这些系统的正确性和可靠性，实测结果与仿真结果吻合良好（图 2.23）。

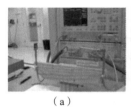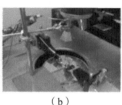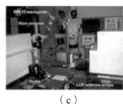

　（a）　　　　　　（b）　　　　　　（c）　　　　（d）　　（e）

图 2.23　多反射环境的毫米波天线测量装置

2.4.1　60 GHz 天线测量装置

图 2.24 给出了新加坡科技研究局资讯通信研究院（Institute for Infocomm Research，I^2R）60 GHz 频段天线测量装置的示意图[14]，AUT 放置在一个从防台延伸出来的低介电常数塑料支架上，这种设计在一定程度上有利于安装用于片上天线测量的探头。AUT 通过同轴线或波导管连接到其中一个 VNA 端口上，且在旋转臂上安装有一个标准喇叭天线（喇叭和 AUT 之间的距离可调，最长可达 1 m），连接在 VNA 的另一个端口。使用波导部分代替同轴电缆沿旋转臂放置，这样可以大大减少系统的损耗。而为进一步提高系统的动态范围，该装置采用了功率放大器和低噪声放大器，这对于表征天线的副瓣和交叉极化电平，特别是对于低增益天线来说是非常重要的。

图 2.25 给出了在微型吸波室中使用 AUT 进行实际测量的照片。图 2.26 ～ 图 2.28 显示了在 60 GHz 频段工作的三个天线的实测方向图。AUT 包括一个

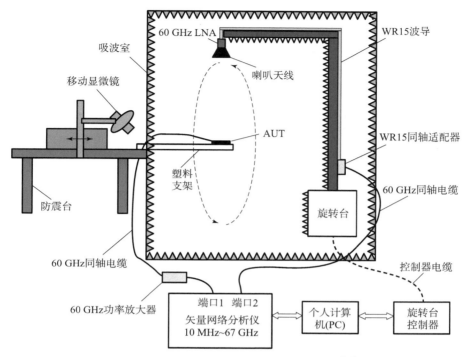

图 2.24　60 GHz 频段天线测量装置示意图[14]

通过末端发射连接器馈电的低增益对极费米天线，一个由探针馈电的 12 dBi 低增益平面阵列，以及一个通过波导激励的 20 dBi 高增益平面天线阵列。在所有实验中，实测结果与仿真结果都达到了预期的一致性。

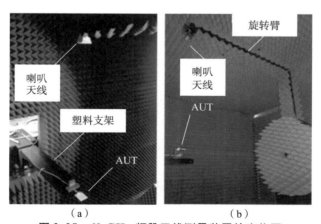

图 2.25　60 GHz 频段天线测量装置的实物图

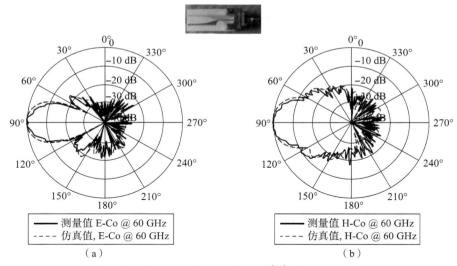

图 2.26　60 GHz 对极费米天线[51]的实测方向图

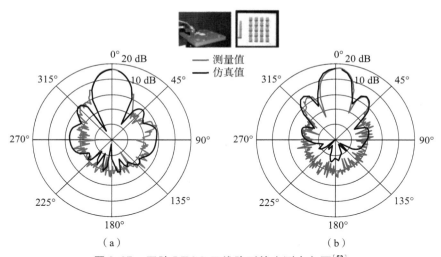

图 2.27　开腔 LTCC 天线阵列的实测方向图[52]

2.4.2　140 GHz 频段天线测量装置

140 GHz 频段天线测量系统的装置如图 2.29 所示。因为在没有频率扩展的情况下，使用的 VNA 系统只能工作到 67 GHz，所以与 60 GHz 天线的配置不同，这里使用了两个毫米波 PEM[46]。AUT 位于防震台上，通过波导管或波导探头连接到 PEM。标准喇叭天线安装在旋转臂上，并通过波导与另一个 PEM 相连。两个 PEM 也分别通过大约 10 m 长的微波电缆连接到 VNA 的

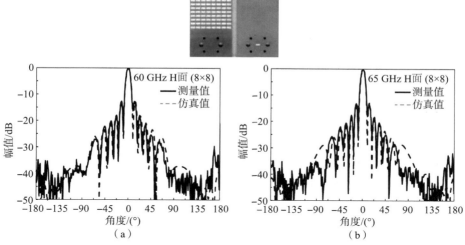

图 2.28　在 LTCC[53] 上测量的 60 GHz 和 65 GHz 基片集成波导阵列天线的方向图

端口上，并且为了确保毫米波 PEM 的正常工作，使用了多个低噪声放大器来补偿本振/射频链路的电缆损耗。

使用 D 波段（110～170 GHz）功率放大器和低噪声放大器，图 2.29 所示的系统可实现所需的系统动态范围。图 2.30 展示了新加坡科技研究局资

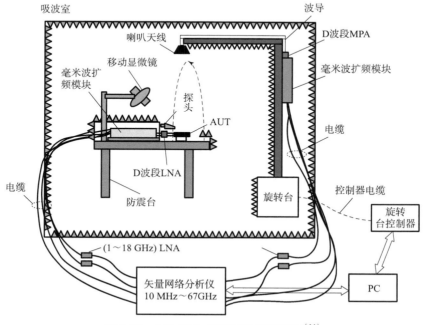

图 2.29　140 GHz 频段天线测量装置[14]

讯通信研究院一个小型暗室中实际测量装置的照片。为了减少反射，用吸波材料覆盖主要部分，并使用可移动的显微镜进行片上天线的测量。图 2.31 和图 2.32 分别显示了 10 dBi 低增益片上天线阵和 20 dBi 增益 LTCC 天线阵的方向图，这两种天线阵分别采用探针和波导馈电结构。实测的方向图与仿真吻合良好，副瓣电平达到 −40 dB。

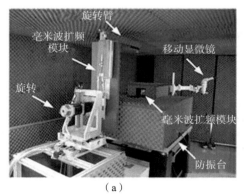
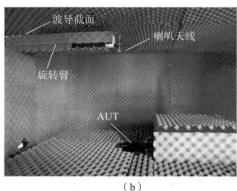

(a)   (b)

图 2.30　140 GHz 频段天线测量装置的照片

(a) 整体配置；(b) AUT/喇叭天线定位的详细视图

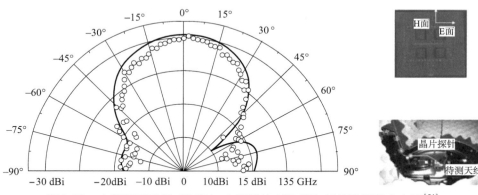

图 2.31　在苯并环丁烯（BCB）上测量的 135 GHz 天线阵列的方向图[54]

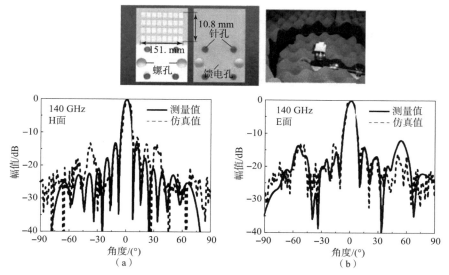

图 2.32 140 GHz TE$_{20}$ 模式基片集成波导缝隙天线阵列的实测方向图[55]

2.4.3 270 GHz 频段的天线测量装置

图 2.33 和图 2.34 为新加坡建造的 270 GHz 频段天线测量系统的配置，

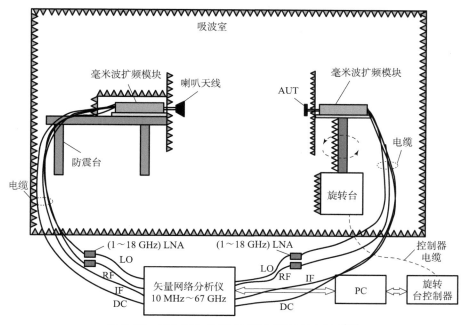

图 2.33 270 GHz 频段天线测量装置示意图[14]

该装置使用了两个220～325 GHz毫米波PEM。位于旋转台上的AUT可水平旋转360°，且标准喇叭天线和AUT直接连接到PEM上，用来将射频功率传输线和连接造成的系统损耗降至最低。此外，由于扩频器的输出功率和灵敏度有限，在270 GHz波段装置的系统动态范围较低。图2.35给出了270 GHz LTCC集成条形加载线极化径向线缝隙阵列天线和波导夹具的方向图。可以看出，该系统能够高精度地表征主波束和第一副瓣，但却不能精准地表征其他副瓣。值得注意的是，所有测试系统的校准也是一项耗时且具有挑战性的任务，标准天线和AUT以及转盘之间的所有校准都必须保证高度精确，避免过大的测量误差。

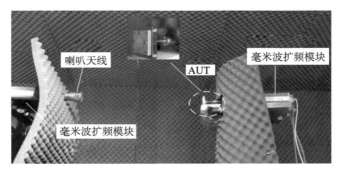

图2.34　270 GHz频段天线测量装置的实物图

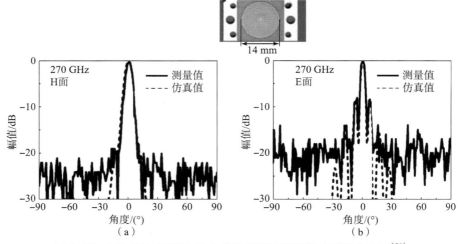

图2.35　270 GHz LTCC集成带状缝隙阵列天线的测量方向图[56]

2.5　小　　结

目前，在毫米波频段天线的发展中涌现了许多挑战性问题，其中测量是最困难的问题之一，主要原因就是测试装置昂贵，系统的动态范围有限，校准和测量程序复杂又烦琐。此外，测量中使用的电缆、连接器或探头对 AUT 的测量结果也有很大的影响，所以在测量系统配置中必须仔细考虑这些影响。本章讨论了 60～300 GHz 毫米波天线的一些测量问题。首先介绍了目前最先进的毫米波天线测量系统；然后讨论了配置测量系统的关键考虑因素；最后给出了实现最大系统动态范围的装置详细配置，并举例介绍了 60 GHz、140 GHz 和 270 GHz 频段采用不同馈电连接（同轴电缆、波导管和探头）测量多个天线的方向图。

参 考 文 献

［1］ Kummer，W. H. and Gillespie，E. S. （1978）. Antenna measurements. Proc. IEEE 66 （4）：483 – 507.

［2］ Hollis，J. S.，Lyon，T. J.，and Jr. Clayton，L. （1970）. Microwave Antenna Measurements. Scientific – Atlanta.

［3］ IEEE，IEEE Standard test procedures for antennas （IEEE Std 149 – 1979），1979.

［4］ Balanis，C. A. （2005）. Antenna Theory Analysis and Design. Wiley.

［5］ Qing，X. and Chen，Z. N. （2016）. Handbook of Antenna Technologies：Antenna Measurement Setups – Introduction. Springer.

［6］ Liu，D.，Gaucher，B.，Pfeiffer，U.，and Grzyb，J. （2009）. Advanced Millimeter – Wave Technologies：Antennas，Packaging and Circuits. Chichester，UK：Wiley.

［7］ Seki，T.，Honma，N.，Nishikawa，K.，and Tsunekawa，K. （2005）. A 60 GHz multilayer parasitic microstrip array antenna on LTCC substrate for system – on – package. IEEE Microw. Wireless Components Lett. 15 （5）：339 – 341.

［8］ Pozar，D. M. （1983）. Considerations for millimeter wave printed antennas. IEEE Trans. Antennas Propag. 31 （5）：740 – 747.

［9］ Lamminen, A., Saily, J., and Vimpari, A. R. （2008）. 60 – GHz patch antennas and arrays on LTCC with embedded – cavity substrates. IEEE Trans. Antennas Propag. 56 （9）: 2865 – 2870.

［10］ Karim, M. R., Yang, X., and Shafique, M. F. （2018）. On chip antenna measurement: a survey of challenges and recent trends. IEEE Access 6: 20320 – 23333.

［11］ Räisänen, A. V., Zheng, J., Ala – Laurinaho, J., and Viikari, V. （2018）. Antenna measurements at millimeter wavelengths——overview. In: 12th European Conference on Antennas and Propagation （EuCAP 2018）, London, 1 – 3.

［12］ Gulana, H., Luxey, C., and Titzc, D. （2016）. Handbook of Antenna Technologies: mm – Wave Sub – mm – Wave Antenna Measurement. Springer.

［13］ Reniers, A. C. F. and Smolders, A. B. （2018）. Guidelines for millimeter – wave antenna measurements. In: 2018 IEEE Conference on Antenna Measurements & Applications （CAMA）, Vasteras, 1 – 4.

［14］ Qing, X. and Chen, Z. N. （2014）. Measurement setups for millimeter – wave antennas at 60/140/270 GHz bands. In: 2014 IEEE International Workshop on Antenna Technology: Small Antennas, Novel EM Structures and Materials, and Applications （iWAT）, Sydney, NSW, 281 – 284.

［15］ Chung, B. K. （2016）. Handbook of Antenna Technologies: Anechoic Chamber Design. Springer.

［16］ Johnson, R. C., Ecker, H. A., and Moore, R. A. （1969）. Compact range techniques and measurements. IEEE Trans. Antennas Propag. 17 （5）: 568 – 576.

［17］ Johnson, R. （1986）. Some design parameters for point – source compact ranges. IEEE Trans. Antennas Propag. 34 （6）: 845 – 847.

［18］ Burnside, W. D., Gilreath, M., Kent, B. M., and Clerici, G. （1987）. Curved edge modification of compact range reflector. IEEE Trans. Antennas Propag. 35 （2）: 176 – 182.

［19］ Pistorius, C. W. I. and Burnside, W. D. （1987）. An improved main reflector design for compact range applications. IEEE Trans. Antennas Propag. 35 （3）: 342 – 347.

[20] Sanad, M. S. A. and Shafai, L. (1990). Dual parabolic cylindrical reflectors employed as a compact range. IEEE Trans. Antennas Propag. 38 (6): 814 – 822.

[21] Johnson, R. C., Ecker, H. A., and Hollis, J. S. (1973). Determination of far – field antenna patterns from near – field measurements. Proc. IEEE 61 (12): 1668 – 1694, 1973.

[22] Paris, D. T., Jr. Leach, W. M., and Joy, E. B. (1978). Basic theory of probe compensated near – field measurements. IEEE Trans. Antennas Propag. 26 (3): 373 – 379, 1978.

[23] Joy, E. B., Jr. Leach, W. M., Rodrigue, G. P., and Paris, D. T. (1978). Applications of probe compensated near – field measurements. IEEE Trans. Antennas Propag. 26 (3): 379 – 389.

[24] Yaghjian, A. D. (1986). An overview of near – field antenna measurements. IEEE Trans. Antennas Propag. 34 (1): 30 – 45.

[25] Online available: http://www.avx.com/products/antennas/mmwave – measurement – system

[26] Online available: https://www.mvg – world.com/sites/default/files/2019 – 09/Datasheet_Antenna%20Measurement_%C2%B5 – Lab_BD_0.pdf

[27] Online available: https://www.mvg – world.com/sites/default/files/2019 – 09/Datasheet_Antenna%20Measurement_Mini – Compact%20Range_BD.pdf

[28] Simons, R. N. and Lee, R. Q. (1999). On – wafer characterization of millimeter – wave antennas for wireless applications. IEEE Trans. Microw. Theory Tech. 47 (1): 92 – 95.

[29] Liu, H., Guo, Y. X., Bao, X., and Xiao, S. (2012). 60 – GHz LTCC integrated circularly polarized helical antenna array. IEEE Trans. Antennas Propag. 60 (3): 1329 – 1335.

[30] Deng, X. D., Li, Y., Liu, C. et al. (2015). 340 GHz on – chip 3 – D antenna with 10 dBi gain and 80% radiation efficiency. IEEE Trans THz Sci. Technol. 5 (4): 619 – 627.

[31] Song, Y., Xu, Q., Tian, Y. et al. (2017). An on – chip frequency – reconfigurable antenna for Q – band broadband applications. IEEE Antennas Wireless Propag. Lett. 16: 2232 – 2235.

[32] Pilard, R., Montusclat, S., Gloria, D. et al. (2009). Dedicated

measurement setup for millimetre – wave silicon integrated antennas：BiCMOS and CMOS high resistivity SOI process characterization. In：3rd European Conf. Antenna Propagat，2447 – 2451.

[33] Zwick，T.，Baks，C.，Pfeiffer，U. R. et al.（2004）. Probe based mmW antenna measurement setup. Int. Symp. Antennas Propag. USNC/URSI Nat. Radio Sci. Meeting：747 – 750.

[34] Beer，S. and Zwick，T.（2010）. Probe based radiation pattern measurements for highly integrated millimeter – wave antennas. In：Proceedings of the Fourth European Conference on Antennas and Propagation，Barcelona，1 – 5.

[35] Chin，K. S.，Jiang，W.，Che，W. et al.（2014）. Wideband LTCC 60 – GHz antenna array with adual – resonant slot and patch structure. IEEE Trans. Antennas Propag. 62（1）：174 – 182.

[36] Titz，D.，Ferrero，F.，and Luxey，C.（2012）. Development of a millimeter – wave measurement setup and dedicated techniques to characterize the matching and radiation performance of probe – fed antennas. IEEE Antennas Propag. Mag. 54（4）：188 – 203.

[37] Mosalanejad，M.，Brebels，S.，Ocket，I. et al.（2015）. A complete measurement system for integrated antennas at millimeter wavelengths. In：9th European Conf. Antenna Propagat，1 – 4.

[38] Van Rensburg，D. J. and Hindman，G.（2008）. An overview of near – field sub – millimeter wave antenna test applications. In：2008 14th Conference on Microwave Techniques，Prague，1 – 4.

[39] IEEE，"IEEE recommended practice for near – field antenna measurements，" IEEE Std 1720 – 2012，Dec 2012.

[40] Koenen，C.，Hamberger，G.，Siart，U.，and Eibert，T. F.（2016）. A volumetric near – field scanner for millimeter – wave antenna measurements. In：2016 10th European Conferenceon Antennas and Propagation，Davos，1 – 4.

[41] Boehm，L.，Boegelsack，F.，Hitzler，M.，and Waldschmidt，C.（2015）. An automated millimeter – wave antenna measurement setup using a robotic arm. Int. Symp. Antennas Propag. USNC/URSI Nat. Radio Sci. Meeting：2109 – 2110.

[42] Boehm, L., Foerstner, A., Hitzler, M., and Waldschmidt, C. (2017). Refection reduction through modal filtering for integrated antenna measurements above 100 GHz. IEEE Trans. Antennas Propag. 65 (7): 3712-3720.

[43] Novotny, D., Gordon, J., Coder, J. et al. (2013). Performance evaluation of a robotically controlled millimeter-wave near-field pattern range at the NIST. In: 2013 7th European Conference on Antennas and Propagation, Gothenburg, 4086-4089.

[44] Lee, E., Soerens, R., Szpindor, E., and Iversen, P. (2015). Challenges of 60 GHz on-chip antenna measurements. Int. Symp. Antennas Propag. USNC/URSI Nat. Radio Sci. Meeting: 1538-1539.

[45] Online available: Virginia Diodes, Inc., https://www.vadiodes.com/en/about-vdi

[46] Online available: OML, Inc., https://www.omlinc.com

[47] Online available: Rohde & Schwarz, https://www.rohde-schwarz.com/us/products

[48] Online available: Farran Technology, Ltd, https://www.farran.com

[49] Esfahlan, M. S. and Tekin, I. (2016). Radiation influence of ACP probe in S11 measurement. In: 2016 10th European Conference on Antennas and Propagation, Davos, 1-4.

[50] Esfahlan, M. S., Kaynak, M., Göttel, B., and Tekin, I. (2013). SiGe process, integrated on-chip dipole antenna on finite-size ground plane. IEEE Antennas Wireless Propag. Lett. 12: 1260-1263.

[51] Sun, M., Qing, X., and Chen, Z. N. (2011). 60-GHz antipodal Fermi antenna on PCB. In: Proceedings of the 5th European Conference on Antennas and Propagation (EUCAP), Rome, 3109-3112.

[52] Yeap, S. B., Chen, Z. N., and Qing, X. (2011). Gain-enhanced 60-GHz LTCC antenna array with open air cavities. IEEE Trans. Antennas Propagat. 59 (9): 3470-3473.

[53] Xu, J., Chen, Z. N., Qing, X., and Hong, W. (2011). Bandwidth enhancement for a 60 GHz sub-strate integrated waveguide fed cavity array antenna on LTCC. IEEE Trans. Antennas Propagat. 59, 3o. 3: 826-832.

[54] Yeap, S. B., Chen, Z. N., and Qing, X. (2012). 135-GHz antenna

array on BCB membrane backed by polymer – filled cavity. In：2012 6th European Conference on Antennas and Propagation （EUCAP）, Prague, 1337 – 1340.

［55］ Xu, J., Chen, Z. N., Qing, X., and Hong, W. （2013）. 140 – GHz TE20 – mode dielectric – loaded SIW slot antenna array in LTCC. IEEE Trans. Antennas Propagat. 61 （4）：1784 – 1793.

［56］ Xu, J. F., Chen, Z. N., and Qing, X. （2013）. 270 – GHz LTCC – integrated strip – loaded linearly polarized radial line slot array antenna. IEEE Trans. Antennas Propagat. 61 （4）：1794 – 1801.

第 3 章
LTCC 基片集成毫米波天线

陈志宁[1]，卿显明[2]

[1] 新加坡国立大学电气与计算机工程系，新加坡 117583
[2] 新加坡科技研究局资讯通信研究院（I[2]R），信号处理射频光学部，
新加坡 138632

3.1 引　　言

理论上，天线的外形尺寸一旦确定，其阻抗匹配和方向图等性能取决于天线的电尺寸。例如，半波偶极子的电尺寸通常为 $\lambda/2$，其工作频率可以是任意值。

工程上，天线的制造涉及材料和工艺。材料通常包括导体和介质，导体通常用作天线的电磁辐射器，介质则用于基板、支架、负载、填充物或谐振器等。理想电导体（Perfect Electric Conductor，PEC）是一种理想材料，具有无穷大的电导率或等效的零电阻率。但实际上所有材料由于固有的趋肤效应和介电常数，都会在与频率相关的有限导电性中产生欧姆损耗。例如，在室温 20℃ 的直流条件下，银、铜、金和铝的电阻率 ρ 电导率及 σ 分别为 1.59×10^{-8}（$\Omega \cdot m$）$/6.30 \times 10^{7}$（$S \cdot m^{-1}$）、1.68×10^{-8}（$\Omega \cdot m$）$/5.98 \times 10^{7}$（$S \cdot m^{-1}$）、2.44×10^{-8}（$\Omega \cdot m$）$/4.52 \times 10^{7}$（$S \cdot m^{-1}$）和 2.82×10^{-8}（$\Omega \cdot m$）$/3.5 \times 10^{7}$（$S \cdot m^{-1}$）。当导体为非理想导体时，导体的电阻率将随着趋肤深度的减小而成比例地增大，而趋肤深度则随着工作频率的增大而减小。例如，铜的趋肤深度在 1 GHz 时为 2.06 μm，而在 30 GHz 时则变为 0.38 μm，到了 300 GHz 时将会减小至 0.12 μm。实际导体作为辐射器时，这些与频率相关的特性会影响天线性能，尤其是在毫米波频段，对辐射效率的影响非常巨大。

毫米波天线设计的另一个重要问题是制造工艺。本章将讨论毫米波频段下基于低温共烧陶瓷（Low Temperature Co-Fired Ceramic，LTCC）工艺的基

片集成天线设计，重点介绍基于基片集成天线（Substrate Integrated Antennas，SIA）技术，特别是工作在 60 ~ 270 GHz 频段基于 LTCC 工艺的 SIA。

3.1.1　独特的设计挑战和有前景的解决方案

如第 1 章所述，毫米波频段天线由于工作波长较短，其设计过程将面临独有的挑战问题，尤其是天线的损耗。天线损耗的一部分是由于介质和导体等材料引起的欧姆损耗，将辐射转化成热；天线损耗另一部分是由天线结构的表面波辐射引起的。由于表面波的激励，一部分能量会被辐射到非目标的方向，而在期望的辐射方向上产生了"损耗"；另一部分能量则通过不同的路径向目标方向辐射，但由于其混乱的相位，会造成目标方向上的方向图变形。在这一过程中，由于这些附加路径产生的损耗不确定，因此这些损耗不计入欧姆损耗。此外，部分能量也会通过表面波形成耦合，致使天线辐射效率降低，严重时甚至会造成天线方向图的变形。

毫米波系统的自由空间路径损耗通常较大。例如，在天线增益不变的前提下，工作在 60 GHz 时的射频（Radio Frequency，RF）链路自由空间路径损耗比 6 GHz 时高出 20 dB，因此需要采用大规模高增益毫米波天线阵列来补偿较高的路径损耗，致使阵列馈电结构变得极为复杂。阵列天线的设计比天线单元难度更大和挑战性更强，在大规模阵列馈电的结构中，较长的功率传输路径将不可避免地产生较大的插入损耗，从而降低天线效率。

关于降低损耗的解决方案，首先考虑的是减少由于辐射器以及馈电网络的材料引起的插入损耗，其中一种方法是选择插入损耗较小的电磁波传输系统。正如本书前文所述（见第 1 章参考文献 [32]），层压波导、后壁波导或基片集成波导（Substrate Integrated Waveguide，SIW）更适合毫米波频段天线阵列的馈电网络。其中，SIW 汇集了金属波导低欧姆损耗以及 PCB、LTCC 等易于加工的优点（见第 1 章参考文献 [23 - 27]）。如果将 SIW 作为波导结构，SIW 可用于设计各种基于波导传输系统的天线，尤其适用于毫米波天线（见第 1 章参考文献 [25]）[1-2]。一般来说，除了基于波导的天线外，所有基于基片集成或层压技术的天线都可视为 SIA。到目前为止，SIA 可以通过 PCB 和 LTCC 工艺设计和制造。

缩短馈电结构的路径也是降低馈电网络插入损耗的一种有效方法。由于毫米波频段的工作波长较短，可以将天线甚至整个天线阵列通过集成电路（Integrated Circuits，IC）封装在一起。这样既可以防止 IC 的物理损坏和腐蚀，又可以将设备和电路板实现直接电接触[3-6]。基于封装技术，天线可以集成在文献［6］中提出的封装结构上。天线可以放在封装结构的下方、上方乃至直接进行整体封装实现。此外，封装结构的材料通常为低损耗陶瓷或介质，因此可以直接用作介质天线[7]。所有基于封装技术的天线都可归类为封装集成天线（Package Integrated Antennas，PIA）。PIA 可以大大减少芯片上的半导体等有损介质造成的损耗。此外，封装结构体积更大，不仅可以为天线甚至天线阵列提供更大的空间，而且可以提高天线的整体性能。封装集成天线设计的灵活性也为制造行业提供了更大的空间，可以选择封装设计整个系统[8-9]。

3.1.2　LTCC 上的 SIW 缝隙天线和阵列

下面将给出一个工作在 24 GHz 的 SIW 天线阵列设计过程，同时作为示例，该天线将采用厚度为 0.812 8 mm 的 RO4003C 基片。

步骤 1：设计"微带 – SIW – 微带"的过渡连接 SIW 和馈电结构。

如图 3.1（a）所示，连接两个上、下两层的浅灰色矩形部分是金属的，两组小尺寸圆形阵列为金属化过孔的顶部。连接接地的通孔完全覆盖基片底部的接地面和上表面金属层。在两端各有一条平行排布的 50 Ω 微带线，并集中连接到 SIW 末端。基板两端的棕色壁是仿真模型的馈电端口。图 3.1（b）给出了仿真的 S 参数的曲线图，可以看出在 22~28 GHz 的带宽内，仿真的 $|S_{11}|$ 和 $|S_{22}|$ 是相同的，均小于 –15 dB，而 $|S_{21}|$ 和 $|S_{12}|$ 不仅相同且小于 –1 dB。

因此，"微带 – SIW – 微带过渡"的设计是可接受的。

步骤 2：将 1×8 SIW 线性缝隙阵列设计为子阵列。

子阵列的仿真模型如图 3.2（a）所示，SIW 缝隙阵列的详细设计过程参见文献［10，11］。从图 3.2（b）中可以看出，$|S_{11}|$ 在 24~26 GHz 的频带内小于 –10 dB。图 3.2（c）给出了 24 GHz 处天线的 H 面和 E 面方向图，从图中可以看出，该阵列在 24 GHz 实现了 10.3 dBi 的增益。E 面波束宽度（110°）比 H 面（24°）宽得多，这是由于 E 面的接地面尺寸较小所致。此外，24 GHz 的前后辐射比为 9.2 dB。

步骤 3：使用 8 个 1×8 SIW 线性缝隙子阵列，设计一个 8×8 SIW 平面缝隙阵列以获得高增益。

图 3.3（a）给出了天线阵列的仿真模型。使用一个 SIW 功分器对 8 个子阵列实现均匀的幅相激励，功分器直接连接到步骤 1 中设计的"微带 – SIW 过渡"结构。从图 3.3（b）中可以看出，$|S_{11}|$ 在 23.7~25.9 GHz 的频

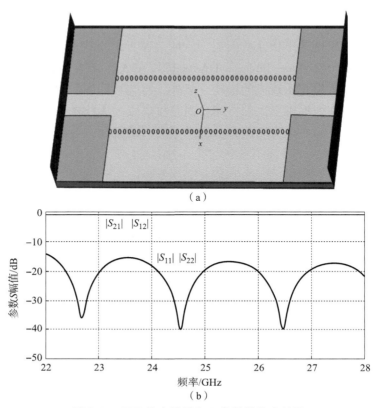

（a）

（b）

图 3.1 SIW 仿真模型和 S 参数的仿真结果

（a）SIW 仿真模型；（b）S 参数的仿真结果

带内均小于 −10 dB。图 3.3（c）给出了 24 GHz 处天线 H 面和 E 面的方向图，该平面阵列的增益为 18.1 dBi，比 1×8 的 SIW 线性缝隙子阵列增益高 7.8 dB，H 面和 E 面方向图的波束宽度分别为 22.2° 和 18.3°，第一副瓣电平（Side Lobe Levels，SLL）为 −29.1 dB。

因此，毫米波频段的线极 SIW 缝隙天线阵列设计类似于低频段传统波导缝隙阵列。但是，应该特别注意 "微带 – SIW" 的过渡，以及幅相分配的 SIW 功分器。

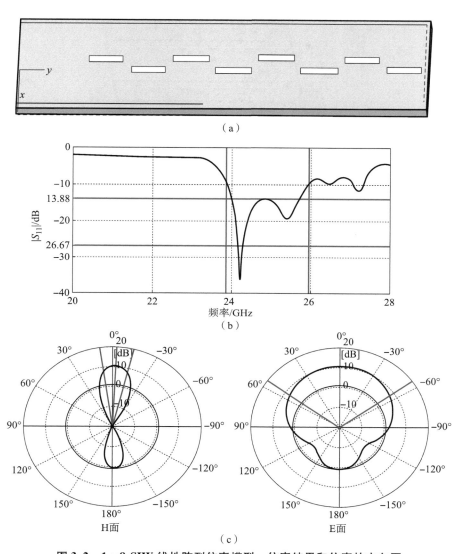

图 3.2　1×8 SIW 线性阵列仿真模型、仿真结果和仿真的方向图

（a）1×8 SIW 线性阵列仿真模型；（b）$|S_{11}|$ 仿真结果；

（c）24 GHz 处 H 面和 E 面的仿真的方向图

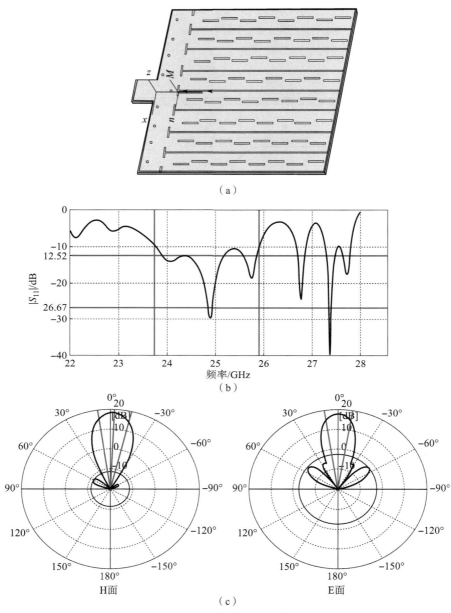

（a）

（b）

（c）

图 3.3　8×8 SIW 线性阵列仿真模型、仿真结果和仿真的方向图

（a）8×8 SIW 线性阵列仿真模型；（b）$|S_{11}|$ 仿真结果；

（c）24 GHz 处 H 面和 E 面的仿真的方向图

3.2　基于 LTCC 工艺的高增益毫米波 SIW 缝隙天线阵列

正如第 1 章所述，毫米波天线在设计时重点关注的是如何实现天线的高效率。特别是在大规模毫米波天线阵列的高增益设计中，天线效率问题更加关键。大型平面阵列必须由复杂的大规模馈电网络馈电，而馈电网络较长的传输路径显著增加了损耗。如 1.6.2 节所述，SIW 是毫米波频段低损耗传输的理想选择。

另一个挑战是如何在宽频带（如 57 ~ 64 GHz）内保持最大辐射方向的一致性，采用集成馈电结构可以在宽频带上实现对称和同相的功率分配。

3.2.1　SIW 三维集成馈电

正如第 1 章所述，LTCC 工艺最大特点是每层都有金属化过孔，进而实现跨层连接的灵活性。利用这种灵活性，可以在 LTCC 的任何层甚至交叉层中实现波导结构，从而进一步形成三维波导结构。这一优势也使其在 LTCC 中实现三维功分器变为可能，这对于宽带工作的大型天线阵列采用对称并联馈电结构非常重要。采用并联馈电结构，最大辐射方向与工作带宽上的频率一致或独立[12]。

图 3.4（a）左侧给出了一个工作在 60 GHz 的多层 SIW 馈电腔体阵列天线侧视图，右侧是其在 LTCC 上的过渡图[13]。整个 LTCC 板共有 20 层，SIW 功能块位于灰色区域，阵列馈电结构是在多层 LTCC 中实现的三维对称并联结构。SIW 的顶壁和底壁均为金属宽壁，紧密排列的金属通孔阵列与顶部及底部的金属层电连接，构成了 SIW 的侧壁。通孔阵列能够有效阻止射频功率从波导结构泄漏，图中的箭头表示射频功率通过馈电结构（区域Ⅲ），从射频功率输入（区域Ⅳ）到辐射器阵列（区域Ⅰ和区域Ⅱ中的基片集成腔体和子阵列）中流经 SIW 区域的路径。每个 LTCC 的共烧层厚度 $b_1 = 0.095$ mm，LTCC 基片的材料为 Ferro A6 - M，其在 60 GHz 下 $\varepsilon_r = 5.9 \pm 0.20$，$\tan\delta = 0.002$[14]。

图 3.4（a）也展示了从区域Ⅳ耦合的功率是如何传输至区域Ⅲ的。整个区域Ⅲ使用了 4×8 路功分器，其顶视图如图 3.4（b）所示。图中点阵表示 SIW 侧壁的金属化过孔，所有功分器的输出均通过 4×8 的耦合槽（宽壁耦合器），每个槽会将功率向上耦合至区域Ⅱ中的双单元子阵列中。区域Ⅲ的厚度将影响耦合器的谐振频率，这里选择 8 层实现 60 GHz 的谐振频率。

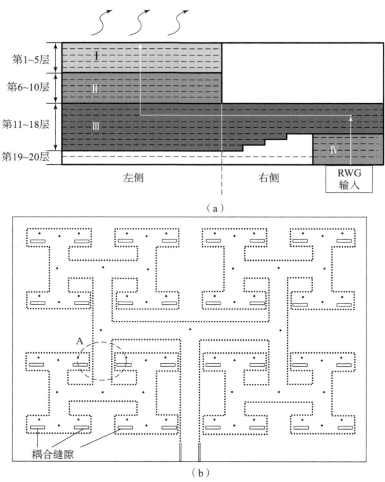

图 3.4　基于 LTCC 基片的 SIW 馈电腔体阵列天线侧视图和
三维功分器顶视图（第 11 层）

作为馈电结构的一部分，SIW 和矩形波导（Rectangular Waveguide，RWG）之间的宽带过渡在区域Ⅳ进行测试。射频功率通过基片集成腔（Substrate Integrated Cavity，SIC）底部的馈电孔实现耦合。在 SIC 的顶部（即第 16 层的顶部）SIW 的宽壁上，留有一个耦合槽用于将射频功率耦合至区域Ⅲ。

如图 3.5 所示，利用 LTCC 基片的高介电常数特性，采用五层 SIC 可以实现 SIW 和 RWG 之间的宽带过渡。在图 3.5（a）中，虚线矩形表示与 RWG 相连的馈电部分。在图 3.5（b）中，仿真模型包括 RWG 端口 1、过渡

以及宽度为 W_3 的 SIW 端口 2，腔体厚度对阻抗带宽有很大的影响。如图 3.5（c）所示，工作带宽约为 18% ，$|S_{11}| < -20$ dB，最大插入损耗为 0.8 dB。

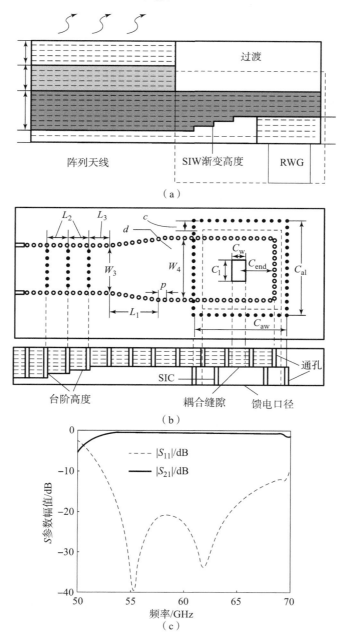

图 3.5　基于 LTCC 基片的多层结构 SIW – RWG 过渡、多层结构的顶视图、RWG 输出口和 SIC 输入端口过渡的 $|S_{21}|$ 仿真结果，以及 RWG 输入端口的反射系数 $|S_{11}|$

3.2.2　60 GHz 基片集成腔体天线阵列

采用馈电结构，在 LTCC 中设计了一个工作在 60 GHz 的 SIC 天线阵列。该设计包括区域I中的 SIC 阵列和区域II中的 SIW 缝隙子阵列。设计步骤如下：

步骤 1：辐射单元的设计。

图 3.6 显示了开放式空腔（第 1～5 层）的顶视图以及 LTCC 第 1 层顶

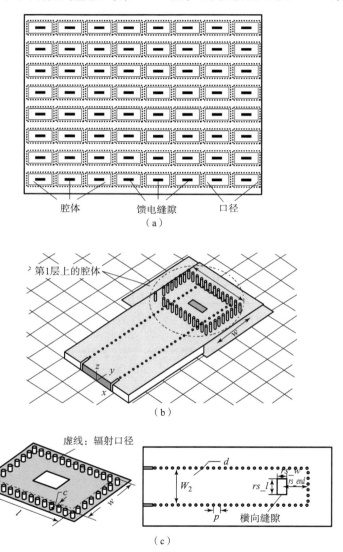

（a）

（b）

（c）

图 3.6　（a）开放式空腔（第 1～5 层）的顶视图；（b）由横向馈电槽馈电的辐射单元仿真三维模型；（c）矩形辐射开口 SIC 和横向馈电槽详图

部的孔径分布。图 3.6（a）给出了带有通孔阵列侧壁的 5 层矩形开放式 SIC 形成的辐射单元。在丝网印制工艺中，开口辐射口径（虚线矩形）在 LTCC 基片的顶面上进行切割，腔体由腔体底部中心的横向切割槽馈电。图 3.6（b）、（c）给出了仿真时采用的由横向馈电槽馈电的辐射单元三维结构，以及详细的矩形辐射开口 SIC 和横向馈电槽。如图 3.7 所示，可以通过改变矩形馈电槽的尺寸，在 23% 的带宽上实现阻抗匹配使 $|S_{11}| < -10$ dB。图 3.7 中还给出了两种不同结构形式的互耦结果，耦合槽分别位于主极化 H 面和主极化 E 面中。H 面和 E 面的 $|S_{11}|$ 在 50 ~ 70 GHz 的带宽上分别低于 -22 dB 和 -16 dB。单个辐射单元的仿真增益高于 6.7 dBi。

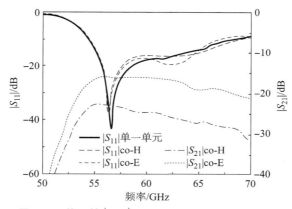

图 3.7　单元的 $|S_{11}|$ 和两种不同结构形式的互耦

第 2 步：SIW 槽耦合器的设计。

宽壁耦合器是在多层 LTCC 结构中实现垂直射频功率传输的关键部件。图 3.8（a）、（b）显示了区域 II 和区域 III 之间的两种交叉宽壁耦合器，即两个交叉 SIW 和一个三端口的偏置纵向耦合槽。如图 3.9 所示，在阵列设计中，端口 2 和端口 3 可与馈电槽相连，形成一个双单元子阵列。

图 3.10 给出了平行耦合器和交叉耦合器的 S 参数的仿真结果。在优化后具有 8 层结构的平行耦合器和交叉耦合器，$|S_{21}|$ 和 $|S_{31}|$ 在 60 GHz 处分别为 -3.38 dB 和 -3.49 dB。在 55 ~ 65 GHz 范围内，耦合器的插入损耗小于 1.12 dB。

第 3 步：双单元子阵列的设计。

如图 3.11 所示，双单元子阵列是整个阵列的辐射单元。如图 3.9 所示，通过子阵列的设计，可以构建更大规模的阵列。由于并联馈电结构的对称

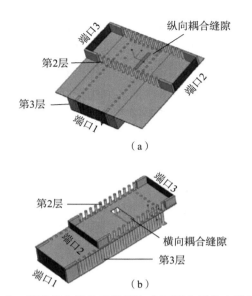

（a）

（b）

图 3.8　并联耦合器仿真模型和交叉耦合器仿真模型

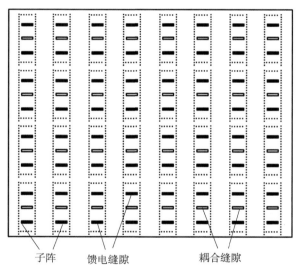

图 3.9　双单元子阵列（第 6 ~ 10 层）的 LTCC 多层结构
天线的顶视图（馈电缝隙在第 6 层）

性，可以灵活地选择单元间距，其间距甚至可以大于 1λ，从而更好地减少陶瓷的高介电常数所引起的互耦。然而应注意的是，根据阵列理论，为了避免栅瓣的出现，自由空间中的单元间距一般不能超过一个波长。子阵列可在 55 ~ 65 GHz 的带宽上实现阻抗匹配。

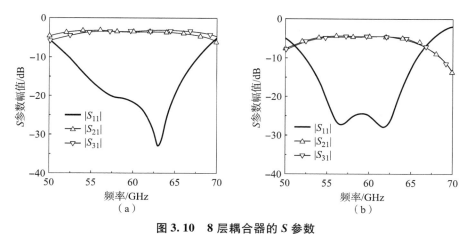

图 3.10　8 层耦合器的 S 参数

（a）并联耦合器；（b）交叉耦合器

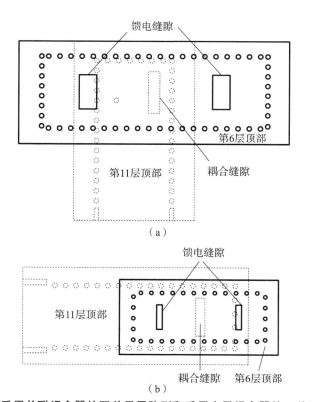

（a）

（b）

图 3.11　采用并联耦合器的双单元子阵列和采用交叉耦合器的双单元子阵列

第 4 步：8 × 8 阵列的设计和验证。

如图 3.9 所示，使用双单元子阵列用于 8 × 8 的阵列。该阵列的 LTCC 实物如图 3.12（a）所示，底部白色矩形孔是馈电输入部分，另一部分则是金属接地。8 × 8 阵列的总体尺寸为 47 mm × 31 mm。图 3.12（b）对比了 8 × 8 阵列实际测试和仿真的 $|S_{11}|$，可以看出在 54.86 ~ 65.12 GHz 频带内，$|S_{11}|$ < − 10 dB。

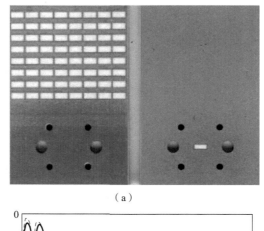

（a）

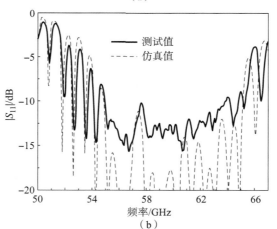

（b）

图 3.12　天线阵列实物照片（图（a）左图：顶视图；
图（b）右图：底视图）和阵列天线的 $|S_{11}|$

验证阵列的辐射性能非常重要。毫米波天线除了制造外，测试则是另一个面临的难题，尤其是高增益毫米波天线更是如此。图 3.13 对比了阵列天线在 E 面和 H 面上测试和仿真的方向图。如本书第 2 章所述，天线测试是在一个小型吸波室中进行。由于采用了对称并联馈电网络，主瓣始终保持指向唯一，且在 17% 的整个工作带宽上，旁瓣相比于主瓣低 13 dB。图 3.14 给出了整个频带内的增益响应，在 17.1% 的工作带宽上增益变化小于 2.5 dB。表 3.1 给出了增益对比，在 60 GHz 下测试和仿真的增益分别为 22.1 dBi 和 23.0 dBi。

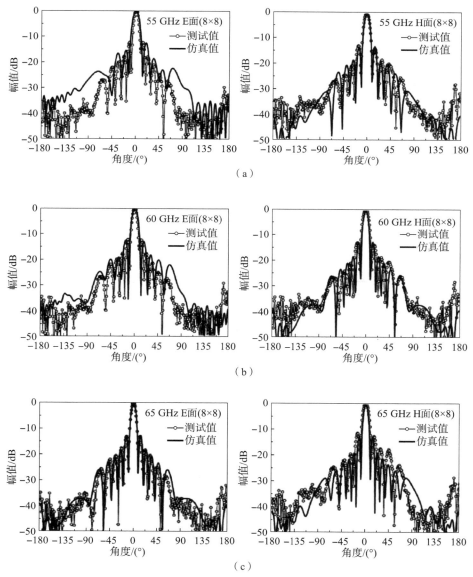

图 3.13　阵列天线在 E 面和 H 面的仿真和测试方向图对比

（a）55 GHz；（b）60 GHz；（c）65 GHz

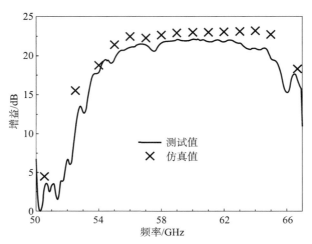

图 3.14 8×8 阵列仿真和测试增益对比

表 3.1 8×8 阵列的增益和辐射效率

频率/GHz	55	60	65
增益/dBi	21.6	23.1	22.9
辐射效率/%	47.6	55.2	46

步骤 5：阵列的损耗分析。

与低频天线设计不同，毫米波天线设计的损耗分析有助于减少天线设计所带来的损耗。通过仿真分析，在 60 GHz 下阵列总损耗为 2.6 dB。其中 SIW－RWG 过渡和 12mm 长的 SIW 馈电线造成的插入损耗为 0.9 dB，宽壁耦合器的插入损耗为 0.5 dB，失配损耗为 0.2 dB，馈电网络的介质损耗和导体损耗为 1 dB。在 60 GHz 下，测试和仿真的效率分别为 44.4% 和 54.7%。

总之，基于特有的多层 LTCC 工艺，对称并联馈电结构可以达到一致的辐射性能。此外，采用电磁封闭、低损耗的 SIW 结构，可以使天线阵列具有更高的效率。通常材料和表面波会产生高损耗，因此毫米波天线尤其是大型阵列设计时，需要重点考虑降低损耗，其中由表面波引起的损耗将在第 8 章讨论。

3.2.3 140 GHz 高阶模式天线阵列的简化设计

美国联邦通信委员会（Federal Communications Commission，FCC）已将 D 频段或 140 GHz 频段（110～170 GHz）分配给射电天文学、卫星通信，将

122 GHz 分配给工业、科学研究以及医疗（ISM）专用[15]。最近又提出了将 D 频段应用于成像和雷达系统[16,17]。通常，工作在 140 GHz 频段下的天线由喇叭、反射器、空心波导馈电天线、准光学天线、集成到苯并环丁烯（BCB）薄膜中的天线阵列等组成[18-22]。工作在 140 GHz 频段的天线则更倾向于直接进行封装，甚至将整个系统直接进行封装[23-24]，因此与工作在 60 GHz 频段的天线相比，天线与基片其他电路的集成更加重要，这样更利于降低连接损耗和制造成本，从而提高制造的可靠性。

随着 LTCC 在 60 GHz 的三维馈电结构以及大规模阵列设计的成功应用[13]，工作在 140 GHz 的平面阵列设计也势在必行[25-29]。研究表明，天线加工误差将严重影响其在 140 GHz 频段的天线性能，LTCC 工艺的收缩显著增加了误差，进一步降低天线性能。因此，针对工作在 140 GHz 采用 LTCC 工艺的 SIW 馈电缝隙天线阵列，提出了三种解决方案：①引入尺寸大但结构简单的介质负载；②使用改进后具有大通孔格栅结构的介质负载；③在波导传输中使用高阶模式替代波导的主模[25-28]。

3.2.3.1　带有大通孔栅栏介质负载的缝隙天线阵列

在基片的 IC 设计中，通孔阵列一般用于形成导电壁。在 140 GHz 频段，LTCC 中通孔的成本和耐受性十分重要，其间距限制也非常关键。因此希望在简化阵列结构的同时，还能保持其性能不变。基于前面介绍的技术，通过减少通孔栅栏，将工作在 60 GHz 频段基于基片集成的天线阵列设计简化至工作在 140 GHz 频段。

图 3.15 给出了一个 4×4 的 SIW 缝隙天线阵列，包括 LTCC 基片中的 SIW 波导过渡（第 7、8 层）、功分器（第 5、6 层）、子阵列（第 3、4 层）和介质加载（第 1、2 层）。图 3.15（a）中的输入端口有过渡连接，以方便测试。输入功率由功分器分配，并向上耦合至图 3.15（b）中的双单元子阵列中。如图 3.15（c）所示，用一个大栅栏替代由单个过孔栅栏包围的介质加载 SIC，形成一个完整的介质板（多层 LTCC 基片），其孔径位于辐射缝隙上方。其他部分则与 3.2.2 小节中的设计完全相同。

图 3.16（a）显示了 LTCC 阵列的横截面图，图 3.16（b）显示了由大型栅栏包围的 4×4 介质加载辐射缝隙阵列的顶视图。天线整体阵列由第 1 层和 2 层的介质加载、第 3 层和 4 层的子阵列、第 5 层和 6 层的功分器以及从 SIW 到外部波导的过渡组成。在详细的视图中可以看到，如前所述，每个单元都有大的过孔栅栏，而不是单独的过孔栅栏。这样一来，去掉所有的内部通孔将使加工制造更容易，成本也更低。如果在文献［13］中使用的配置下采用 4×4 阵列设计，则设计中的过孔数量将减少 60%。

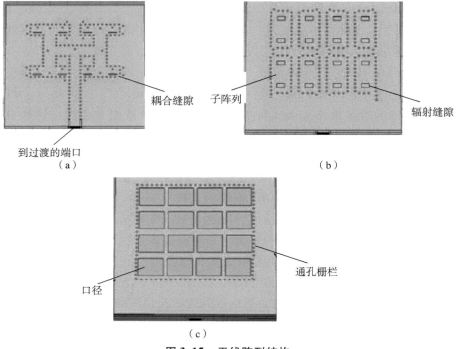

图 3.15　天线阵列结构

（a）功分器；（b）子阵列；（c）介质负载

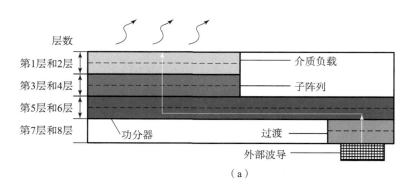

（a）

图 3.16　LTCC 阵列横截面图和配置大型栅栏的 4×4 介质加载缝隙阵列

（a）LTCC 阵列的横截面图

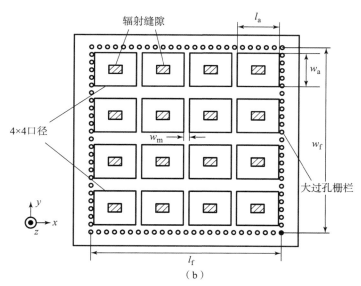

（b）

图 3.16　LTCC 阵列横截面图和配置大型栅栏的 4×4 介质加载缝隙阵列（续）

（b）大型栅栏包围的 4×4 介质加载缝隙阵列俯视图

　　除了大量减少过孔数量外，采用大过孔栅栏结构的介质负载，使得其阵列性能受制造误差的影响较小。例如，图 3.17 显示了改变 y 轴方向条带宽度或两个相邻孔距对 $|S_{11}|$ 的影响，可以看出 $|S_{11}|$ 基本没有改变。由于在如此高的频率下，制造误差是一个很大的问题，因此天线的容差设计非常重要，而且 LTCC 工艺的收缩问题在某种程度上不可预测，也会增加制造误差。

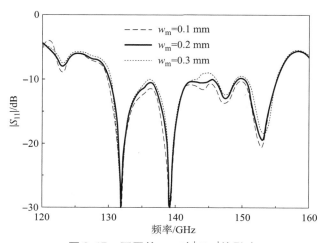

图 3.17　不同的 w_m 对 $|S_{11}|$ 的影响

图 3.18 给出了 4×4 天线阵列的样机照片，该天线阵列采用 LTCC 多层工艺制造。选用的 LTCC 基片材料为 Ferro A6－M，该型号 $\varepsilon_r = 5.9 \pm 0.20$，在 100 GHz 时 $\tan\delta = 0.002$。且每层共烧厚度为 0.095 mm，用于金属化的

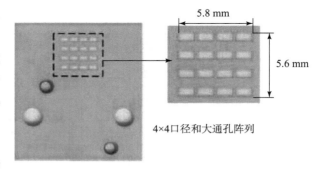

4×4 口径和大通孔阵列

图 3.18 4×4 天线阵列的样机照片

导体为纯金，电导率为 4.56×10^7 S·m^{-1}。天线的总尺寸为 23 mm×20 mm× 0.76 mm，有效辐射孔径为 5.8 mm×5.6 mm。该天线采用螺钉孔和定位孔将 WR－6 波导管的标准法兰（UG387/U）固定在天线底部。

利用自行研制的远场毫米波天线测试系统，在吸波室中测试了天线阵列样机的方向图，测试原理框图如图 3.19 所示。该测试系统可以测试天线的

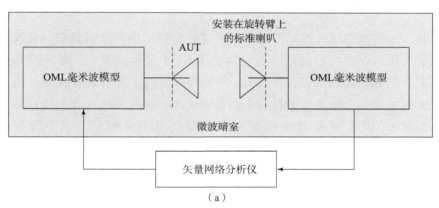

（a）

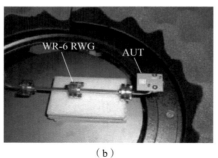

（b）

图 3.19 测试原理框图和天线测试状态

（a）测试装置原理图；（b）测试装置中的 AUT

回波损耗、增益和方向图，且频率覆盖整个 D 频段 （110 ~ 170 GHz）。图 3.19 （a） 所示为进行回波损耗测试的校准基准面，使用旋转臂上的喇叭天线来测试方向图。AUT 的照片如图 3.19 （b） 所示，采用 WR - 6 RWG 作为测试系统中的基本传输线。

图 3.20 （a） 给出了测试和仿真的 $|S_{11}|$ 结果，在 130 ~ 150 GHz 的带宽上分别小于 - 7 dB 和 - 9 dB。图 3.20 （b） 则比较了测试和仿真的增益结果，从图中可以看出，测试的增益在 140 GHz 时为 15.6 dBi，在 130 ~ 150 GHz 的带宽上均可达到 13.7 dBi 以上。

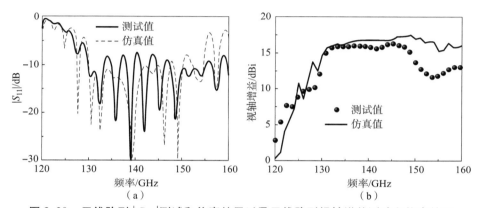

图 3.20　天线阵列 $|S_{11}|$ 测试和仿真结果以及天线阵列视轴增益测试和仿真结果

（a） 天线阵列 $|S_{11}|$ 的测量和仿真结果；（b） 天线阵列视轴增益的测量和仿真结果

图 3.21 分别显示了 H 面和 E 面上测试和仿真的方向图，不难发现在 130 GHz 和 150 GHz 下测试与仿真的结果吻合良好。对于 140 GHz 下的辐射结果，由于 140 GHz 测试系统中使用的放大器增益相对较低，因此在 H 面和 E 面上测试的 SLL 测试结果比仿真结果分别要高出约 6 dB 和 5 dB。

综上所述，4 × 4 SIW 天线阵列如果采用带有大通孔栅栏的介质负载，将大大简化制造工艺，从而降低其制造成本。

3.2.3.2　140 GHz 带有大通孔围栏和大孔径介质负载的缝隙天线阵列

为了进一步简化前面所述的阵列结构，可以在 140 GHz 频段工作的天线阵列上设计大通孔栅栏和大孔径介质负载。

采用图 3.16 （a） 类似的阵列配置，与图 3.16 （b） 的设计相比，为了简化制造复杂性并降低制造成本，设计了如图 3.22 所示的介质负载。整个电介质板由第 1、2 层中的大通孔栅栏结构和第 1 层顶部的四个大孔径组成，省掉了 y 轴方向的窄金属条和除边缘通孔外的大多数通孔。介质负载的尺寸

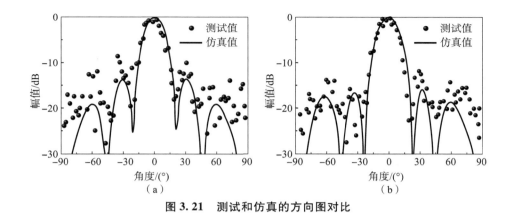

图 3.21　测试和仿真的方向图对比

（a）H 面；（b）E 面

设置为 $s = 1.5$ mm、$W_{ac} = 1.1$ mm、$L_{ac} = 0.65$ mm、$C_x = 0.1$ mm、$C_y = 0.2$ mm。子阵的尺寸、功分器以及过渡均与图 3.16（a）一致。

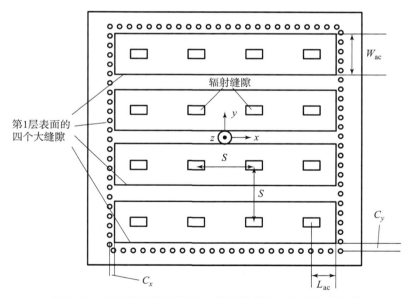

图 3.22　LTCC 天线阵列的大通孔栅栏和大孔径介质负载

图 3.23 给出了带有大通孔栅栏和大孔径介质负载的 4×4 天线阵列样机。LTCC 基片为 Ferro A6 - M，$\varepsilon_r = 5.9 \pm 0.20$，在 100 GHz 时 $\tan\delta = 0.002$。每个共烧层的厚度为 0.095 mm，采用镀金用于金属化，电导率为 4.56×10^7 S·m^{-1}。如图 3.23 所示，使用毫米波天线测试系统在吸波室内

进行测试。

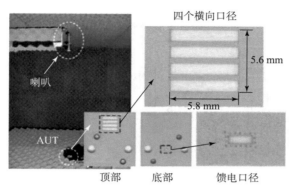

图 3.23　在微波暗室中天线阵列的测试状态示意

测试和仿真结果如图 3.24 所示，$|S_{11}|$ 在 126.2 ~ 158.2 GHz 的频带内小于 – 10 dB，测试结果与仿真结果一致。与图 3.20（a）中的结果相比，由于增加了 x 轴方向的条带，$|S_{11}|$ 方面的阻抗性能得到了一定改善。

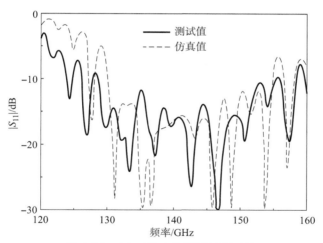

图 3.24　$|S_{11}|$ 仿真和测试结果对比

图 3.25 显示了包含过渡的天线阵列测试和仿真增益。在 140 GHz 时，测试增益为 16.2 dBi，在整个 130 ~ 152 GHz 频带上，测试增益都高于 14.1 dBi，而且测试增益与仿真增益基本一致。

图 3.26 显示了 140 GHz 处 H 面和 E 面的归一化方向图，测试和仿真结果吻合良好。测试的 H 面和 E 面的 S_{11} 分别低于 – 11 dB 和 – 13 dB。

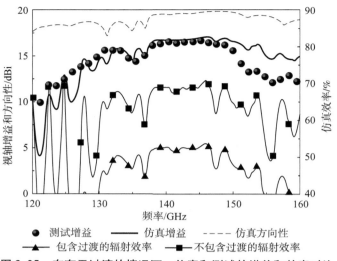

图 3.25 在有无过渡的情况下，仿真和测试的增益和效率对比

综上所述，通过使用四个大孔径，在 LTCC 中采用大通孔栅栏结构，使得制造具有介质加载、工作在 140 GHz 的 SIW 馈电缝隙天线阵列的过程得到了进一步简化。介质负载的设计省掉了 y 方向的窄条。

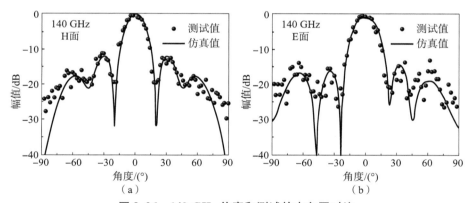

图 3.26 140 GHz 仿真和测试的方向图对比

(a) H 面；(b) E 面

3.2.3.3 高阶模式（TE$_{20}$模式）下工作的 140 GHz 缝隙天线阵列

在使用波导高次模时，需要去掉波导的内部侧壁，因此导致波导的宽度有所增大。例如，对于单层 PCB，通过加宽 SIW 结构产生的高次模用于对线性锥形缝隙天线进行馈电[30]。另外，在空心波导设计中也提出了使用高次

模的方法，通过减少侧壁来降低天线的制造成本和欧姆损耗[31]。为了进一步简化制造过程和降低制造成本，采用高次模（TE_{20} 模式）简化了 LTCC 多层 8×8 阵列的结构。

　　阵列的整体馈电网络与之前的设计类似。但为了激励 TE_{20} 模，首先需要进行构型设计。图 3.27 给出了 LTCC 天线阵列各功能部分的顶视图，这些部分包括功分器、E 面耦合器、四单元子阵列和介质负载。如图 3.27（a）所示，第 8、9 层中的八路功分器由多个级联的 T 形结组成。功分器的输入面 A 连接着第 10、11 层的 SIW 波导过渡，入射功率通过第 8 层顶部的 8 个耦合槽进行功分并向上耦合。图 3.27（b）显示了第 6、7 层中 8 个独特的 E 面耦合器，它们共同形成了支持 TE_{20} 模的馈电网络。每个耦合器通过第 6 层

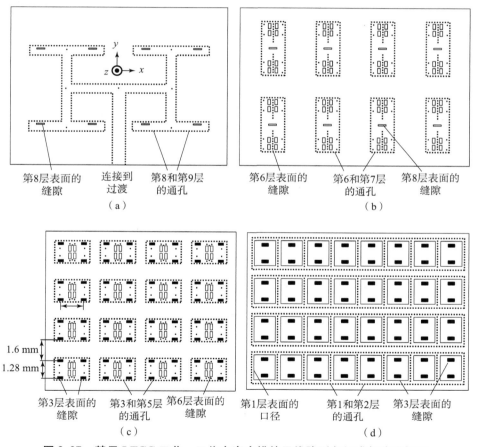

图 3.27　基于 LTCC 工艺，工作在高次模的天线阵列各组成部分顶视图

（a）第 8、9 层的功分器；（b）第 6、7 层的 E 面耦合器；

（c）第 3、5 层的四单元子阵列；（d）第 1、2 层的介质负载

顶部的耦合槽将入射功率向上分给两个子阵列，TE$_{20}$模式由具有均匀的幅值和180°的相移耦合器的输出激励。图3.27（c）显示了第3~5层中形成的16个子阵列。其中每个子阵列由第3层顶部的两对纵向辐射缝隙组成，这些辐射缝隙由E面耦合器产生的TE$_{20}$模并联馈电。这里使用纵向槽而不是横向槽的原因是具有相反偏置的纵向槽可以产生同相辐射。

两个辐射缝隙沿y方向的间距分别为1.28 mm和1.6 mm时，沿x轴方向的间距为1.9 mm。与使用TE$_{10}$主模的配置相比，每个子阵列的宽度增加了约1倍。此外，这两个辐射缝隙通过栅栏和孔径共享了一个双倍宽度的介质负载。因此，可以减少过孔的数量，从而简化结构。

图3.27（d）给出了第1层和第2层中形成的8×4介质负载，每个介质负载都包括一个通孔栅栏和一个位于第1层顶部的孔洞。位于该对辐射缝隙正上方的介质负载用来提高带宽和增益。该天线阵列由11层LTCC基片和与先前设计相同的材料制成。

图3.28（a）显示了一对带有介质负载的辐射缝隙的三维示意图。TE$_{20}$模式由端口1和端口2同时激励，具有相同幅值和180°的相位差。

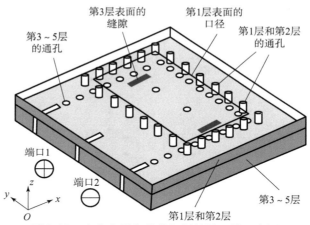

图3.28　含有介质负载的辐射缝隙三维示意图

通常，两个辐射缝隙在结构和位置上是对称的，这样可以避免激励出其他的高次模。宽度为w_1的SIW被认为是没有侧壁的TE$_{10}$模SIW的两个分支。可以使用类似于TE$_{10}$模的纵向缝隙天线设计的方法来确定辐射缝隙的尺寸和位置。

图3.29显示了第1层顶部x轴方向的电场强度仿真图。很明显，通孔栅栏很好完成了高次模的激励。仿真的$|S_{11}|$在131~151 GHz的带宽均低于−10 dB。

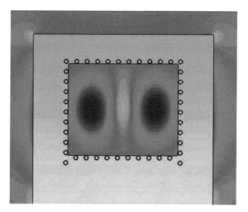

图 3.29　含有介质负载辐射缝隙的 E_x 分量仿真示意图（140 GHz）

E 面耦合器的设计：图 3.30 给出了 E 面耦合器的三维示意图。入射功率由第 8 层和第 9 层中的端口 1 进行激励，阵列的入射功率来自前置 T 形结的输出，并通过第 8 层顶部的槽耦合到第 6 层和第 7 层。通过两个 Y 形结构，将功率沿 y 轴方向进一步分割，即图 3.30 中的虚线椭圆，并耦合到 SIW 的四个分支中。SIW 的每个分支在第 6 层顶部有两个耦合槽，两个槽位于 SIW 半导波波长处，以便将功率耦合到第 3 ~ 5 层并传输到两个相邻输出端口——端口 2 和端口 3，这两个端口的相位相反。

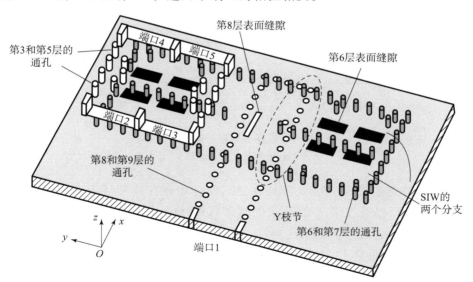

图 3.30　E 面耦合器的三维示意图

图 3.31 给出了 140 GHz 下 E 面耦合器的 E_z 分量仿真值。在图 3.31（b）中，TE_{20} 模式激励状态且对称。E 面耦合器的仿真的 S 参数如图 3.32 所示。从图 3.32（a）中可以看出，在 130～150 GHz 频带内，$|S_{11}|$ 均小于 -20 dB，$|S_{21}|$、$|S_{31}|$、$|S_{41}|$ 和 $|S_{51}|$ 分别为 -10.04 dB、-9.94 dB、-9.93 dB 和 -9.83 dB。而由图 3.32（b）可以看出，$|S_{21}|$、$|S_{31}|$、$|S_{41}|$ 和 $|S_{51}|$ 的相位分别为 129.4°、$-50.4°$、129.5° 和 $-50.5°$，两两之间分别非常接近 180° 反相。

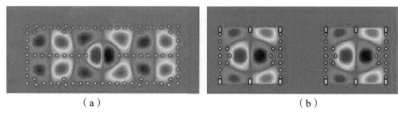

（a）　　　　　　　　　　　　（b）

图 3.31　E 面耦合器在 140 GHz 处的 E_z 分量仿真结果

（a）第 6 层仿真结果；（b）第 4 层仿真结果

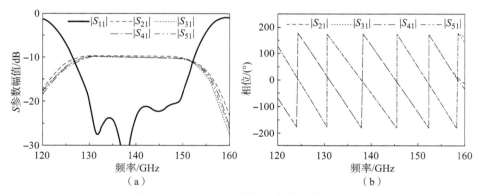

图 3.32　E 面耦合器的 S 参数仿真结果

（a）幅值；（b）相位

8×8 阵列的设计：8×8 阵列在之前设计中存在阵列环境中的互耦，针对这一问题可以通过将 v_2 的尺寸更改为 0.41 mm 进行重新设计和优化。该 8×8 阵列依然采用 LTCC 工艺制作，天线阵列的照片如图 3.33（a）所示。该天线阵列的总体尺寸为 28 mm × 19 mm × 1.1 mm，有效辐射孔径为 15.1 mm × 10.8 mm。采用螺孔和定位孔将 WR－6 波导管的标准法兰（UG387/U）连接到天线阵列的底部馈电孔。

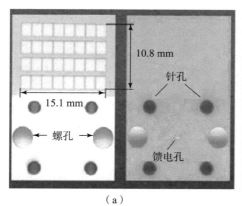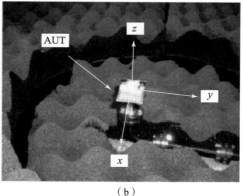

（a）　　　　　　　　　　　　　　　　（b）

图 3.33　天线阵列实物照片和测试状态

（a）带有过渡的实物照片（左图：顶视图；右图：底视图）；（b）AUT 测试状态

测试系统中 AUT 的照片如图 3.33（b）所示。由于实际 AUT 和标准喇叭之间难以对准，因此在 140 GHz 准确测试天线的增益依然具有很大挑战性。例如，水平面（xoy 平面）的未对准会导致测试增益与视轴的偏差，AUT 绕 z 轴旋转则会导致 AUT 和喇叭之间额外的极化失配，这些都有可能降低测试增益。由于工作波长很短，如 140 GHz 时波长仅为 2.14 mm，因此需要仔细的校准才能精确的测试增益。

图 3.34 比较了测试和仿真的 $|S_{11}|$ 和阵列增益。$|S_{11}|$ 的仿真和测试结果如图 3.34（a）所示，在 21.4 GHz 和 21.0 GHz 或 128～149.4 GHz 和 126.8～147.8 GHz 的带宽，$|S_{11}|$ < −10 dB。图 3.34（b）则显示了仿真和测试的最大增益在 140 GHz 时和 140.6 GHz 时分别为 21.6 dBi 和 21.3 dBi，在 130～150 GHz 时增益均高于 19.3 dBi，而在 129.2～146 GHz 时的增益均高于 18.3 dBi。基于仿真的方向图和增益，计算了该天线阵列的效率。如图 3.34（b）所示，在 140 GHz 下，无过渡的天线阵列本身的仿真效率约为 46.6%。

图 3.35 给出了 140 GHz 下 H 面和 E 面上测试和仿真的归一化方向图。即使在边缘频率下，所有波束都始终指向视轴，没有任何的波束偏移。在 140 GHz 时，在 H 面和 E 面上仿真的 S_{11} 分别小于 −13.2 dB 和 −11.8 dB。在 130～150 GHz 范围内，测试的同极化电平与交叉极化水平之比在 H 面和 E 面上分别高于 24 dB 和 23 dB。

总之，为了简化制造并降低制造成本，采用 TE$_{20}$ 高次模可以通过大大减少通孔的数量来简化辐射和馈电结构。当天线的制造达到传统工艺的极限时，尤其是在大规模生产中，这种设计挑战在更高频段的天线设计中更加凸出。

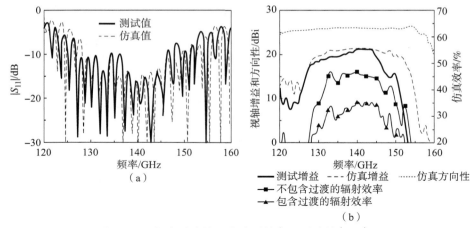

图 3.34 包含过渡的天线阵列仿真和测试的 $|S_{11}|$ 和
视轴方向的增益、方向性系数和仿真

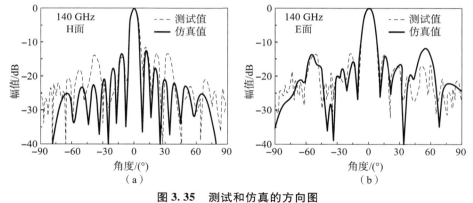

图 3.35 测试和仿真的方向图
（a）H 面；（b）E 面

3.2.4 270 GHz 全基片集成天线

许多应用服务工作在 140 GHz 频段以上，如无线电天文、武器检测和违禁品检测以及无线通信应用，有些甚至工作在 300 GHz 频段附近[32-33]。在这些系统中，天线设计更具有挑战性。目前已经出现工作在 270 GHz 频段的天线，例如透镜天线、频率选择表面的极化转换器、集成角锥天线和波导缝隙天线等[33-42]。除了在高频工作的传统透镜天线之外，平面天线和 SIA 由于其在制造、安装和与其他电路集成方面的便利性等特点也引起国内外研究人员的广泛关注。考虑到成本和损耗相关的问题，我们提出并研究了用于平面高增益天线的 LTCC 工艺。

　　前面所介绍的天线设计已经清楚地证明了 LTCC 工艺在毫米波高频段工作的表现。为了突破 LTCC 工艺在设计和制造更高频段（工作波长 1mm）高增益平面天线的极限，探索在 270 GHz 下进行天线设计、制造和测试工作。根据经验表明，该设计方法仅适用于高增益平面 LTCC 阵列，且在低于 140 GHz 的频率下存在两个问题：一是大规模馈电网络造成的损耗对于高增益设计的影响；二是基于 LTCC 可实现的过孔间距，已经接近在该频段实现 SIW 的最小尺寸要求。

3.2.4.1　基于 LTCC 的基片集成结构分析

　　在 270 GHz 开展 LTCC 基片集成结构设计之前，首先需要进行基片的选择。由于未有相关文献报道，暂定的 LTCC 基片仍然是 Ferro A6 - M，在 100 GHz 时，$\varepsilon_r = 5.9 \pm 0.20$，$\tan\delta = 0.002$。每个共烧基片层的厚度 $t = 0.093$ mm，用于金属化的导体为金，其电导率为 $4.56 \times 10^7\ \mu S \cdot cm^{-1}$，每个金属层的厚度为 0.005 mm。本章所有设计均使用相同的 LTCC 材料。

　　1. 情况一：SIW

　　如图 3.36（a）所示，在仿真中并排设计了一对基于 LTCC 的集成波导。图 3.36（b）中显示了工作在 270 GHz 的波导性能，图 3.36（c）将工作在 140 GHz 的波导性能用作参考。一对 SIW140 GHz 和 270 GHz 的 S 参数幅值的结果如表 3.2 所示。

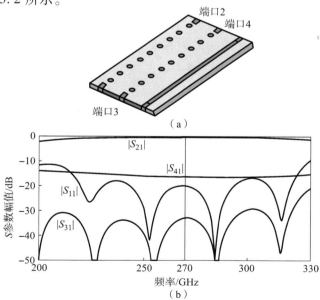

图 3.36　一对 SIW 的 S 参数幅值仿真结果对比

（a）波导结构；（b）270 GHz 的性能

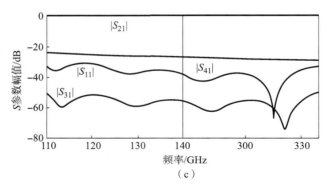

图 3.36　一对 SIW 的 S 参数幅值仿真结果对比（续）

（c）140 GHz 的性能

表 3.2　140 GHz 和 270 GHz SIW 的 S 参数的幅值　　　单位：dB

频率/GHz	$\lvert S_{11} \rvert$	$\lvert S_{21} \rvert$	$\lvert S_{31} \rvert$	$\lvert S_{41} \rvert$
140	−38	−0	−57	−28
270	−20	−1	−33	−16

　　从表 3.2 可以明显看出，端口 1 处的反射较低，证明两个频段的两种结构都实现了良好的阻抗匹配。270 GHz 的传输损耗比 140 GHz 高了约 1 dB。当频率从 140 GHz 提高到 270 GHz 时，相邻端口 1 和端口 3 之间的耦合增加了 24 dB，端口 1 和端口 4 之间的耦合增加了 12 dB。材料的损耗角正切在两个频段保持一致，因此在 LTCC 制造工艺限制下，140 GHz 的传输和反射性能比 270 GHz 要好得多。

　　2. 情况二：侧壁上的金属条

　　在较低频率（如 30 GHz）下，可用于屏蔽横向电流。由于 LTCC 金属条带层厚度很小，约为 $\lambda/20$，所以金属条与通孔的集成形成了电密网状结构，可以最大限度地减少 SIW 或腔体结构侧壁的电磁泄漏。

　　在 270 GHz 下对该现象进行了研究，图 3.37 比较了有金属带和无金属带时，LTCC 形成的圆形 SIC 外侧周围的电场仿真分布。靠近 LTCC 中间边缘处的圆圈通过通孔金属化来封闭电场。从图 3.37（a）可见通孔侧壁没有可见的泄漏电场，而图 3.37（b）所示为引入金属条带时，侧壁存在更多的泄漏电场。通孔连接顶部和底部的条带，由于金属条带层过厚，电尺寸约为 $\lambda/4$ 的大尺寸，则会引发电场泄漏。因此，任意两个相邻的平行金属条带可以作为平面波导用以引导电磁波从 LTCC 基片中泄漏。该机制类似于漏波天线中使用的平行板，可用于增大电磁波泄漏率。

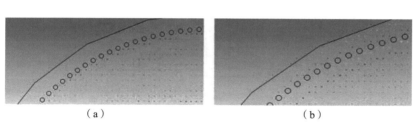

（a）　　　　　　　　　　　　　　　（b）

图 3.37　LTCC 基片集成腔体的仿真电场对比

（a）没有条带；（b）存在多层条带

因此，上述两种情况分析结果证明了 270 GHz 基片集成结构的独特优势。在这种限制下，工作在 270 GHz 的天线不能直接采用低频设计所用简单的缩比来实现，因为某些关键物理尺寸相比于 LTCC 的工艺限制，其电尺寸过大。这一问题也引发了一些特有的设计考虑，如矩形 SIW 不适合 270 GHz 设计，因为 LTCC 工艺中的通孔直径和间距相对较大，SIW 和波导结构之间需要特殊过渡。在保证性能的前提下，通过简化设计来降低制造难度，如省掉侧壁的金属条带以及缩短传输路径等。总而言之，对于工作在 270 GHz 的天线，在设计时均要考虑 LTCC 限制的最小尺寸以及潜在的高损耗问题。

3.2.4.2　270 GHz LTCC 的菲涅耳波带片天线

菲涅耳波带片（Fresnel Zone Plate，FZP）是一种平面透镜天线，由波带片和远距馈电构成。目前，它们已成功用于毫米波频段，如工作在 60 GHz 的 $\lambda/4$ 的透镜子区域，工作在 94 GHz 的高增益 FZP 反射器，以及作为馈源工作在 230 GHz 的折叠 FZP 和共振带状偶极子[43-45]。与传统的介质透镜相比，FZP 天线具有表面平坦、重量轻、结构简单等优点。然而，FZP 天线也得考虑损耗的影响，特别是由透镜边缘的馈源能量泄漏引起的漏射损耗，以及在高介电常数的衬底与空气界面处实现的反射损耗。因此，我们提出了一种工作在 270 GHz，基于 LTCC 完全集成的 FZP 天线[35]。

图 3.38 给出了采用 LTCC 工艺进行基片集成的 FZP 天线配置。图 3.38（a）给出了该设计的顶视图，显示了 FZP 和侧壁的典型图案。图中黑色部分为金属（M1），白色环是 13 个同心环形槽。交替环的半径为 r_i（$i = 1 \sim 25$）。为了便于制造，形成环形侧壁的通孔直径 d_1 和间距 p_1 应保持尽可能的大。两排通孔分别位于半径为 v_1 和 v_2 的圆盘边缘，用来抑制边缘的漏射。内外圆上通孔间距为 $p_1 = v_2 - v_1$。应注意的是，侧壁抑制了漏射损耗，但其高反射特性会降低天线的阻抗匹配。由于侧壁的影响，FZP 和侧壁的反射在

257 ~ 264 GHz 频带上异相抵消，因此 $|S_{11}|$ 减小；而 $|S_{11}|$ 在 264 ~ 280 GHz 频带上同相叠加，导致了 $|S_{11}|$ 的增加。

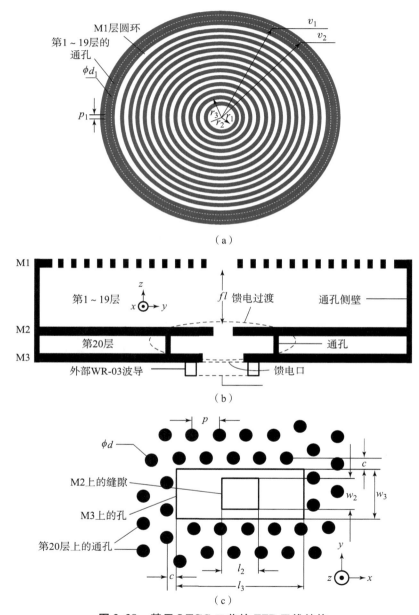

（a）

（b）

（c）

图 3.38 基于 LTCC 工艺的 FZP 天线结构

（a）FZP 和侧壁的顶视图；（b）横截面视图；（c）馈电过渡的顶视图

图 3.38（b）给出了天线的横截面示意图。图中可以看到该天线由 20 个基片层和三个金属层组成。金属层 M1 为波带片，其焦距等于基片层第 1~19 层的总厚度，即 $f_1 = t \times 19 = 1.767 \text{ mm} = 3.8\lambda$，其中 λ 是 270 GHz 时的基片波长。由于波长较短，可以在没有任何空气层的情况下实现完全集成的结构。基片层第 1~20 层边缘有一个由金属通孔形成的侧壁，如图 3.38（c）所示，FZP 通过金属层 M2 位于焦点处的中心槽进行馈电。在基片层第 20 层中，设计了外部 WR-03 波导和基片之间的馈电过渡。金属层 M2 和 M3 进行阻抗匹配，在基片层第 20 层中设置了一个过孔栅栏，并在金属层 M3 上切割形成了馈电口。通过参数优化研究，相应的尺寸如表 3.3 所示。

表 3.3　FZP 天线尺寸　　　　　　　　　　单位：mm

v_1	7.94	v_2	8.21	d_1	0.15	p_1	0.32	r_1	0.93
r_2	1.35	r_3	1.71	r_4	2.02	r_5	2.32	r_6	2.60
r_7	2.88	r_8	3.11	r_9	3.40	r_{10}	3.66	r_{11}	3.91
r_{12}	4.16	r_{13}	4.41	r_{14}	4.66	r_{15}	4.91	r_{16}	5.15
r_{17}	5.39	r_{18}	5.63	r_{19}	5.87	r_{20}	6.11	r_{21}	6.35
r_{22}	6.59	r_{23}	6.83	r_{24}	7.07	r_{25}	7.30	d	0.08
p	0.16	c	0.06	l_2	0.21	w_2	0.18	l_3	0.75
w_3	0.29								

使用多层 LTCC 研制的全基片集成平面 FZP 天线样机如图 3.39 所示。辐射孔的半径为 7.3 mm，方形样机的总体尺寸为 32 mm × 32 mm × 1.87 mm，在后视图中可以看到馈电孔，并在右下角通过放大呈现出清晰的中心孔视图。此外，四个销孔和四个螺孔用于天线定位和连接到测试工装上。

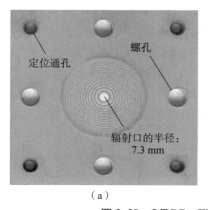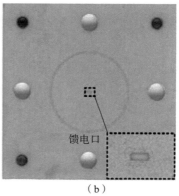

（a）　　　　　　　　　　　　　　（b）

图 3.39　LTCC-FZP 天线实物照片

（a）前视图；（b）后视图

图 3.40（a）显示了 FZP 天线的测试和仿真 $|S_{11}|$ 图。仿真的 $|S_{11}|$ 在 270 GHz 时为 – 10.7 dB，并在 253.7 ~ 272.6 GHz 频带内均小于 – 10 dB。测试的 $|S_{11}|$ 在 270 GHz 时为 – 8.6 dB，在 250 ~ 272 GHz 频带内下均小于 – 8 dB。图 3.40（b）给出了 FZP 天线的测试增益、仿真增益和指向中心的方向性系数。从图中可以看到，在 263.5 GHz 时，其最大仿真增益为 23.0 dBi，在 262.3 ~ 270.5 GHz 频带内均大于 20 dBi，但在 266.2 GHz 时有所下降。在 263.4 ~ 276.9 GHz 频带内测试的增益都大于 17.9 dBi，而且在 270 GHz 时最大增益可达 20.9 dBi。

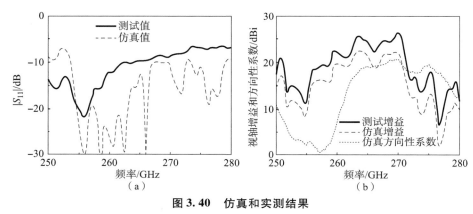

图 3.40　仿真和实测结果

（a）$|S_{11}|$ 值；（b）视轴方向的增益和方向性系数

图 3.41 给出了仿真和测试在 H 面和 E 面上的归一化方向图，对称馈电结构保证没有任何指向偏差，主瓣始终指向视轴。图 3.41（a）显示了 H 面仿真的 S_{11}，图中可以看到在 262.25 GHz、266.25 GHz 和 270.25 GHz 下其值分别为 – 19.1 dB、– 18.9 dB 和 – 21.6 dB。而 E 面中仿真的 S_{11} 如图 3.40（b）所示，在 262.25 GHz、266.25 GHz 和 270.25 GHz 下其值分别低于 – 5 dB、– 11.8 dB 和 15.3 dB。由于馈电结构的制造和安装与仿真模型存在一定的误差，所以图 3.41（c）比较了改进馈电槽位置后测试和仿真的方向图，其结果吻合良好。

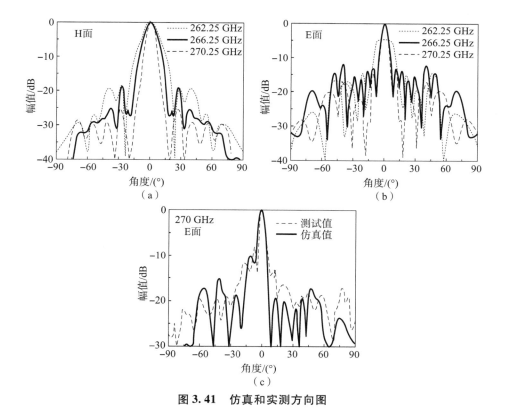

图 3.41　仿真和实测方向图

（a）H 面仿真方向图；（b）E 面仿真方向图；
（c）270 GHz 处 E 面方向图的仿真和实测结果对比

3.3　小　　结

　　长期以来，带有复杂馈电结构阵列的平面基片集成设计是高增益毫米波天线的理想选择。为了解决诸如损耗和制造误差等高频段独有的问题，毫米波频段阵列的设计需要开发新的辐射单元、阵列方案和馈电结构，采用基于 LTCC 的 SIW 缝隙天线或透镜天线可实现大规模阵列的设计。此外，在毫米波频段，通过三维馈电结构的设计可以实现大规模高增益天线阵列辐射的一致性。

参 考 文 献

［1］ Hirokawa, J., Arai, H., and Goto, N. (1989). Cavity‐backed wide slot antenna. IEE Proc. H Microwave Antennas Propag. 136（1）：29 – 33.

［2］ Yan, L. , Hong, W. , Hua, G. et al. （2004）. Simulation and experiment on SIW slot array antennas. IEEE Microwave Wireless Compon. Lett. 14（9）：446 – 448.

［3］ Seki, T. , Honma, N. , Nishikawa, K. , and Tsunekawa, K. （2005）. A 60 – GHz multilayer parasitic microstrip array antenna on LTCC substrate for system – on – package. IEEE Microwave Wireless Compon. Lett. 15：339 – 341.

［4］ Wi, S. , Sun, Y. , Song, I. et al. （2006）. Package – level integrated antennas based on LTCC technology. IEEE Trans. Antennas Propag. 54（8）：2190 – 2197.

［5］ Korisch, I. A. , Manzione, L. T. , Tsai, M. J. , and Wong, Y. H. （1999）. Antenna package for a wireless communications device. US09/396, 948, 15 September 1999.

［6］ Chen, Z. N. , Liu, D. , Pfeiffer, U. R. , and Zwick, T. M. （2006）. Apparatus and methods for packaging antennas with integrated circuit chips for millimeter wave applications. EP1085597A3, European Patent Office, 5 June 2006.

［7］ Chen, Z. N. , Liu, D. , Pfeiffer, U. R. , and Zwick, T. M. （2005）. Apparatus and methods for packaging antennas with integrated circuit chips for millimeter wave applications. US20060276157A1, United States, 3 June 2005.

［8］ Chen, Z. N. , Qing, X. , Chia, M. Y. W. et al. （2011）. Microwave, millimeter wave, and Terahertz technologies in Singapore. In：Proceedings of the 41st European Microwave Conference, 1 – 4.

［9］ Chen, Z. N. et al. （2012）. Research and Development of Microwave and Millimeter – wave Tech – nology in Singapore. In：Proceedings of the 42nd European Microwave Conference, 1 – 4.

［10］ Xu, F. , Hong, W. , Chen, P. , and Wu, K. （2009）. Design and implementation of low sidelobe substrate integrated waveguide longitudinal slot array antennas. IET Microwave Antennas Propag. 3（5）：790 – 797.

［11］ Hosseininejad, S. E. and Komjani, N. （2013）. Optimum design of traveling – wave SIW slot array antennas. IEEE Trans Antennas Propag. 61（4）：1971 – 1975.

［12］ Hamadallah, M. (1989). Frequency limitations on broad − band performance of shunt slot arrays. IEEE Trans. Antennas Propag. 37 (7): 817 − 823.

［13］ Xu, J., Chen, Z. N., Qing, X., and Hong, W. (2011). Bandwidth enhancement for a 60 GHz substrate integrated waveguide fed cavity array antenna on LTCC. IEEE Trans. Antennas Propag. 59 (3): 826 − 832.

［14］ A6 − M datasheet. Ferro Materials Company. http://www. ferro. com/non − cms/ems/EPM/LTCC/A6−M−LTCC−System. pdf. https://www. ferro. com/ − / media/files/resources/electronic − materials/ferro − electronic − materials − a6m − e − ltcc − tape − system. pdf

［15］ FCC online table of frequency allocations. Federal Communications Commission. http://transition. fcc. gov/oet/spectrum/table/fcctable. pdf (accessed 19 December 2020).

［16］ Goldsmith, P. F., Hsieh, C. T., Huguenin, G. R. et al. (1993). Focal plane imaging systems for millimeter wavelengths. IEEE Trans. Microwave Theory Tech. 41 (10): 1664 − 1675.

［17］ Herrero, P. and Schoebel, J. (2008). Planar antenna array at D − band fed by rectangular waveguide for future automotive radar systems. In: Proceedings of the 38th European Microwave Conference, 1030 − 1033.

［18］ Digby, J. W., McIntosh, C. E., Parkhurst, G. M. et al. (2000). Fabrication and characterization of micromachined rectangular waveguide components for use at millimeter − wave and Terahertz frequencies. IEEE Trans. Microwave Theory Tech. 48 (8): 1293 − 1302.

［19］ Hirata, A., Kosugi, T., Takahashi, H. et al. (2006). 120 − GHz − band millimeter − wave photonic wireless link for 10 − Gb/s data transmission. IEEE Trans. Microwave Theory Tech. 54 (5): 1937 − 1944.

［20］ Dongjin, K., Hirokawa, J., Ando, M., and Nagatsuma, T. (2011). Design and fabrication of a corporate − feed plate − laminated waveguide slot array antenna for 120 GHz − band. In: IEEE International Symposium on Antennas and Propagation, 3044 − 3047.

［21］ Jakoby, R. (1996). A novel quasi − optical monopulse − tracking system for millimeter − wave application. IEEE Trans. Antennas Propag. 44 (4): 466 − 477.

［22］ Yeap, S. B., Chen, Z. N., Qing, X. et al. (2012). 135 GHz antenna array on BCB membrane backed by polymer – filled cavity. In：6th European Conference on Antennas and Propagation（EUCAP），1. 4.

[23] Wang, R., Sun, Y., Kaynak, M. et al.（2012）. A micromachined double – dipole antenna for 122 – 140 GHz applications based on a SiGe BiCMOS technology. In：IEEE/MTT – S International Microwave Symposium Digest, 1 – 4.

[24] Jong – Hoon, L., Kidera, N., DeJean, G. et al.（2006）. A V – band front – end with 3 – D integrated cavity filters/duplexers and antenna in LTCC technologies. IEEE Trans. Microwave Theory Tech. 54（7）：2925 – 2936.

[25] Xu, J., Chen, Z. N., Qing, X., and Hong, W.（2012）. 140 – GHz planar broad band LTCC SIW slot antenna array. IEEE Trans. Antennas Propag. 60（6）：3025 – 3028.

[26] Xu, J., Chen, Z. N., Qing, X., and Hong, W.（2012）. 140 – GHz planar SIW slot antenna array with a large – via – fence dielectric loading in LTCC. In：The 6th European Conference on Antennas and Propagation（EUCAP），1 – 4.

[27] Xu, J., Chen, Z. N., Qing, X., and Hong, W.（2012）. Dielectric loading effect on 140 – GHz LTCC SIW slot array antenna. In：IEEE – APS Topical Conference on Antennas and Propagation in Wireless Communications（APWC），1 – 4.

[28] Xu, J., Chen, Z. N., Qing, X., and Hong, W.（2013）. 140 – GHz TE20 – mode dielectric – loaded SIW slot antenna array in LTCC. IEEE Trans. Antennas Propag. 61（4）：1784 – 1793.

[29] Jin, H., Che, W., Chin, K. et al.（2018）. Millimeter – wave TE20 – mode SIW dual – slot – fed patch antenna array with a compact differential feeding network. IEEE Trans. Antennas Propag. 66（1）：456 – 461.

[30] Cheng, Y. J., Hong, W., and Wu, K.（2008）. Design of a monopulse antenna using a dual V – type linearly tapered slot antenna（DVLTSA）. IEEE Trans. Antennas Propag. 56（9）：2903 – 2909.

[31] Kimura, Y., Hirokawa, J., Ando, M., and Goto, N.（1997）. Frequency characteristics of alternating – phase single – layer slotted waveguide array with reduced narrow walls. In：IEEE International Symposium on Antennas and Propagation，1450 – 1453.

［32］ Appleby, R. and Wallace, H. B. (2007). Standoff detection of weapons and contraband in the 100 GHz to 1 THz region. IEEE Trans. Antennas Propag. 55 (11): 2944 – 2956.

［33］ Song, H. J., Ajito, K., Hirata, A. et al. (2009). 8 Gb/s wireless data transmission at 250 GHz. Electron. Lett 45 (22): 1121 – 1122.

［34］ Abbasi, M., Gunnarsson, S. E., Wadefalk, N. et al. (2011). Single – chip 220 – GHz active hetero – dyne receiver and transmitter MMICs with on – chip integrated antenna. IEEE Trans. Microwave Theory Tech. 59 (2): 466 – 478.

［35］ Xu, J., Chen, Z. N., and Qing, X. (2013). 270 – GHz LTCC – integrated high gain cavity – backed fresnel zone plate lens antenna. IEEE Trans. Antennas Propag. 61 (4): 1679 – 1687.

［36］ Euler, M., Fusco, V., Cahill, R., and Dickie, R. (2010). 325 GHz single layer sub – millimeter wave FSS based split slot ring linear to circular polarization convertor. IEEE Trans. Antennas Propag. 58 (7): 2457 – 2459.

［37］ Gearhart, S. S., Ling, C. C., and Rebeiz, G. M. (1991). Integrated millimeter – wave corner – cube antennas. IEEE Trans. Antennas Propag. 39 (7): 1000 – 1006.

［38］ Yi, W., Maolong, K., Lancaster, M. J., and Jian, C. (2011). Micromachined 300 – GHz SU – 8 – based slotted waveguide antenna. IEEE Antennas Wireless Propag. Lett. 10: 573 – 576.

［39］ Xu, J., Chen, Z. N., and Qing, X. (2013). 270 – GHz LTCC – integrated strip – loaded linearly polarized radial line slot array antenna. IEEE Trans. Antennas Propag. 61 (4): 1794 – 1801.

［40］ Chen, Z. N., Qing, X., Yeap, S. B., and Xu, J. (2014). Design and measurement of substrate inte – grated planar millimeter wave antenna arrays at 60 – 325 GHz. In: IEEE Radio and Wireless Symposium (RWS), 1 – 4.

［41］ Qing, X. and Chen, Z. N. (2014). Measurement setups for millimeter – wave antennas at 60/140/270 GHz bands. In: Internt'l Workshop Antenna Techno.: Small Antennas, Novel EM Structures and Materials, and Applications (iWAT), 1 – 4.

［42］ Chen, Z. N., Qing, X., Sun, M. et al. (2015). Substrate integrated antennas at 60/77/140/270 GHz. In：IEEE 4th Asia – Pacific Conference on Antennas and Propagation （APCAP），1 – 2.

[43] Hristov，H. D. and Herben，M. H. A. J. （1995）. Millimeter – wave Fresnel – zone plate lens and antenna. IEEE Trans. Microwave Theory Tech. 43 （12）：2779 – 2785.

[44] Nguyen，B. D. ，Migliaccio，C. ，Pichot，C. et al. （2007）. W – band Fresnel zone plate reflector for helicopter collision avoidance radar. IEEE Trans. Antennas Propag. 55 （5）：1452 – 1456.

[45] Gouker，M. A. and Smith，G. S. （1992）. A millimeter – wave integrated – circuit antenna based on the Fresnel zone plate. IEEE Trans. Microwave Theory Tech. 40 （5）：968 – 977.

第 4 章
60 GHz 频段宽带超材料蘑菇形天线阵列

刘　炜，陈志宁

新加坡国立大学电气与计算机工程系，新加坡 117583

4.1　引　　言

随着对无线数据业务需求的不断增长，覆盖 30～300 GHz 频率范围的毫米波通信技术由于其宽带和独有的特性[1-6]，已应用到越来越多的无线系统，尤其是 5G 系统中。正如第 1 章所述，毫米波天线作为关键部件在不同场景下的应用早已开始研究，如 60 GHz 频段的毫米波天线，已在室内短距离无线通信中显示出其用于高清媒体和室外点对点通信方面的巨大潜力。由于介质、导体、辐射单元和馈电网络的表面波都会在毫米波频段产生严重损耗，所以为了补偿毫米波链路很高的路径损耗，天线阵列的设计将极具挑战性[7]。

微带贴片天线由于其低剖面、一致性好、易于制造以及与集成电路技术兼容的优点，在军事、工业和商业无线系统中得到了广泛的应用[8-12]。然而它却存在固有带宽窄的问题。目前，科研人员已经开发了许多增大贴片天线带宽的技术。基本解决方案之一是利用低介电常数的厚基板来获得低品质因数[13]。实验证明，当在厚尺寸的空气基板上，通过切割 U 形缝隙引入电容用以补偿长探头馈电形成的电感，将很容易获得 30% 的带宽[14-15]。而且使用 L 形探针馈电将进一步提供补偿电感，在使用厚度为 $0.1\lambda_0$（λ_0 为工作频率下的自由空间波长）的空气基板时，可以实现大于 30% 的带宽[16-17]。但是，U 形缝隙和 L 形探头会带来一个缺点，就是在工作频带的上边频，H 面中的交叉极化电平较高，导致 E 面中的方向图失真。如果结合单独的孔径耦合结构，可以获得 25% 的带宽，但由于存在孔径共振，会导致后向辐射电平较高[18-20]。由孔径耦合的两个堆叠贴片可以进一步拓宽带宽，但后向辐射仍然会很高[21-22]。此外，厚度超过 $0.1\lambda_0$ 的近耦合背腔贴片天线可以实现 40% 的带宽，但在更高的工作频率下，增益会明显恶化，同时伴有波束指向偏离的问题[23]。综上所述，贴片天线设计虽能实现更宽的工作带宽，但其辐射性能会因为基板厚度的增加而受到影响。

与传统 PCB 工艺相比，多层 LTCC 技术具有制造误差低、金属化灵活、方便垂直互连以及易于实现盲孔、埋孔、通孔和空腔等优点，使得多层 LTCC 技术在毫米波天线设计中脱颖而出。目前，已经开发出了多款 60 GHz 频段的 LTCC 天线和阵列[24-28]。但是，从文献中可以观察到，在高介电常数的电厚 LTCC 基板中却激励出了严重的表面波，因此导致天线效率的降低，以及方向图的失真。据报道，目前已有许多技术可以抑制表面波的产生以及天线之间的互耦，例如通过添加金属顶部的通孔栅栏[24-26]、使用嵌入式空气腔降低其基板的有效介电常数[27]以及在贴片天线的辐射边缘周围利用开放式空腔[28]等。但由于这些技术需要额外特定的 LTCC 工艺，因而其制造比较复杂、制造成本很高。因此，可以优选使用基于低剖面 LTCC 基板的宽带毫米波天线来抑制表面波，以便获得良好的辐射性能。

在过去 20 年中，超材料和超表面由于其独特的电磁特性而引起了研究人员极大的兴趣[29-32]。超表面包含了一个电小尺寸的二维阵列，用于控制电磁场来获得独有的特性。与典型的三维超材料相比，超表面结构更为简单，而且损耗小，易于制造，因此超表面现已广泛应用于各种电磁设计中[33-36]。

蘑菇形结构可用于形成一种具有复合左右手（Composite Right/Left - Handed，CRLH）导波色散特性的超表面[32]。图 4.1 显示了蘑菇形单元的仿真模型和等效电路，利用全波仿真得到了蘑菇形结构的典型非平衡 CRLH 色散图。与传统微带贴片相比，CRLH 蘑菇形结构可以产生更多种的谐振，包括正阶、零阶和负阶谐振。通常，负阶和零阶谐振的 CRLH 蘑菇形天线为天线设计提供了一种减小尺寸或实现多频带工作的替代方法，但是其工作带宽非常窄[37-41]。通过将相邻谐振与低品质因数相结合的方法，CRLH 蘑菇形结构可用于设计宽带低剖面天线。

此外，将蘑菇形单元结构周期性排列可以实现电磁带隙（Electromagnetic Band - Gap，EBG）表面或高阻抗表面[42-45]。图 4.2 为 EBG 蘑菇形单元表面波的典型色散图，图中显示存在一个频带间隙，表面波都不能以任何入射角和极化方式通过该频带间隙传播。而且，集成到天线设计中的 EBG 蘑菇形单元结构还可用于减少天线单元之间的互耦。

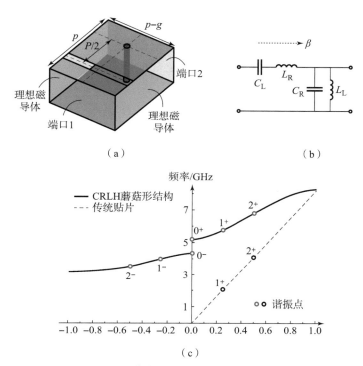

图 4.1　CRLH 蘑菇形单元的仿真模型和等效电路

（a）与传统微带贴片单元相比，CRLH 蘑菇形单元的仿真模型；（b）等效电路；（c）色散图

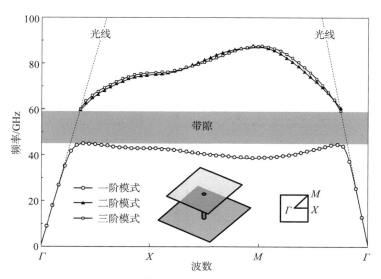

图 4.2　EBG 蘑菇形单元表面波的典型色散图

通过同时控制导波的 CRLH 色散和表面波的 EBG 特性，超材料蘑菇形结构可设计为一种具有自解耦能力的宽带低剖面天线。即使在大规模阵列中紧密排布，超材料蘑菇形结构天线单元之间的互耦也将很低，不需任何额外的解耦结构。

本章将介绍 CRLH 蘑菇形天线的设计和工作原理。依据 LTCC 工艺设计了工作在 60 GHz 频段的超材料蘑菇形天线阵列，该阵列具有低剖面、宽带宽、高增益、高孔径效率、低交叉极化电平和低互耦等优点。

4.2　宽带低剖面 CRLH 蘑菇形天线

本节将研究工作在 5 GHz 的 CRLH 蘑菇形天线。如果将二维周期蘑菇形结构作为辐射器，则将呈现出导波的 CRLH 扩散关系。天线由一个微带线缝隙中心馈电，从而产生两个相邻模式以实现宽带工作。天线通常采用 PCB 工艺实现。

如图 4.3 所示，CRLH 蘑菇形天线在一个尺寸为 $G_L \times G_W$ 的有限接地板上开槽，再由一条微带线通过开槽缝隙进行中心馈电。50 Ω 微带线的宽度为 W_m，蘑菇状结构和微带线分别印制在一块厚度为 h 和 h_m 的 Rogers RO4003C 基板（$\varepsilon_r = 3.38$，$\tan\delta = 0.0027$）上。蘑菇形单元由一个侧宽为 w 的方形金属片和一个直径为 D_{via} 的短路通孔组成，而短路通孔连接方形片的中心和接地板。蘑菇形单元在介质基板的中心呈二维分布，周期为 p，间隙宽度为 g，$w = p - g$，沿 x 轴和 y 轴方向的蘑菇形单元数量分别为 N_x 和 N_y。这里只给出了大概的设计程序和注意事项，相关的具体参数值可见文献[46]。

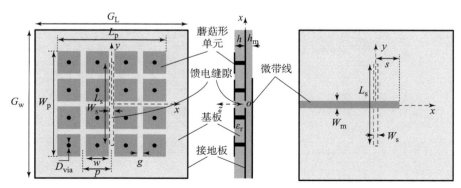

图 4.3　微带线缝隙馈电 CRLH 蘑菇形天线的配置

4.2.1　工作原理

对图 4.1（a）所示的蘑菇形单元模型进行全波仿真，通过两个波导端口进行激励，可以从仿真的 S 参数中提取出 CRLH 蘑菇形单元的传播常数 β_{mr}。图 4.4 为 CRLH 蘑菇形单元的色散图，其结果可用于分析天线工作模式。

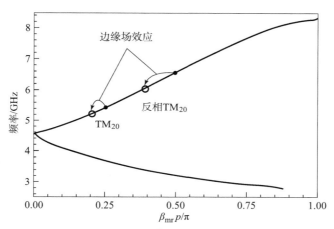

图 4.4　CRLH 蘑菇形单元的色散图

当蘑菇形单元的基板厚度 h 与自由空间波长 λ_0 以及蘑菇形阵列宽度 W_p 相比都非常小时（$h \ll \lambda_0$，$h \ll W_p$），利用传输线模型对蘑菇形单元的色散关系进行积分，并开展模态分析。由于蘑菇形阵列开口边缘存在边缘绕射场，每一端需要额外延伸长度 ΔL，ΔL 可由下式给出：

$$\frac{\Delta L}{h} = 0.412 \frac{(\varepsilon_{re} + 0.3)(W_p/h + 0.262)}{(\varepsilon_{re} - 0.258)(W_p/h + 0.813)} \tag{4.1}$$

$$\varepsilon_{re} = \frac{\varepsilon_r + 1}{2} + \frac{\varepsilon_r - 1}{2}\left(1 + 12\frac{h}{W_p}\right)^{-1/2} \tag{4.2}$$

$$W_p = pN_y - g \tag{4.3}$$

在扩展区域的传播常数 β_e 为：

$$\beta_e = k_0 \sqrt{\varepsilon_{re}} = \frac{2\pi f}{c}\sqrt{\varepsilon_{re}} \tag{4.4}$$

式中：k_0 为自由空间波数；f 为工作频率；c 为自由空间中的光速。

如图 4.5 所示，蘑菇形天线与传统的矩形贴片天线类似可产生 TM_{10} 模式，其谐振频率可通过下式近似确定：

$$\beta_{\mathrm{mr}}pN_x + 2\beta_e\Delta L = \pi \tag{4.5}$$

蘑菇形天线工作模式为 TM_{10}，其电场沿蘑菇间隙和两端的辐射边缘呈现同相电场分布，用于视轴定向辐射。

同时，如图 4.5 所示，由于接地板和中心蘑菇形单元间隙上的缝隙激励，激励出反相的 TM_{20} 模式。在反相 TM_{20} 模式下工作时，中心区域的电场是异相的，因此沿蘑菇间隙和开口边缘也会激励出同相的电场分布。根据场分布，反相 TM_{20} 模式的谐振频率为：

$$\beta_{\mathrm{mr}}pN_x/2 + 2\beta_e\Delta L = \pi \tag{4.6}$$

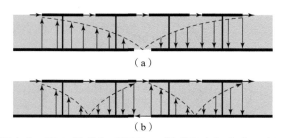

（a）

（b）

图 4.5　TM_{10} 模式和反相 TM_{20} 模式下电场分布示意图

（a）TM_{10} 模式；（b）反相 TM_{20} 模式

对于传统的矩形贴片天线，TM_{20} 模式的谐振频率约为 TM_{10} 模式的 2 倍。相比之下，CRLH 蘑菇形天线的反相 TM_{20} 模式与 TM_{10} 模式的频率比小于 2，并且可以通过设计蘑菇形单元的色散关系来自由控制。此外，TM_{10} 和反相 TM_{20} 模式下的额外辐射间隙有助于降低蘑菇形天线的品质因数，从而利于增大带宽。通过组合两种相邻的工作模式，低剖面 CRLH 蘑菇形天线能够在宽阻抗带宽上实现波束指向一致的辐射特性。

通过式（4.1）~式（4.6）中提取的蘑菇形单元色散关系可知，TM_{10} 模和反相 TM_{20} 模的谐振频率分别为 5.23 GHz 和 6.05 GHz。CRLH 蘑菇形天线采用微带线缝隙馈电，图 4.6（a）给出了其仿真的反射系数和实现的视轴增益。蘑菇形天线的厚度为 $0.06\lambda_0$ 时，在 4.85~6.28 GHz 的阻抗带宽可达到 26%，增益在 8.8~11.2 dBi。图 4.6（b）给出了 5.0 GHz、5.5 GHz 和 6.0 GHz 仿真的方向图，验证了其在整个工作频带内的波束指向一致。仿真的交叉极化电平在 E 面（xOy 面）和 H 面（yOz 面）分别小于 −30 dB 和 −37 dB。与探针馈电的贴片天线相比，低交叉极化主要归功于蘑菇形结构和缝隙式馈电结构。

如图 4.6（a）所示，具有局部最小反射的前两个频率分别是 5.28 GHz

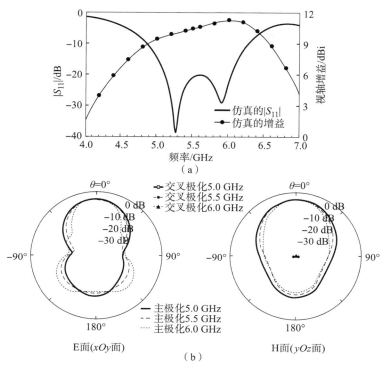

图 4.6　微带线缝隙馈电 CRLH 蘑菇形天线的仿真结果

（a）｜S_{11}｜和实现的视轴增益；（b）归一化方向图

和 5.94 GHz，非常接近两种工作模式下所计算的谐振频率。图 4.7 给出了频率分别为 5.28 GHz 和 5.94 GHz 时，天线在 $y = 5$ mm 和 $z = 0.5$ mm 的平面上的电场分布，进一步验证了蘑菇形天线的模式分析。

图 4.7　5.28 GHz 和 5.94 GHz 下 $y = 5$ mm 和 $z = 0.5$ mm 平面上的仿真电场分布

（a）5.28 GHz；（b）5.94 GHz

4.2.2 阻抗匹配

CRLH – 蘑菇形天线的辐射性能主要由蘑菇的结构决定，馈电缝隙虽然不会影响天线的辐射性能，但会影响天线的阻抗匹配。图 4.8 为不同馈电缝隙的参数 L_s、W_s、s 与输入阻抗的影响关系曲线，为 CRLH – 蘑菇形天线的优化提供指导。

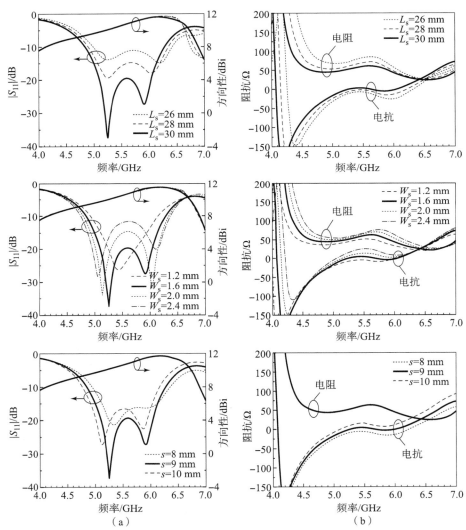

图 4.8 不同缝隙长度 L_s、宽度 W_s 和距离 s 的微带线缝隙馈电与

CRLH 蘑菇形天线的阻抗匹配关系

（a）仿真的 | S_{11} | 和方向性；（b）输入阻抗

在天线的工作频率范围内，增大缝隙长度 L_s 会使输入电阻更小、输入电抗更大；而增大缝隙宽度 W_s 会使输入电阻增大、导致输入电抗变化更强烈。随着距离 s 的增大，输入电阻将略有减小，但输入电抗则会显著增大。

因此，可以找到一个合适的缝隙长度 L_s，使输入电阻接近 50 Ω 的要求值，并通过调整距离 s，使输入电抗在所需的工作频带上变为零。在缝隙宽度的选择上，考虑到缝隙宽度 W_s 越大，阻抗带宽越宽，但带内反射系数越差，缝隙宽度的最终选择将折中考虑所需带宽以及可接受的带内反射系数。

4.3　60 GHz 宽带 LTCC 超材料蘑菇形天线阵列

CRLH 蘑菇形天线具有低剖面、宽带宽、高增益、高效率和低交叉极化等优点，是一种具有极好应用前景的毫米波频段阵列天线形式。下面以 60 GHz 的 CRLH - 蘑菇形天线为例，详细地介绍阵列的设计过程及其独有的特点[47]。

LTCC 多层技术有着制造精度高和设计自由度高的优点，广泛应用于 60 GHz 天线阵列的设计。为了降低馈电网络引起的损耗，同时抑制后向辐射，馈电网络可以使用 SIW 形式[48-49]。在设计时，提出了一种新型的传输线仿真模型，该模型可以通过仿真得到各模式的谐振频率。除了 CRLH 已知的导波色散特性外，蘑菇形天线本身作为 EBG 结构也可以用于表面波的抑制，因此蘑菇形天线单元具有自解耦能力，从而便于天线阵列的设计。超材料蘑菇形天线能够同时表现出 CRLH 的导波色散特性和 EBG 的表面波特性。在 LTCC 中设计了一个由 SIW 缝隙馈电的宽带 8 × 8 超材料蘑菇形天线阵列，在 60 GHz 频段解决了高增益这一最关键的设计问题，详细尺寸可参见文献 [47]。

4.3.1　SIW 馈电 CRLH 蘑菇形天线单元

SIW 馈电的 CRLH - 蘑菇形天线单元由 7 层 LTCC 基板与 Ferro A6 - M 带（在 100 GHz 时，$\varepsilon_r = 5.9 \pm 0.2$，$\tan\delta = 0.002$）组成。基板和金属层的厚度分别为 0.095 mm 和 0.017 mm，如果采用金作为导体，其导电率为 $4.56 \times 10^7\,\mathrm{S \cdot m^{-1}}$。图 4.9 给出第 1、2 基板层中的 4 × 4 蘑菇形单元构成的辐射单元。蘑菇形单元包括金属层 M1 上的方形贴片和连接贴片中心与金属层 M2 接地层的薄通孔。在 SIW 的第 3 ~ 7 层的宽壁（在金属层 M2）上开口形成纵向馈电缝隙。

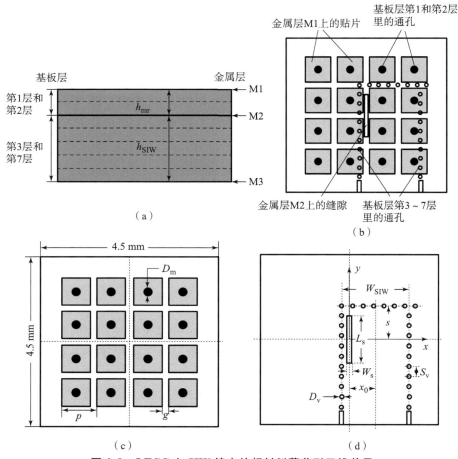

图4.9　LTCC上SIW馈电的超材料蘑菇形天线单元

（a）侧视图；（b）俯视图；（c）蘑菇形结构；（d）SIW单纵向缝隙馈电

图4.10（a）给出了一种直接提取蘑菇形天线单元TM_{10}模式谐振频率的传输线模型。4×4蘑菇形单元的两个相对边缘通过微带线连接，其总宽度为$W_p = 4 \times p - g$。考虑到边缘场的影响，波导端口设置在基准面的两端，基准面位于远离蘑菇形结构反向边缘的ΔL处。延伸长度ΔL可以通过式（4.1）、式（4.2）计算，将得出的ΔL集成到全波仿真模型中，从而能够直接获得基准面A和B之间的相移，TM_{10}模式出现在相移等于$-180°$的频率上。与TM_{10}模式类似，图4.10（b）给出了估算反相TM_{20}模式谐振频率的仿真模型，在该模型中选用2×4的蘑菇形单元代替4×4的蘑菇形单元。反相的TM_{20}模出现在相移变成$-180°$的频率上。

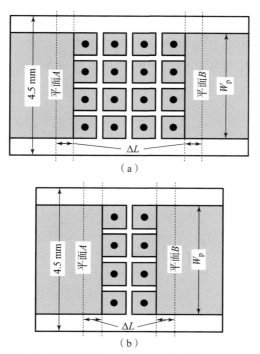

（a）

（b）

图 4.10　估算超材料蘑菇形天线单元工作模式谐振频率的传输线模型

（a）TM$_{10}$模式；（b）反相 TM$_{20}$模式

从图 4.11 中传输线模型的仿真相移响应中可以发现，蘑菇形天线单元 TM$_{10}$模式和反相 TM$_{20}$模式的谐振频率分别为 58.0 GHz 和 64.0 GHz。如图 4.12 所示，由 SIW 馈电的蘑菇形天线单元在 57.0 ~ 64.4 GHz 的仿真阻抗带宽为 12.2%，口径增益高于 8.0 dBi。蘑菇结构的厚度为 0.038 λ$_0$、口径大

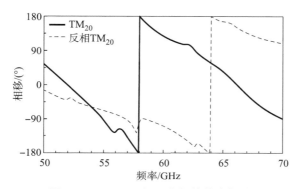

图 4.11　平面 A 和 B 之间的仿真相移

小为 $0.7\lambda_0 \times 0.7\lambda_0$（$\lambda_0$ 是中心工作频率为 60.7 GHz 的自由空间波长）。从图中可以看出，蘑菇形天线具有局部最小反射的前两个频率分别为 58.7 GHz 和 63.0 GHz，分别接近于谐振频率的计算值 58.0 GHz 和 64.0 GHz。使用 SIW 缝隙式馈电结构的优点体现为：E 面和 H 面的仿真的后瓣电平在整个工作频段内均被抑制在 −23 dB 以下。

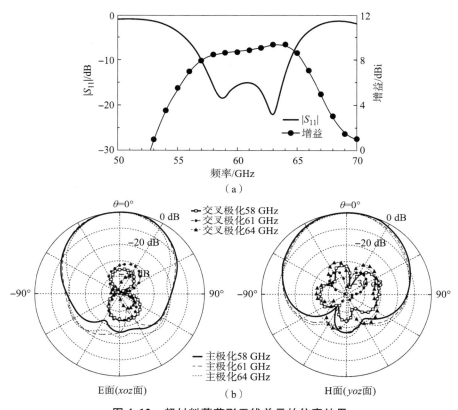

图 4.12　超材料蘑菇形天线单元的仿真结果

（a）| S_{11} | 和实现的增益；（b）归一化方向图

　　为便于比较图 4.13 给出了由 SIW 纵向缝隙馈电的贴片天线，其用于辐射的矩形贴片位于顶层。SIW 和基板的尺寸与蘑菇形天线单元设计相同。同时，增加的一个用于消除反射的金属通孔位于 SIW 中。图 4.14 中比较了贴片天线和蘑菇形天线的仿真反射系数和可实现的增益。当采用与蘑菇形天线单元相同的两层 LTCC 基板时，贴片天线的阻抗带宽要窄得多，为 59.2 ～ 61.8 GHz（4.3%）；而采用四层 LTCC 基板的贴片天线时，可以实现 57.0 ～ 64.7 GHz（12.7%）的阻抗带宽。显然与蘑菇形天线单元相比，贴片天线的增益要低得多。简而言之，蘑菇形天线单元在低剖面、宽带和高增益方面表现出卓越的性能。

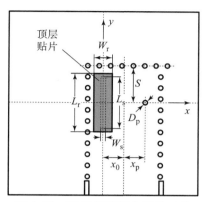

图 4.13　SIW 缝隙馈电贴片天线

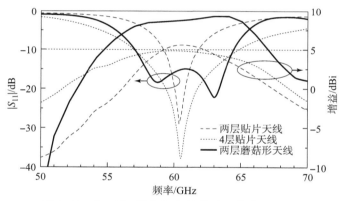

图 4.14　与 SIW 缝隙馈电蘑菇形天线单元相比，
SIW 缝隙馈电贴片天线单元的仿真 | S_{11} | 和可实现的增益

4.3.2　自解耦功能

4×4 的蘑菇形单元不仅构成了 CRLH 蘑菇形天线单元的辐射结构，而且还可以作为 EBG 结构来抑制表面波。这一特性验证了蘑菇形天线的自解耦功能，无须任何额外的解耦结构。

在蘑菇形天线和贴片天线中，E 面激励 TM（Transverse Magnetic）表面波，H 面激励 TE（Transverse Magnetic）表面波[50-51]。在接地的两层/四层 LTCC 基板中，70 GHz 以下的频率范围内只有 TM$_0$模式表面波[51]。仿真蘑菇形 EBG 单元表面波带隙如图 4.15 所示。分析结果显示，在 EBG 蘑菇形结构中存在一个 45~59 GHz 的表面波禁带。如图 4.16 所示，蘑菇形天线与贴片天线单元沿 E 面和 H 面并排，两个单元之间中心的距离分别为 S_e 和 S_h。采用该天线单元设计阵列，故选择中心单元之间的距离而不是单元边缘之间的距离可以确定其互耦关系。

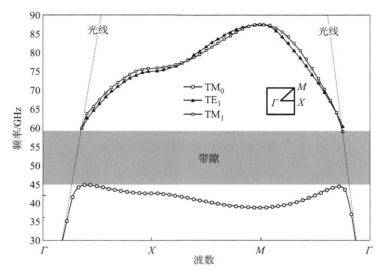

图 4.15　蘑菇形结构作为 EBG 表面的表面波带隙

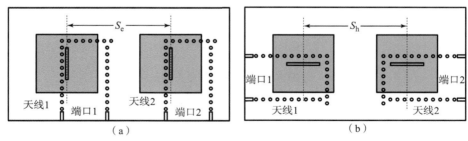

图 4.16　用于互耦研究的天线单元排列

（a）E 面；（b）H 面

　　图 4.17（a）给出了沿 E 面排列的蘑菇形天线和贴片天线单元互耦的情况，中心间距均为 4.2mm。由于沿接地基板区域传播的 TM 表面波较弱，因此两层的贴片天线单元相比于四层的贴片天线单元在 E 面表现出更少的互耦效应。沿 E 面排列蘑菇形天线单元之间边到边的距离为 0.72 mm，比贴片天线要小得多。但是由于蘑菇形结构表现出的 EBG 特性，因此两层蘑菇形

天线单元呈现出了显著的互耦抑制效果，其互耦在 60 GHz 时为 −33 dB，比两层贴片天线单元低 15 dB。在 57.0 ~ 64.4 GHz 的工作频带内，蘑菇形天线单元在 E 面上的互耦小于 −28.6 dB。

图 4.17（b）给出了蘑菇形天线单元和贴片天线单元在 H 面的互耦，其中心间距均为 4.2 mm。由于接地的两层/四层基板中，沿天线单元 H 面未激励出表面波，因此天线单元在 H 面上互耦的主要因素是边缘场耦合[50]。由于四层贴片天线单元的辐射贴片尺寸很小，其 H 面单元间互耦比两层贴片天线单元更小。两层蘑菇形天线相邻单元的间隔为 0.72 mm，远小于四层贴片天线单元的 3 mm，这会导致更高的互耦，但在实际的工作频带上，其互耦仍然小于 −19.8 dB。蘑菇形天线单元 H 面互耦在 60 GHz 处为 −24.8 dB，在 64 GHz 处为 −19.8 dB，这是由于蘑菇形结构中的 TE 表面波仅在 60 GHz 以上时才开始传播。

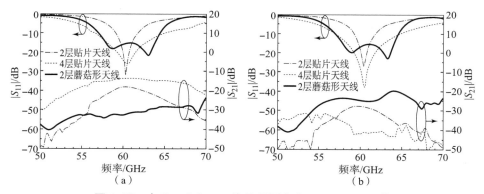

图 4.17　在 S_e = 4.2 mm 的 E 平面和在 S_h = 4.2 mm 的
H 平面中排列的天线单元的互耦

比较在 57.0 ~ 64.4 GHz 的相同工作带宽和 4.2 mm 的相同中心间距下两层蘑菇形天线单元和四层贴片天线单元的性能。两层蘑菇形天线单元在 E 面的互耦小于 −28.6 dB，在 H 面内的互耦小于 −19.8 dB；四层贴片天线单元在 E 面的互耦小于 −13.9 dB，在 H 面的互耦小于 −34.3 dB。结果表明，蘑菇形天线单元的 EBG 特性可以有效地降低单元互耦，尤其是 E 面上的互耦。

因此，与传统贴片天线相比，结合导波 CRLH 色散和表面波的 EBG 特性的超材料蘑菇形天线单元，具有低剖面、宽带宽、高增益和自解耦等优点，因而性能更好。

4.3.3 自解耦超材料蘑菇形子阵列

为了减少 SIW 中 T 形结数量，实现馈电网络的简化，本节设计了一个双单元自解耦超材料蘑菇形天线子阵列。如图 4.18 所示，在一个 SIW 截面中使用双纵向馈电缝隙。为了产生同相辐射，其缝隙偏移量分为两种：第一种情况下缝隙以相同偏移量定位，偏移量为 $\lambda/2$ 的偶数倍；第二种情况下缝隙以相反偏移量定位，偏移量为 $\lambda/2$ 的奇数倍。在设计的子阵列中，两个纵向缝隙之间的距离 S_p 为 3.9 mm，为 61 GHz 时 SIW 中 $\lambda/2$ 的 3 倍。两个缝隙位于相对于 SIW 中心线偏移 0.4 mm 的两侧，两个蘑菇形天线单元分别与中心的两个馈电缝隙对齐。如图 4.19 所示，子阵列在 55.5～65.1 GHz 范围内具有 15.9% 的阻抗带宽，其 S_{11} 为 −10 dB，峰值增益高于 9.5 dBi，在 61 GHz 处的峰值增益为 11.8 dBi。

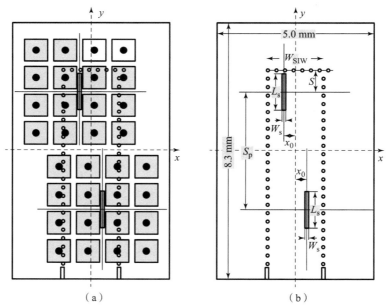

（a）   （b）

图 4.18　双单元自解耦超材料蘑菇形天线子阵列

（a）俯视图；（b）SIW 双纵向缝隙馈电

如图 4.20 所示，E/H 面耦合子阵列沿 x 轴和 y 轴方向分布，单元间距分别为 S_e、S_h。如图 4.21 所示，在 4.2 mm 的单元间距下，紧挨排列的蘑菇形子阵列在 55.5～65.1 GHz 的工作带宽内，E/H 面的互耦分别小于 −26.6 dB 和 −22.5 dB。图 4.22 给出了在 56.5 GHz 时，E/H 面耦合子阵列顶面的

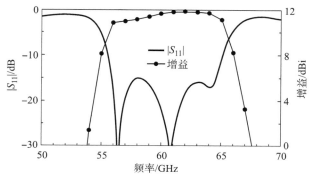

图 4.19　超材料蘑菇形天线子阵仿真的 |S_{11}| 和可实现的视轴增益

仿真电场分布。当激励其中一个蘑菇形子阵列时，另一个蘑菇形子阵列相当于 EBG 去耦结构。因此，子阵列中的耦合电场在 56.5 GHz 处被强烈抑制。

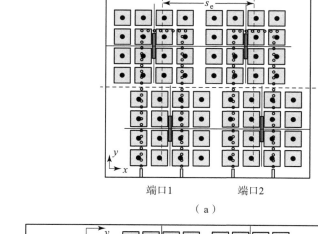

（a）

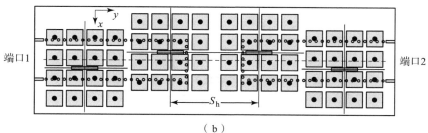

（b）

图 4.20　为研究 E 面和 H 面的互耦而设计的超材料
蘑菇形天线子阵列的几何结构

（a）E 面；（b）H 面

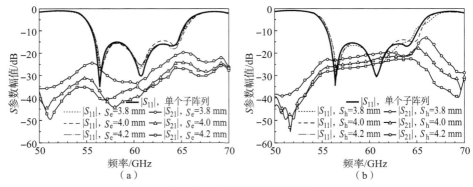

（a）   （b）

图 4.21　子阵列的相互耦合

（a）E 面；（b）H 面

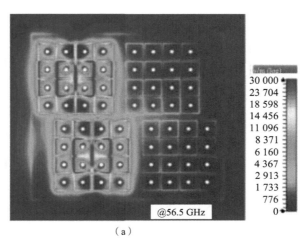

（a）

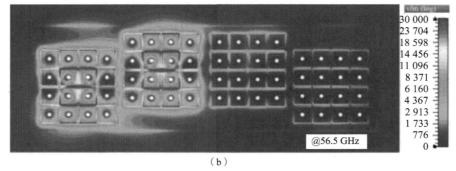

（b）

图 4.22　$S_e = 4.2$ mm 的 E 面耦合子阵列和 $S_h = 4.0$ mm 的 H 面耦合子阵列

顶面上 56.5 GHz 下的仿真电场幅值分布（见彩插）

（a）$S_e = 4.2$ mm 的 E 面耦合子阵列；（b）$S_h = 4.0$ mm 的 H 面耦合子阵列

顶面上 56.5 GHz 下的仿真电场幅值分布

4.3.4　超材料蘑菇形天线阵列

如图 4.23 所示，采用自解耦超材料蘑菇形子阵列设计天线，8×8 天线阵列是由 8×4 的蘑菇形子阵列组成，单元间距在水平方向为 4.2 mm（60 GHz 时为 $0.84\lambda_0$），在垂直方向为 3.9 mm（60 GHz 时为 $0.78\lambda_0$）。为了减少传输损耗，对由 31 个 T 形接头和两个 H 形平面弯头组成的馈电网络进行简化。带有馈电网络的天线阵列位于图 4.23 中平面 C 的左侧，而 SIW 和 50 Ω 端发连接器（end launch connector，ELC）之间的过渡段设计在平面 C 的右侧，以便进行测试。过渡段包括一条两端各有一个锥形截面的 50 Ω 微带线，一个环绕形过孔栅栏以及接口上的接地过孔。高介电常数的厚尺寸 LTCC 基板上存在比较严重的表面波，可以通过环绕形通孔栅栏抑制表面波。通过这种方式，可以在 55～64 GHz 的带宽上，实现小于 −20 dB 的回波损耗和小于 1 dB 的插入损耗。阵列的详细尺寸详见文献 [47]。

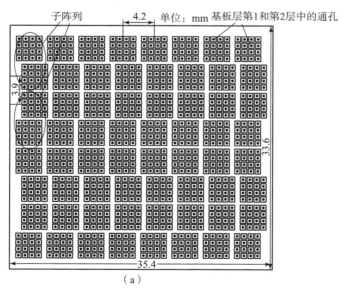

图 4.23　LTCC 天线阵列示意图

（a）蘑菇形阵列的俯视图（M1 和 Sub1～2）

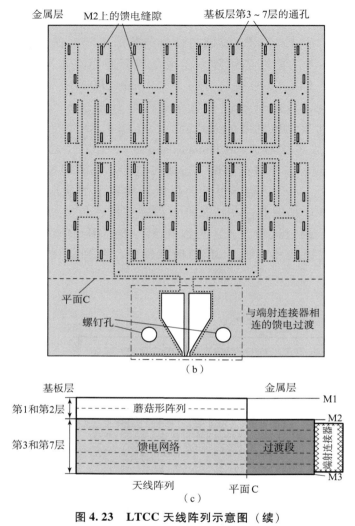

（b）

图 4.23　LTCC 天线阵列示意图（续）

（b）馈电网络的俯视图，带有到端射连接器的过渡（M2 和 Sub3～7）；（c）侧视图

　　如图 4.24（a）所示，将加工的 LTCC 阵列连接到 ELC，总尺寸为 35.4 mm×43.8 mm×0.7 mm，辐射口径面积为 35.4 mm×33.6 mm。如图 4.24（b）所示，在吸波室使用新加坡科技研究局资讯通信研究院（I^2R）自建的毫米波天线测量系统进行天线测试[52]。

　　图 4.25（a）给出了带过渡的天线阵列测试和仿真的 $|S_{11}|$。仿真和测试的 −10 dB 阻抗带宽分别为 55.1～65.3 GHz 和 56.2～67 GHz。测试工作频率范围的轻微偏移主要是因为制造误差和材料特性所致。

图 4.24 LTCC 天线阵列和测量装置的照片

（a）LTCC 天线阵列；（b）测量装置

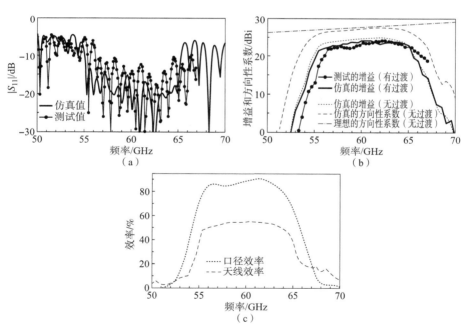

图 4.25 带过渡的天线阵列的测量和仿真丨 S_{11} 丨、带/不带过渡的天线阵列的

视轴增益/方向性测量和仿真和不带过渡的天线阵列的仿真天线效率和孔径效率

（a）带过渡的天线阵列丨 S_{11} 丨的测量和仿真结果；（b）带/不带过渡的天线阵列视轴增益/

方向性测量和仿真；（c）不带过渡的天线阵列的天线效率和孔径效率仿真结果

天线的孔径效率 η_{ap} 定义如下：

$$\eta_{ap} = \frac{D}{D_i} = \frac{D\lambda_0^2}{4\pi A_p} \qquad (4.7)$$

式中：A_p 为 35.4mm × 33.6 mm；λ_0 为工作频率下的自由空间波长；D 为天线的方向系数；D_i 为对应于物理孔径上均匀场分布的理想方向系数。

首先研究了无过渡情况下的天线阵列辐射性能。与图 4.25（b）相比，仿真的方向性系数接近于理想值，阵列的仿真增益在 55.5 ~ 65 GHz 上高于 22.8 dBi，在 62 GHz 下为 24.9 dBi。如图 4.25（c）所示，在 55.5 ~ 65 GHz 频段内，阵列天线仿真的辐射效率高于 41%，在 60.5 GHz 处达到最高值（55.1%）。大规模阵列天线效率降低的主要原因来自馈电网络的损耗。在 61.5 GHz 下，90.6% 的高口径效率表明，由于采用了紧密布置的自解耦高增益蘑菇形天线单元，因此实现了整个阵列良好的均匀口径场分布。

如图 4.25（b）所示，具有过渡的阵列在 55.5 ~ 65.0 GHz 范围内仿真增益高于 21.5 dBi，在 61 GHz 时接近 24.1 dBi。测试结果显示，增益在 62.3 GHz 处达到最大值为 24.2 dBi，3 dB 增益带宽为 56.3 ~ 65.7 GHz。

图 4.26 所示为天线阵列在 E/H 面中测试的归一化方向图，并与

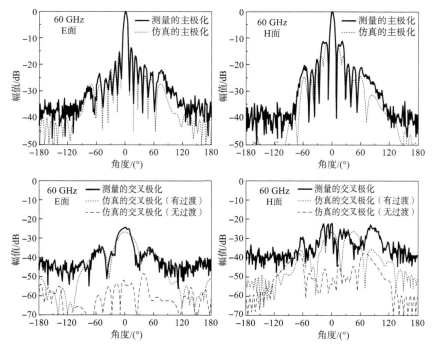

图 4.26　在 60 GHz 频率下工作的天线阵列 E/H 面上测量和仿真的归一化主极化/交叉极化方向图

60 GHz 处仿真的方向图进行了对比。仿真的旁瓣电平（SLL）在 E 面低于
− 14.4 dB，在 H 面低于 − 12.1 dB，而测试的 SLL 在 E 面低于 − 13.6 dB，
在 H 面低于 − 11.0 dB。测试结果显示，后瓣电平被抑制到低于 − 34 dB，E
面和 H 面的交叉极化电平分别低于 − 24.1 dB 和 − 21.9 dB。从仿真结果中
发现，交叉极化电平恶化的原因是由于过渡部分和 ELC 的存在。没有过渡
和 ELC 时，阵列在 E 面和 H 面中仿真的交叉极化电平则低很多，分别低于
− 48.4 dB 和 − 37.3 dB。

　　总的来说，测试结果与仿真结果吻合较好。采用 LTCC 工艺，基于 SIW
馈电的超材料蘑菇形阵列在高增益、宽带毫米波天线阵列设计中具有广阔的
应用前景。

4.4　小　　结

　　本章介绍了应用 LTCC 技术的超材料蘑菇形天线阵列，该阵列天线可用
于毫米波频段的宽频带及高增益应用。给出了在 5 GHz 的带宽内，CRLH 蘑
菇形天线单元的独特工作模式和设计指南，用于设计具有低剖面特性的宽带
天线。通过结合导波的 CRLH 色散和表面波的 EBG 特性，工作在 60 GHz 的
SIW 缝隙馈电超材料蘑菇形天线具有低剖面、宽带宽、高增益、高效率、低
交叉极化等优点，尤其是极好的自解耦能力。LTCC 超材料蘑菇形天线阵列
为毫米波频段的宽带高增益阵列天线提供了一种极具前景的解决方案。

参 考 文 献

［1］ Smulders, P. (2002). Exploiting the 60 GHz band for local wireless
multimedia access：prospects and future directions. IEEE Commun. Mag. 40
(1)：140 − 147.

［2］ Rappaport, T. S., Murdock, J. N., and Gutierrez, F. (2011). State of
the art in 60 − GHz integrated circuits and systems for wireless communications.
Proc. IEEE 99 (8)：1390 − 1436.

［3］ Pi, Z. and Khan, F. (2011). An introduction to millimeter − wave mobile
broadband systems. IEEE Commun. Mag. 49 (6)：101 − 107.

［4］ Rappaport, T. S. et al. (2013). Millimeter wave mobile communications for
5G cellular：it will work！IEEE Access 1：335 − 449.

［5］ Rangan, S., Rappaport, T., and Erkip, E. (2014). Millimeter wave cellular wireless networks: potentials and challenges. Proc. IEEE 102 (3): 366 - 385.

[6] Roh, W. et al. (2014). Millimeter - wave beamforming as an enabling technology for 5G cellular communications: theoretical feasibility and prototype results. IEEE Commun. Mag. 52 (2): 106 - 113.

[7] Pozar, D. M. (1983). Considerations for millimeter wave printed antennas. IEEE Trans. Antennas Propag. 31 (5): 740 - 747.

[8] Deschamps, G. A. (1953). Microstrip microwave antennas. Proc. 3rd USAF symposium on Antennas, 22 - 26.

[9] James, J. R., Hall, P. S., and Wood, C. (1981). Microstrip Antenna Theory and Design. Stevenage, U. K.: Peter Peregrinus.

[10] Chen, Z. N. and Chia, M. Y. W. (2005). Broadband Planar Antennas. New York, NY, USA: Wiley.

[11] Lee, K. F. and Luk, K. M. (2010). Microstrip Patch Antennas. London, U. K.: Imperial College Press.

[12] Lee, K. F. and Tong, K. F. (2012). Microstrip patch antennas—basic characteristics and some recent advances. Proc. IEEE 100 (7): 2169 - 2180.

[13] Chang, E., Long, S., and Richards, W. (1986). An experimental investigation of electrically thick rectangular microstrip antennas. IEEE Trans. Antennas Propag. 34 (6): 767 - 772.

[14] Lee, K. F., Luk, K. M., Tong, K. F. et al. (1997). Experimental and simulation studies of the coax - ially fed U - slot rectangular patch antenna. IEE Proc. Microwaves Antennas Propag. 144 (5): 354 - 358.

[15] Ansari, J. A. and Ram, R. B. (2008). Analysis of broad band U - slot microstrip patch antenna.

[16] Microwave Opt. Technol. Lett. 50 (4): 1069 - 1073.

[17] Nakano, H., Yamazaki, M., and Yamauchi, J. (1997). Electromagnetically coupled curl antenna.

[18] Electron. Lett. 33 (12): 1003 - 1004.

[19] Luk, K. M., Mak, C. L., Chow, Y. L., and Lee, K. F. (1998). Broadband microstrip patch antenna.

[20] Electron. Lett. 34 (15): 1442 - 1443.

[21] Croq, F., Papiernik, A., and Brachat, P. (1990). Wideband aperture

coupled microstrip subarray. In：Proceedings of IEEE Antennas and Propagation Society International Symposium, Dallas, TX, USA, 1128 – 1131.

[22] Croq, F. and Papiernik, A. (1990). Large bandwidth aperture – coupled microstrip antenna. Elec – tron. Lett. 26 (16)：1293 – 1294.

[23] Targonski, S. D. and Pozar, D. M. (1993). Design of wideband circularly polarized aperture – coupled microstrip antennas. IEEE Trans. Antennas Propag. 41 (2)：214 – 220.

[24] Croq, F. and Papiernik, A. (1991). Stacked slot – coupled printed antenna. IEEE Microwave Guided Wave Lett. 1 (10)：288 – 290.

[25] Targonski, S. D. , Waterhouse, R. B. , and Pozar, D. M. (1998). Design of wide – band aperture – stacked patch microstrip antennas. IEEE Trans. Antennas Propag. 46 (9)：1245 – 1251.

[26] Sun, D. and You, L. (2010). A broadband impedance matching method for proximity – coupled microstrip antenna. IEEE Trans. Antennas Propag. 58 (4)：1392 – 1397.

[27] Xu, J. F. , Chen, Z. N. , Qing, X. , and Hong, W. (2011). Bandwidth enhancement for a 60 GHz sub – strate integrated waveguide fed cavity array antenna on LTCC. IEEE Trans. Antennas Propag. 59 (3)：826 – 832.

[28] Xu, J. F. , Chen, Z. N. , Qing, X. , and Hong, W. (2013). 140 – GHz TE20 – mode dielectric – loaded SIW slot antenna array in LTCC. IEEE Trans. Antennas Propag. 61 (4)：1784 – 1793.

[29] Li, Y. , Chen, Z. N. , Qing, X. et al. (2012). Axial ratio bandwidth enhancement of 60 – GHz sub – strate integrated waveguide – fed circularly polarized LTCC antenna array. IEEE Trans. Antennas Propag. 60 (10)：4619 – 4626.

[30] Lamminen, A. E. I. , Säily, J. , and Vimpari, A. R. (2008). 60 – GHz patch antennas and arrays on LTCC with embedded – cavity substrates. IEEE Trans. Antennas Propag. 56 (9)：2865 – 2874.

[31] Yeap, S. B. , Chen, Z. N. , and Qing, X. (2011). Gain – enhanced 60 – GHz LTCC antenna array with open air cavities. IEEE Trans. Antennas Propag. 59 (9)：3470 – 3473.

[32] Smith, D. R. , Padilla, W. J. , Vier, D. C. et al. (2000). Composite medium with simultaneously negative permeability and permittivity.

Phys. Rev. Lett. 84（18）：4184 – 4187.

[33] Shelby, R. A., Smith, D. R., and Schultz, S. (2001). Experimental verification of a negative index of refraction. Science 292（5514）：77 – 79.

[34] Eleftheriades, G. V. and Balmain, K. G. (2005). Negative – Refraction Metamaterials: Fundamental Principle and Applications, 62 – 82. New York, NY, USA: Wiley.

[35] Caloz, C. and Itoh, T. (2005). Electromagnetic Metamaterials: Transmission Line Theory and Microwave Applications. New York, NY, USA: Wiley.

[36] Holloway, C. L., Kuester, E. F., Gordon, J. A. et al. (2012). An overview of the theory and applications of metasurfaces: the two – dimensional equivalents of metamaterials. IEEE Antennas Propag. Mag. 54 （2）：10 – 35.

[37] Glybovskia, S. B., Tretyakovb, S. A., Belova, P. A. et al. (2016). Metasurfaces: from microwaves to visible. Phys. Rep. 634：1 – 72.

[38] Chen, H. – T., Taylor, A. J., and Yu, N. (2016). A review of metasurfaces: physics and applications. Rep. Prog. Phys. 79：076401 – 1 – 076401 – 40.

[39] Li, A. B., Singh, S., and Sievenpiper, D. (2018). Metasurfaces and their applications. Nanophoton – ics 7（6）：989 – 1011.

[40] Lee, C. J., Leong, K. M. K. H., and Itoh, T. (2006). Composite right/left – handed transmission line based compact resonant antennas for RF module integration. IEEE Trans. Antennas Propag. 54（8）：2283 – 2291.

[41] Dong, Y. and Itoh, T. (2010). Miniaturized substrate integrated waveguide slot antennas based on negative order resonance. IEEE Trans. Antennas Propag. 58（12）：3856 – 3864.

[42] Lai, A., Leong, K. M. K. H., and Itoh, T. (2007). Infinite wavelength resonant antennas with monopolar radiation pattern based on periodic structures. IEEE Trans. Antennas Propag. 55（3）：868 – 876.

[43] Park, J. H., Ryu, Y. H., Lee, J. G., and Lee, J. H. (2007). Epsilon negative zeroth – order resonator antenna. IEEE Trans. Antennas Propag. 55（12）：3710 – 3712.

[44] Pyo, S., Han, S. M., Baik, J. W., and Kim, Y. S. (2009). A slot – loaded composite right/left – handed transmission line for a zeroth – order resonant antenna with improved efficiency. IEEE Trans. Microwave Theory

Tech. 57（11）：2775 – 2782.

［45］ Sievenpiper, D., Zhang, L., Broas, R. F. J. et al.（1999）. High –
impedance electromagnetic surfaces with a forbidden frequency band. IEEE
Trans. Antennas Propag. 47（11）：2059 – 2074.

［46］ Sievenpiper, D. F.（1999）. High – impedance electromagnetic surfaces.
Ph. D. dissertation. Uni – vercity of California at Los Angeles.

［47］ Yang, F. and Rahmat – Samii, Y.（2003）. Microstrip antennas integrated
with electromagnetic band – gap（EBG）structures：a low mutual coupling
design for array applications. IEEE Trans. Antennas Propag. 51（10）：2936 –
2946.

［48］ Yang, F. and Rahmat – Samii, Y.（2008）. Electromagnetic Band Gap
Structures in Antenna Engi – neering. Cambridge, U. K. ： Cambridge
University Press.

［49］ Liu, W., Chen, Z. N., and Qing, X.（2014）. Metamaterial – based
low – profile broadband mushroom antenna. IEEE Trans. Antennas Propag.
62（3）：1165 – 1172.

［50］ Liu, W., Chen, Z. N., and Qing, X.（2014）. 60 – GHz thin
broadband high – gain LTCC metamaterial – mushroom antenna array. IEEE
Trans. Antennas Propag. 62（9）：4592 – 4601.

［51］ Uchimura, H., Takenoshita, T., and Fujii, M.（1998）. Development
of a 'laminated waveguide'. IEEE Trans. Microwave Theory Tech. 46
（12）：2438 – 2443.

［52］ Huang, Y., Wu, K. L., Fang, D. G., and Ehlert, M.（2005）. An
integrated LTCC millimeter – wave planar array antenna with low – loss
feeding network. IEEE Trans. Antennas Propag. 53（3）：1232 – 1234.

［53］ Balanis, C. A.（1997, ch. 14）. Antenna Theory：Analysis and Design,
2e, 764 – 767. New York, NY, USA：Wiley.

［54］ Colin, R.（1991, ch. 11）. Field Theory of Guided Waves, 2e, 697 –
708. New York, NY, USA：IEEE Press.

［55］ Qing, X. and Chen, Z. N.（2014）. Measurement setups for millimeter –
wave antennas at 60/140/270 GHz bands. In：IEEE International Workshop
on Antenna Technology（iWAT）, Sydney, NSW, Australia, 281 – 284.

第5章

60 GHz 窄壁馈电基片集成腔体天线

张　彦

东南大学信息科学与工程学院，中国南京211111

5.1　引　　言

随着 5G 无线通信的快速发展和商业化，近年来毫米波天线在学术界和工业界获得了深入的研究[1-3]。一方面，毫米波频段可以提供相对较宽的带宽，支持超高数据速率和超高吞吐量的无线传输[4]；另一方面，毫米波频段的天线尺寸小，不仅能够实现大规模阵列的高密度集成[5]，如 64、128 和 256 单元阵列，而且可以提供高密度覆盖和多重分集，进一步提高毫米波通信系统的性能。如第 1 章所述，目前备受关注的毫米波工作频段有 Ka 频段（24.25~29.5 GHz）、Q 频段（37~43.5 GHz、45.5~47 GHz、47.2~48.2 GHz）、V 频段（57~64 GHz）、E 频段（71~86 GHz）和 W 频段（91~97 GHz）。但是，从天线工程的角度来看，据 IEEE Xplore 数据库[6]早在 20 世纪 50 年代左右就有关于毫米波天线的研究，但直到 2008 年左右毫米波天线才成为全球研究的热点，原因有以下两点。

（1）V 频段也称 60 GHz 频段，原先是卫星通信应用频段，现已释放为商业高速无线个人局域网（Wireless Personal Area Networks，WPAN），该网络由 IEEE 802.15.3 任务组 3c（TG3c）在 2005—2009 年推广，最终发布 IEEE 802.15.3 标准[7]。潜在应用的重新提出刺激了 V 频段天线的广泛研究，以满足低成本、低剖面和高集成度的要求。自此以后，毫米波通信进入了一个前所未有的鼎盛时期，其中 5G 无线通信占据了主导地位。

（2）毫米波传输线新技术的出现和发展，包括 SIW、半模 SIW、折叠 SIW 和基片集成同轴线（Substrate Integrated Coaxial Line，SICL）技术[8-10]，为高集成度毫米波部件和天线的设计，提供了全新的思路和高集成度共面实现方案。SIW 是经过广泛探索和开发的毫米波应用技术，利用标准 PCB 工艺可以在低剖面基板上实现。与传统开放边界的传输线（如微带线、共面波导）相比，SIW 传输线和基于 SIW 的部件在插入损耗和辐射损耗方面性能更好。此外，SIW 可视为传统金属矩形波导的平面 PCB 外壳，只支持 TE（Transverse Electric）模式，主模为 TE_{10} 模[11]。因此，大多数传统的矩形波导部件和天线可以很容易地转换为 SIW 设计。SIW 技术在 2003—2008 年快速发展是因为其设计概念是基于传统波导技术[12-15]。众所周知，波导缝隙天线或缝隙阵列是最流行的波导天线形式，已在雷达系统中得到了广泛的应用。然而，由于缝隙单元的输入阻抗变化剧烈，以及波导中电磁波的色散特性，波导缝隙天线受到固有带宽的限制。类似地，基于 SIW 的缝隙天线也存在带宽限制问题。

几十年来，包括纵向缝隙、倾斜缝隙、横向缝隙等在内的 SIW 缝隙天线一直是最流行的天线类型[13,16-17]，然而缝隙天线通常带宽较窄，为 3% ~ 5%。为了增大带宽，文献 [18] 提出了一种 SIW 长缝隙天线作为漏波天线，带宽增加的代价是与频率相关的波束指向倾斜。此外，SIW 可以作为其他类型天线的馈电线路，这些天线有偶极子天线[19]、八木天线[20]、对数周期天线[21]、贴片天线[22]，以及介质谐振器天线[23]，其中 SIW 馈电网络通常占用很大的面积，在堆叠结构的情况下很难形成大规模阵列或大幅增大轮廓。近年来，提出了在 SIW 馈线中嵌入或堆叠低剖面辐射器的先进解决方案，可以提高性能。

本章总结了一类在上述潜在毫米波频段工作的 SIA，提出了拓宽带宽、提高辐射性能的方案，这里只针对基于标准 PCB 的低成本 SIA，不涉及其他使用 LTCC 工艺和硅微机械工艺的 SIA。

5.2　基片集成天线宽带技术

毫米波通信系统通常是宽带的，甚至针对特定应用的多频段。对于毫米波天线而言，宽带特性或宽带阻抗匹配不仅是关键的设计指标，也是必不可少的。此外，还要同时考虑增益、效率、波束控制、旁瓣电平和交叉极化电平等。换句话说，天线的带宽不仅指阻抗带宽，还包括天线的辐射性能。

SIW 天线依据辐射方向可以分为边射、端射 SIW 天线。考虑到 PCB 工艺，如图 5.1 所示，波束沿 PCB 法线方向的 SIW 天线属于边射 SIW 天线，其他波束位于 PCB 平面内的 SIW 天线属于端射 SIW 天线。关于边射 SIW 天线，天线结构可以是单层或多层 PCB，而且 RF 电路可以与堆叠层集成，如图 5.1（a）所示，这种 SIW 天线除了具有相对低剖面和高密度集成的特点外，还可以通过控制阵元的馈电相位实现二维波束扫描。虽然端射 SIW 天线也可以与 RF 电路集成，如图 5.1（b）所示，但天线附近的 RF 电路会使方向图恶化，在这种情况下，只能实现一维波束扫描。本章只介绍边射 SIW 天线，不涉及端射 SIW 天线，但两者都可以在特定场景中得到应用。

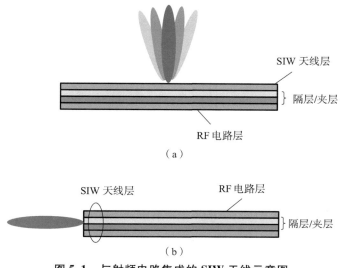

图 5.1　与射频电路集成的 SIW 天线示意图
（a）边射天线；（b）端射天线

　　起初，图 5.2 所示的 SIW 缝隙天线是最常用的天线形式，由传统矩形波导缝隙天线衍变而来，其设计方法非常成熟，特别适合设计大规模的缝隙阵列。然而，SIW 缝隙天线通常带宽较窄，为 5% ~ 7%。针对 SIW 缝隙阵列，通常采用串联馈电方案实现高密度大规模阵列致使带宽进一步减少到 3%[13,16]。窄的带宽严重限制了 SIW 缝隙天线在毫米波频段的应用，当然一些毫米波雷达系统，如 77 GHz 的汽车防撞雷达系统除外。

　　为此，过去 10 年广泛开展了宽带 SIW 天线的研究，无论是 SIW 馈电网络还是 SIW 辐射器都投入了大量精力。宽带 SIW 天线技术主要分为三类：一是阻抗匹配方法，它可以有效地缓解因 SIW 缝隙或其他类型 SIW 辐射器的辐射阻抗急剧变化而导致的窄带宽问题；二是多模技术，即 SIW 辐射器同时产生多个谐振模式，共同拓宽工作带宽；三是利用多种类型的辐射器的组合，如贴片、缝隙、螺旋等，它们以平面形式或堆叠形式通过 SIW 实现耦合或加载，进而形成多重共振来增加带宽。虽然我们重点关注毫米波频段 SIW 天线的设计，但应注意的是，所有这些技术也适用于微波频段的天线设计。

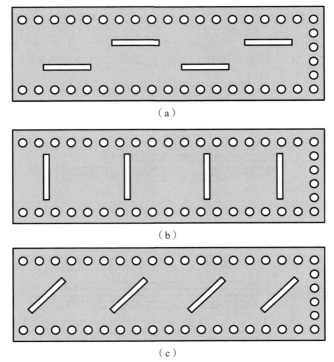

（a）

（b）

（c）

图 5.2　典型 SIW 缝隙天线和阵列

（a）SIW 纵向缝隙天线；（b）SIW 横向缝隙阵列；（c）SIW 倾斜缝隙阵列

5.2.1　SIW 天线的阻抗匹配增强

阻抗匹配方法可以将负载阻抗转换为任何系统的标准阻抗，广泛用于微波工程中。常用的阻抗匹配结构是基于微带线的阻抗变换器，如 λ/4 阻抗变换器、阶梯阻抗变换器以及开路支节和短路支节。在 SIW 天线和电路的设计中，也有用类似的阻抗变换器来实现宽带性能。如图 5.3（a）所示，SIW 中两个对称分布的通孔引入的虹膜（iris）窗是 SIW 滤波器设计和 SIW 天线阻抗匹配设计的基本结构单元，其等效电路如图 5.3（b）所示，引入的电感值是几何结构的函数，与 SIW 宽度、窗口宽度和通孔直径相关。使用商业全波仿真软件可以很容易地从散射参数中提取电纳值，如文献［14］所述：

$$\mathrm{j}\frac{X_{\mathrm{a}}}{Z_0} = \frac{2S_{11}}{(1 - S_{11})^2 - S_{21}^2} \tag{5.1}$$

$$-\mathrm{j}\frac{X_{\mathrm{b}}}{Z_0} = \frac{1 + S_{11} - S_{21}}{1 - S_{11} + S_{21}} \tag{5.2}$$

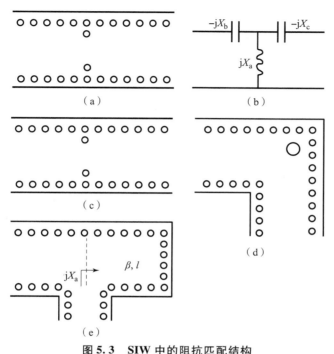

图 5.3　SIW 中的阻抗匹配结构

（a）对称虹膜窗；（b）（a）的等效电路；（c）不对称虹膜窗；

（d）电感转角；（e）短路 SIW 支节

　　电纳与窗的宽度有关，因此可以得到物理尺寸与电纳之间的关系。X_b 的值通常很小，在某些情况下可以忽略，而电感 X_a 是阻抗匹配的主要因素。因此这种虹膜窗也称为电感窗。为了实现宽带阻抗匹配，可以在虹膜窗中插入 SIW 段实现级联。利用提取的值，可以从等效电路的角度优化级联 SIW 虹膜窗的结构，从而快速产生所需的阻抗匹配。

　　为了进一步说明采用级联 SIW 虹膜窗的阻抗匹配方法，以文献［22］中的 SIW 馈电圆极化贴片天线为例（如图 5.4 所示），使用的基板是 Rogers 5880（$\varepsilon_r = 2.2$，$\tan\delta = 0.0009$），厚度 0.508 mm。图 5.4（a）所示为圆极化贴片天线的整体结构，通过 SIW 90°耦合器正交馈电，在 SIW 馈电部分插入两个虹膜窗，如图 5.4（b）所示，形成二阶阻抗匹配网络，其等效电路如图 5.4（c）所示，电路模型的调谐过程参考图 5.5 所示的史密斯圆图。采用 ADS 软件对该电路模型进行仿真，并通过 ANSYS HFSS 对微带到 SIW 过渡的贴片天线模型进行仿真，然后将其解嵌入到平面 A 中，在阻抗匹配网络的调谐过程中，把它作为负载阻抗。优化参数如下：$l_{en0} = 2$ mm，$l_{en1} =$

2 mm，$L_1 = 0.347$nH，$L_2 = 1.027$nH。调谐过程中，将等效波导的宽度固定为 3.75 mm。然后计算两个电感值对应的电感窗的实际大小，得到的窗口尺寸如下：$w_{d1} = 2.65$ mm，$w_{d2} = 3.05$ mm。图 5.6 的结果表明，在 39 ~ 48 GHz 的频率范围内，功率传输效率高于 80%。最终设计的圆极化贴片天线的阻抗带宽为 38.5 ~ 48 GHz，$|S_{11}| < -10$ dB，3 dB 轴比带宽为 38.5 ~ 47 GHz，验证了以上阻抗匹配方法的有效性。

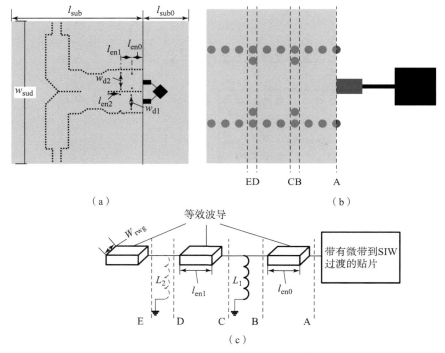

图 5.4　Q 频段 SIW 馈电贴片天线[20]

（a）圆极化贴片天线模型；（b）单馈贴片天线的全波模型；（c）等效电路模型

除了前面提到的 SIW 中的对称虹膜窗之外，其他形式的结构，如不对称虹膜窗、电感转角和在 SIW 中插入额外电感通孔的短路支节（如图 5.3（c）~（e）所示）也可用于阻抗匹配。在这些 SIW 阻抗匹配结构中，SIW 中额外插入的通孔会在 H 平面上产生不连续，从而在均匀波导中引入等效并联电感。因此，所有这些阻抗匹配结构都属于电感加载方法，将这些加载电感通过 SIW 部分级联可以实现任何所需的阻抗匹配，与纯电感滤波器的设计非常相似。SIW 中的这些阻抗匹配结构具有以下优点：①插入的电感通孔不会改变 SIW 的轮廓或几何形状，因此在设计天线时不需要额外的空间；②SIW 阻

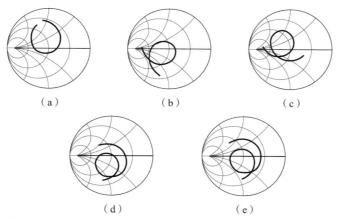

图 5.5　平面 A 到平面 E 的输入阻抗（电路模型仿真结果，
仿真的频率范围为 39 ~ 48 GHz）

（a）平面 A 的原始反射系数；（b）通过调谐透镜 0 后平面 B 的原始反射系数；

（c）通过调谐 L_1 后平面 C 的原始反射系数；（d）通过调谐透镜 1 后平面 D 的

原始反射系数；（e）通过调谐 L_2 后平面 E 的原始反射系数

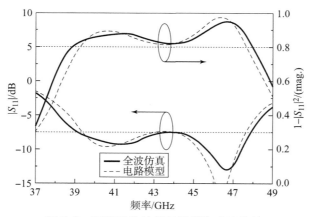

图 5.6　匹配贴片的反射系数和功率传输

抗匹配结构不会产生任何杂散辐射；③对于任何类型的辐射器，电感通孔可
以非常方便地插入 SIW 中。实际上在设计基于 SIW 的天线时，已广泛采用
上述阻抗匹配方法来增加带宽[24-25]。

5.2.2　多模基片集成腔体天线

事实证明，基片集成腔体（Substrate Integrated Cavity，SIC）天线的性能

比传统 SIW 缝隙天线更好，所谓的 SIC 是在层压基板中用封闭的过孔构建，与 SIW 非常相似，腔体的形状可以是矩形、圆形，甚至是一些特殊的形状，如图 5.7 所示。这种 SIC 的谐振特性分析方法与传统波导腔类似，基底一般很薄，因此沿厚度方向的电场不变。以图 5.7（a）所示的矩形 SIC 为例分析它的谐振特性。首先，SIC 由四排通孔实现，通孔直径 d 和周期间隔 p 满足以下条件：

$$d/p \geqslant 0.5, d/\lambda_0 \leqslant 0.1 \tag{5.3}$$

式中，d、p 分别为通孔的直径和周期间隔；λ_0 为自由空间中的波长[11-12,26]。SIC 可以等效为如下尺寸的传统波导腔，可根据以下近似公式计算谐振频率：

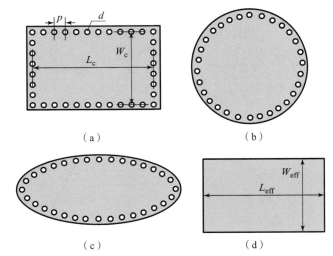

图 5.7 典型的基片集成腔体（SIC）

（a）矩形 SIC；（b）圆形 SIC；（c）椭圆形 SIC；（d）（a）的等效波导腔

$$L_{\text{eff}} = L_{\text{c}} - \frac{d^2}{0.95p} \tag{5.4}$$

$$W_{\text{eff}} = W_{\text{c}} - \frac{d^2}{0.95p} \tag{5.5}$$

$$f_{\text{mnp}} = \frac{1}{2\sqrt{\varepsilon\mu}}\sqrt{\left(\frac{m}{L_{\text{eff}}}\right)^2 + \left(\frac{n}{W_{\text{eff}}}\right)^2 + \left(\frac{p}{h}\right)^2} \tag{5.6}$$

式中，ε 和 μ 分别为基片的介电常数和磁导率；W_{c} 和 L_{c} 分别为 SIC 的宽度和长度；L_{eff} 和 W_{eff} 分别为等效腔的宽度和长度；h 为基片厚度。

SIC 可以直接用作辐射器，也可以用作载体，将其他辐射器嵌入，如缝隙、孔、缝隙耦合贴片、孔耦合贴片或螺旋线，这里的 SIC 天线包括所有这些类型的基于 SIC 的天线。通常有两种方法可以增加 SIC 天线的带宽：首先，SIC 可以设计为多种模式，这些模式可以共同工作以实现宽带特性；其次，可以在 SIC 上加载其他谐振器，腔体与附加谐振器的耦合模式可以共同工作，覆盖所需的宽带。上述两种方法都是利用同时产生的多种模式，因此"多模"设计是宽带 SIC 天线设计的另一项关键技术。

5.2.3   基片集成背腔缝隙天线

2008 年，Luo 首次提出 SIC 背腔缝隙天线[26]，如图 5.8 （a）所示。腔体通过印制在基片上的微带线馈电，微带线延伸到腔中心，辐射缝隙蚀刻在基片的背面。设计的 SIC 在 10 GHz 下以 TE_{120} 模式工作，对应的 $|S_{11}|$ 如图 5.8 （b）所示。从图 5.8 （c）可以看出，缝隙两侧的电场相位不同，因此表面电流穿过缝隙向空间辐射。由于缝隙的输入阻抗随频率变化剧烈，只用

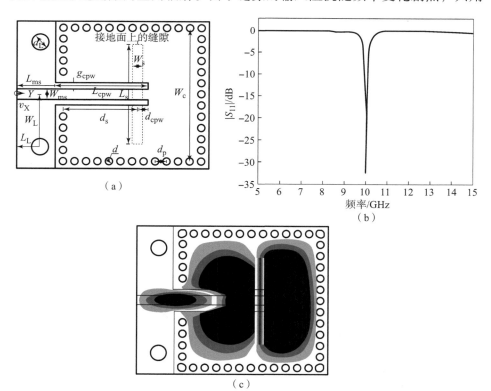

（a）

（b）

（c）

图 5.8   典型基片集成背腔单缝隙天线[26]

（a）几何结构；（b）S_{11}；（c）腔体中 TE_{120} 模的电场分布

一个腔模激励缝隙，因此在 10 GHz 的中心阻抗带宽仅为 1.4% 。即使没有应用额外的阻抗匹配技术，这种背腔缝隙天线的出现也为在平面天线设计中应用 SIC 提供了一个新的机会。

2009 年，Luo[27] 提出了一种 SIC 背腔十字缝隙天线，它可以作为双频双线极化天线或圆极化天线工作，如图 5.9 所示。以圆极化工作时，腔体设计为方形，激励两种正交简并模式，即 TE_{120} 和 TE_{210} 模式。腔体在拐角处馈电，由于臂的长度不同，在十字缝隙处引入了扰动，确保两种简并模式下被成功激励。如图 5.10 所示，在 10 GHz 的工作频率下，圆极化工作时十字缝隙中的电场以正交 90° 相位延迟正交交替。图 5.11 给出了圆极化天线的 S 参数、轴比和增益。

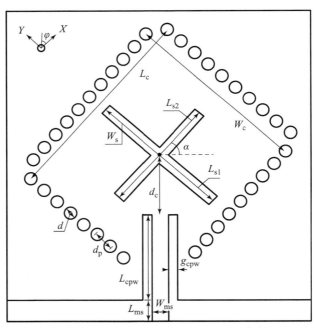

图 5.9　基片集成背腔十字缝隙天线[27]

对于矩形腔体，TE_{210} 和 TE_{120} 可以相互分离，从而实现双频双线极化辐射，如图 5.12 所示。此外，在 10.97 GHz 高频下可以观察到 TE_{220} 的四极模式，但辐射较弱，因为在这种模式下，腔在每个缝隙的臂上两端电场的极性相反，如图 5.12（c）所示。图 5.13 给出了双频双极化天线的 S 参数和增益。SIC 背腔十字缝隙天线展示了在单个谐振腔利用多模谐振实现多频带或宽带性能的可能性。

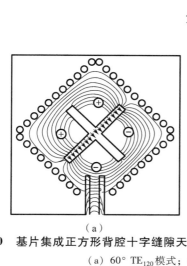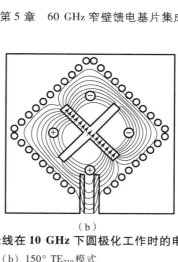

（a）　　　　　　　　　　　　　　　（b）

图 5.10　基片集成正方形背腔十字缝隙天线在 10 GHz 下圆极化工作时的电场分布

（a）60° TE$_{120}$模式；（b）150° TE$_{210}$模式

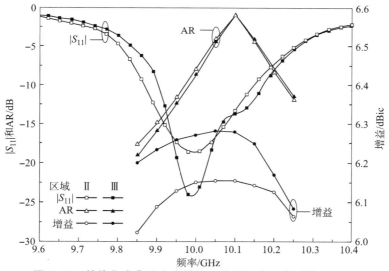

图 5.11　基片集成背腔十字缝隙天线圆极化工作时的 S 参数

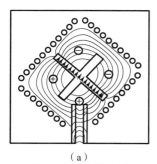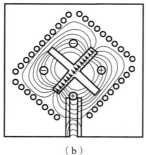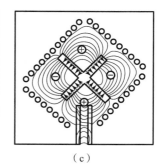

（a）　　　　　　　　　　（b）　　　　　　　　　　（c）

图 5.12　基片集成矩形背腔十字缝隙天线在双频双线极化工作时的电场分布

（a）9.5 GHz 下 TE$_{210}$模式；（b）10.5 GHz 下 TE$_{120}$模式；（c）10.97 GHz 下 TE$_{220}$模式

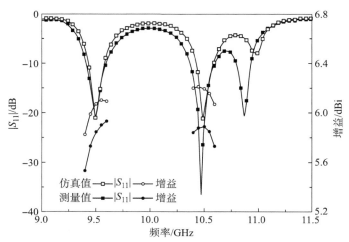

图 5.13 具有双频双线极化的基片集成矩形背腔十字缝隙天线的反射系数和增益

为了增大 SIC 背腔缝隙天线的带宽，设计了一个矩形 SIW 腔体，通过控制腔体的几何形状和缝隙位置同时激励两种混合模[28]。天线如图 5.14（a）所示，其中的矩形腔和缝隙与图 5.8（a）所示的天线结构类似，但该 SIW 腔中的模式为混合模，而图 5.8（a）的天线只有一种主模。为了说明混合模方案，图 5.15 给出了 TE_{110} 和 TE_{120} 模式不同相位分布的两种解决方案。图 5.14（b）中，两种混合模式产生两种谐振，可以清楚地看到，两个相近的谐振频率增大了工作带宽。

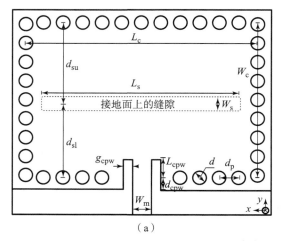

（a）

图 5.14 混合模矩形 SIW 背腔缝隙天线[28]

（a）几何结构

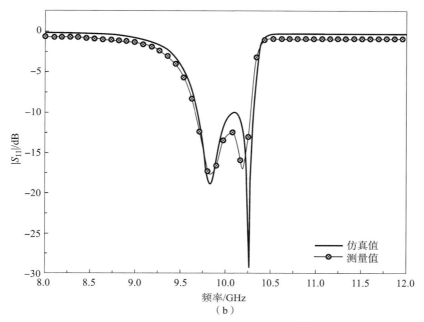

图 5.14　混合模矩形 SIW 背腔缝隙天线[28]（续）

（b）S 参数

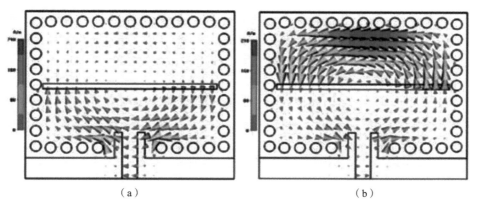

（a）　　　　　　　　　　　　　　　　　（b）

图 5.15　不同频率下混合模矩形 SIW 背腔缝隙天线 SIW 腔中的电场分布

（a）9.84 GHz 下的电场矢量分布；（b）10.27 GHz 下的电场矢量分布

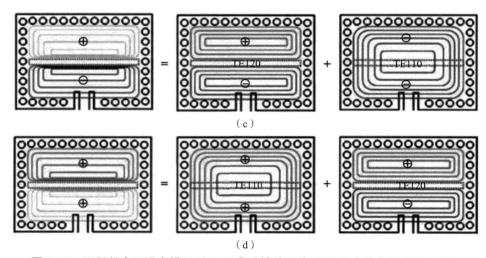

图 5.15　不同频率下混合模矩形 SIW 背腔缝隙天线 SIW 腔中的电场分布（续）

（c）9.84 GHz 下混合模的主导电场等值线；（d）10.27 GHz 时混合模的主导电场等值线

可以预见，如果在一个腔中同时产生更多的模式，就可以获得更宽的带宽。2017 年，Long 等[29]提出了三谐振和四谐振矩形 SIC 背腔缝隙天线，如图 5.16（a）、（b）所示。三谐振和四谐振天线的几何形状类似，矩形 SIC 由微带线从腔体的一端馈电，在腔体的另一端切割形成横向缝隙。在三谐振和四谐振矩形 SIC 背腔缝隙天线的缝隙和馈电端口之间插入一组或两组短路通孔，矩形腔体实现了多种谐振，各模式之间有一定的频率间隔，引入的短路通孔可以将几种模式压缩到一个小的频率范围内，这些模式共同工作从而产生较宽的带宽。

为了展示工作原理，分别计算了谐振腔有无短路通孔两种情况下的谐振模式，分别如图 5.17 和图 5.18 所示。从图 5.17 可以看出，矩形腔中的前三种模式分别为半 TE_{110} 模式、奇数 TE_{210} 模式和偶数 TE_{210} 模式，谐振频率分别为 6.55 GHz、9.85 GHz 和 10.59 GHz。半模、奇模和偶模是传统矩形腔中不常见的模式，是由切割的缝隙同时用作辐射体产生的。缝隙为腔体提供了额外的边界，这意味着缝隙两边的幅值和相位可以是连续的，也可以是不连续的。这些模式之间有一定的频率间隔，很难共同激发。如图 5.18 引入短路通孔，前三种模式保持不变，但谐振频率被压缩得更近，分别为 9.09 GHz、10.07 GHz 和 10.66 GHz。最终实现的工作带宽为 9.12 ~ 10.62 GHz，在 15.2% 的带宽内 $|S_{11}| < -10$ dB，增益大于 4 dBi，效率大于 85%，如图 5.19 所示。

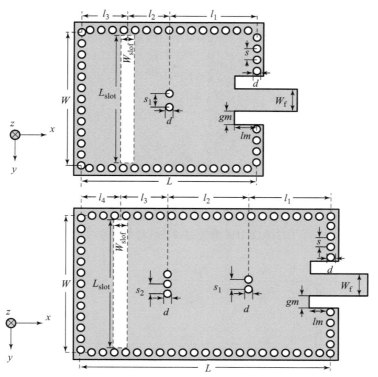

图 5.16　三谐振矩形 SIW 背腔缝隙天线结构和

四谐振矩形 SIW 背腔缝隙天线结构[29]

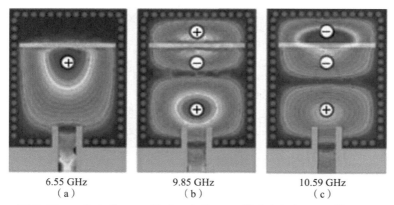

6.55 GHz　　　　　9.85 GHz　　　　　10.59 GHz

（a）　　　　　　　（b）　　　　　　　（c）

图 5.17　工作在半 TE_{110} 模式、奇数 TE_{210} 模式和偶数 TE_{210} 模式下，

三谐振 SIW 背腔缝隙天线的电场分布

工作在（a）半 TE_{110} 模式；（b）奇数 TE_{210} 模式；（c）偶数 TE_{210} 模式下

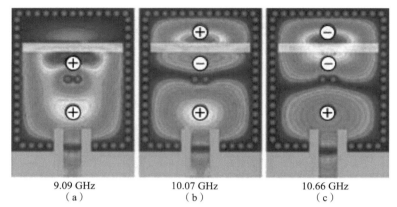

9.09 GHz　　　　　　　　10.07 GHz　　　　　　　　10.66 GHz
（a）　　　　　　　　　　（b）　　　　　　　　　　（c）

图 5.18　工作在半 TE$_{110}$ 模式、奇数 TE$_{210}$ 模式和偶数 TE$_{210}$ 模式下，三谐振 SIW 背腔缝隙天线的电场分布

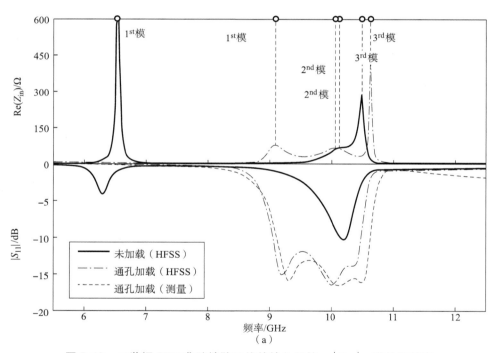

（a）

图 5.19　三谐振 SIW 背腔缝隙天线的输入阻抗、$|S_{11}|$、增益和效率

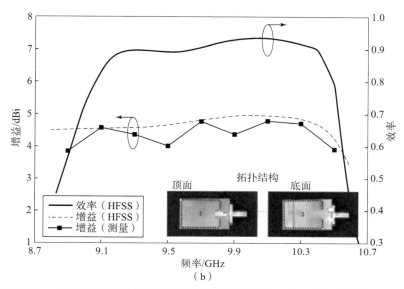

图 5.19　三谐振 SIW 背腔缝隙天线的输入阻抗和 $|S_{11}|$、增益和效率（续）

　　为了进一步增大三谐振 SIW 腔体缝天线的带宽，在前三种模式的基础上引入腔的第四种模式 TE_{310} 模，实现四谐振天线，如图 5.20 所示。新插入的一组通孔将 TE_{310} 的谐振频率下移至 11.12 GHz，成为带宽的上边缘。该设计将带宽扩展到 9.36 ~ 11.26 GHz，在 17.5% 宽度范围内 $|S_{11}| < -10$ dB，增益大于 6 dBi，效率大于 85%，如图 5.21 所示。

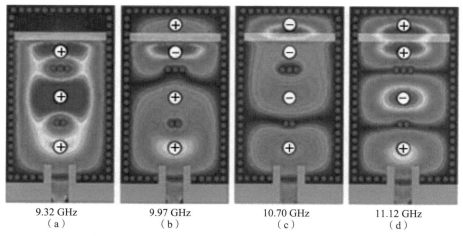

图 5.20　四谐振天线在半 TE_{110} 模式、奇数 TE_{210} 模式、
偶数 TE_{210} 模式和 TE_{310} 模式下的电场分布（HFSS 仿真结果）

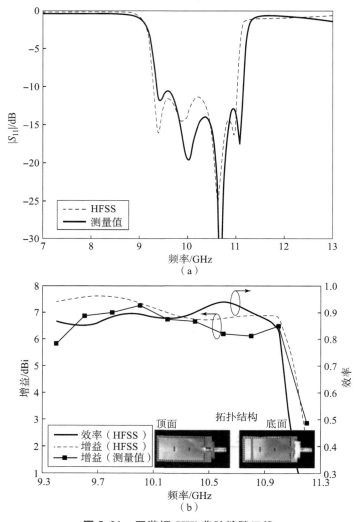

图 5.21 四谐振 SIW 背腔缝隙天线

（a）输入阻抗和 $|S_{11}|$；（b）增益和效率

  三谐振或四谐振 SIC 背腔天线的辐射器都是传统的缝隙，只是通过使用短路通孔调谐谐振腔体中的谐振模式来实现边射，这可以从腔体多模共同工作的角度来解释说明其工作原理。另外，多模式的调谐可以看作阻抗匹配的特殊情况，因为在辐射器和馈电线路之间插入短路通孔起到了多阶匹配网络的作用，这表明多模背腔缝隙天线和基于电感通孔的匹配网络在 SIW 传输线中的机理相似。

此外，Wu 等在 2019 年提出了一种五谐振 SIW 矩形背腔缝隙天线，同时利用矩形腔中的前五种模式[30]，其几何结构如图 5.22（a）所示，在矩形 SIW 腔的顶部刻蚀了十字缝隙。

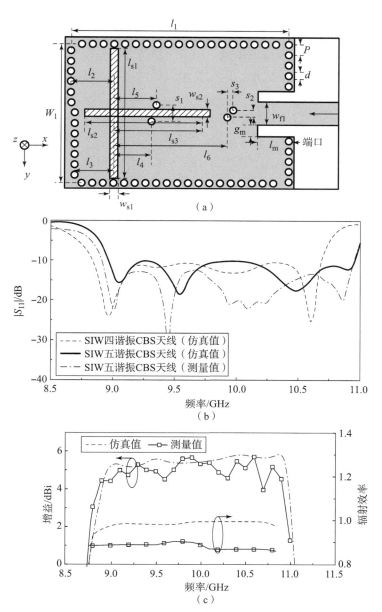

图 5.22　五谐振 SIW 背腔缝隙天线[30]

（a）几何结构；（b）$|S_{11}|$；（c）增益和效率

在这种情况下，腔体同时以五种模式工作，插入四个短路通孔来压缩谐振频率，其中两个通孔位于缝隙的两端，另外两个通孔位于缝隙和腔体的馈电端口之间。这五种模式包括半 TE_{110}、半 TE_{120}、奇数 TE_{210}、TE_{210} 和偶数 TE_{210} 模式，依次出现，如图 5.23（a）~（e）所示。五种模式同时工作，最终的工作带宽为 8.89 ~ 10.95 GHz，即 20.8% 的带宽，如图 5.22（b）（c）所示。应当注意的是，尽管这样可以增大带宽，但十字缝隙却明显降低了工作带宽上的主极化电平到交叉极化电平之比，因此这种天线的应用非常有限。

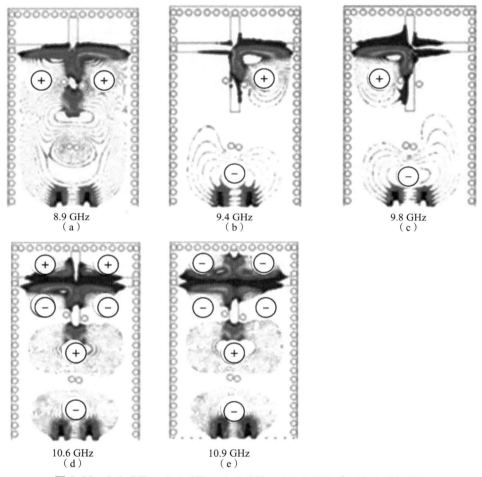

图 5.23　8.9 GHz、9.4 GHz、9.8 GHz、10.6 GHz 和 10.9 GHz 下，五谐振 SIW 背腔缝隙天线的电场分布

综上所述，多模工作方案是 SIC 背衬缝隙天线宽带或多频带设计的有效方法。

5.2.4　贴片加载基片集成腔体天线

2014 年，Yang 等提出了一种 Q 频段 SIW 腔体加载贴片天线[31]，几何结构如图 5.24（a）所示，由 SIC 背腔矩形贴片和 SIW 馈电线组成。在腔体的中心插入一个金属通孔，贴片从中心接地，在靠近馈电线贴片较宽的一侧蚀刻一个小缝隙进行阻抗匹配。如图 5.24（b）所示，谐振腔在 TE_{210} 模式下谐振，与贴片 TM_{10} 模式很好地结合在一起，因此，多谐振实现了 35.3 ~ 41.3 GHz 的工作带宽，在 15.6% 带宽内 $|S_{11}| < -10$ dB。实验结果表明，天线在带宽内的最大增益为 6.5 dBi，E 面、H 面的 3 dB 波束宽度分别为

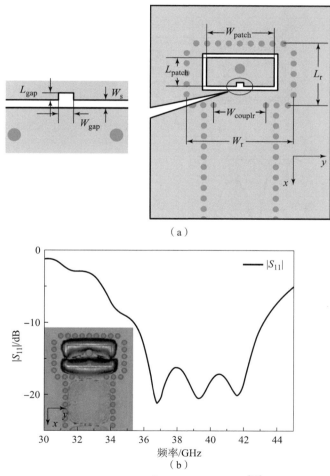

（a）

（b）

图 5.24　SIW 背腔矩形贴片天线[31]

（a）几何结构；（b）电场分布和 $|S_{11}|$

97.2°和70.4°。提出的背腔贴片天线可以形成 4×4 阵列，如图5.26（a）所示。由图可以看出，阵列非常紧凑，两个部分的横截面宽度不同，形成两个附加移相器，阵列的实测带宽为 $41.2 \sim 44.8$ GHz，即8.7%带宽内 $|S_{11}| < -10$ dB，增益为17.3 dBi，效率为74.9%，如图5.25（b）所示。需要注意的是，为使阵列尺寸紧凑采用串联馈电方案，导致天线阵列的带宽比天线单元的带宽更窄，上述 SIC 加载贴片天线和阵列表明，借助 SIW 技术，贴片天线可以成功地用于毫米波频段的天线设计。

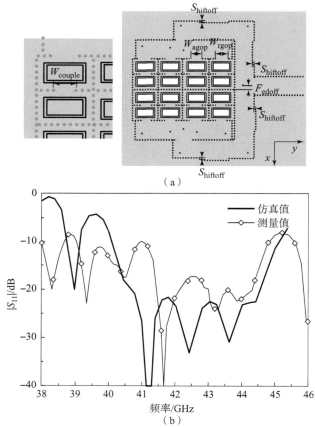

（a）

（b）

图 5.25 SIW 背腔矩形贴片天线

（a）几何结构；（b）$|S_{11}|$

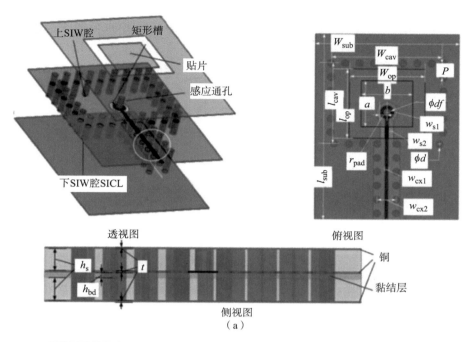

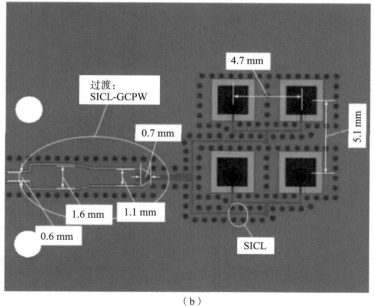

图 5.26　SIW 背腔矩形贴片天线和通过基片集成同轴线馈电的阵列[32]

（a）天线单元的几何结构；（b）4×4 阵列的几何结构

　　由于 SIW 宽度受限于工作频率，很难设计带 SIW 线的并联馈电天线阵列，因为两个相邻天线单元之间的距离不能小于 1λ，但可以采用交替馈电线来解决这个问题。图 5.26 所示为 SIC 背腔贴片天线和 SICL 馈电阵列的设计[32]。SICL 是一种 TEM 传输线，其横截面尺寸与工作频率无关，尤其在并联馈电阵列设计中其宽度非常窄，易于在相邻天线单元之间制造实现，如图 5.26（b）所示。图 5.27 为天线的实测结果，带宽为 39.7 ~ 44.6 GHz，即 11.7%，在 42 GHz 时最大增益为 11.4 dBi，带内辐射效率为 88%。

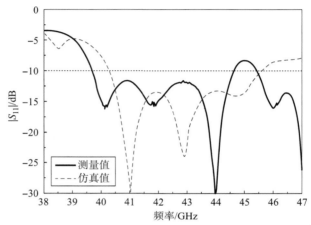

图 5.27　**SIW 背腔矩形贴片阵列（基片集成同轴线馈电）的** $|S_{11}|$

　　背衬 SIC 的贴片天线得益于 SIW、SICL 等基片集成传输线的发展，表现出宽带性能以及灵活的设计能力。

5.2.5　加载行波单元的基片集成腔体天线

　　上述 SIC 背腔缝隙天线和贴片天线可以实现 10% ~ 20% 的相对带宽，这对于基于谐振的天线（也称为驻波天线）是合理的。为了进一步突破带宽限制，可以将行波天线的概念转移到 SIC 天线的设计中。

　　2017 年，Wu 等将螺旋辐射器引入 SIW 馈电天线设计中[33]。天线的几何结构如图 5.28 所示，印制堆叠螺旋单元由 SIW 通过四层基板构成的一个缝隙进行馈电。螺旋单元是一种典型的行波单元，工作频带很宽。图 5.29 所示为螺旋单元在 34 GHz 和 42.8 GHz 下的表面电流分布，表明螺旋单元支持行波工作。正如预测那样，SIW 馈电螺旋天线单元实现了 35.7%（31 ~ 44.5 GHz）的工作带宽，$|S_{11}| < -10$ dB，轴比（Axial Ratio，AR）< 3 dB，带宽增益在 3.3 ~ 8.1 dBi，如图 5.30 所示。2019 年 Zhang 等提出了类似地

S 形偶极子单元由 SIW 馈电实现宽带辐射[34]，如图 5.31 所示，在两层基板上实现。由于行波工作方式，SIW 馈电的 S 形偶极子实现了 36% 的带宽，$|S_{11}|<-10$ dB，AR < 3 dB。

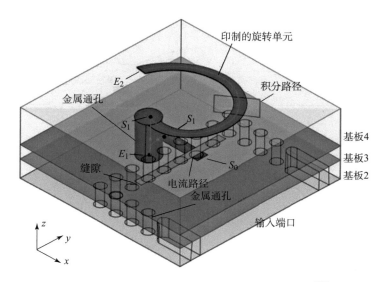

图 5.28　SIW 馈电印制旋转单元的几何结构[33]

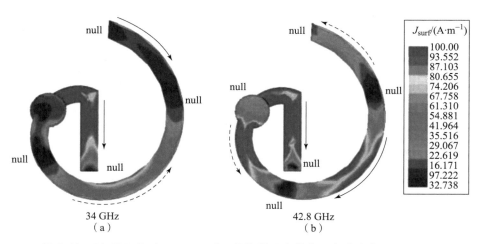

图 5.29　34 GHz 和 42.8 GHz 时，螺旋单元上的表面电流分布（见彩插）

尽管 SIW 馈电的堆叠螺旋单元天线或 SIW 馈电的 S 形偶极子天线都不包含任何 SIC，但它们仍然为 SIC 天线设计提供了一个非常有价值的示例。

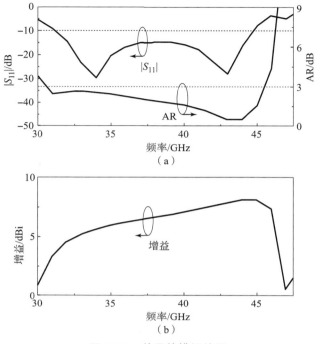

图 5.30 单元的模拟结果

（a）$|S_{11}|$和 AR；（b）增益

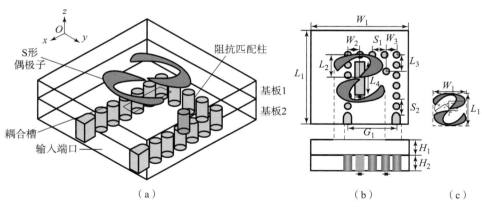

图 5.31 SIW 馈电 S 形偶极子的几何结构[34]

（a）透视图；（b）俯视图和侧视图；（c）S 形偶极子

2018 年，Zhu 等提出了一种 SIC 馈电双臂螺旋单元天线[35]，如图 5.32 所示，天线由三层基板组成。在基板 1 的顶面印制了四个相同的双臂螺旋单元

天线，每个天线通过通孔短接到金属接地层。基板 2 中设计的 SIC 在 TE$_{340}$ 的高阶模式下工作，确保腔体通过腔体顶部蚀刻的缝隙以相同的幅值和相位激励四个双臂螺旋单元。在底层基板中，馈电 SIW 通过横向缝隙激励 SIC。螺旋单元产生的表面电流分布如图 5.33 所示。该天线带宽为 53～64 GHz，在 18% 带宽内 $|S_{11}| < -10$ dB，AR < 3 dB，如图 5.34 所示。需要注意的是，SIC 工作在更高的模式，以更紧凑的形式取代了复杂的馈电网络，同时高模腔体将带宽限制在 20% 以下。

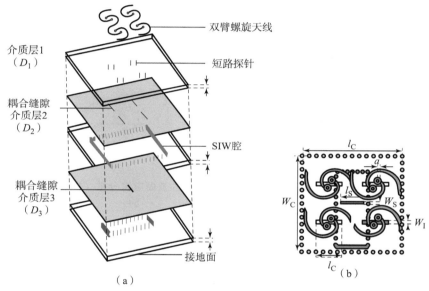

图 5.32   基片集成腔馈电双臂螺旋单元天线的几何结构[35]

（a）分布式三维视图；（b）俯视图

综上所述，行波单元如螺旋单元、S 形偶极子和双臂螺旋单元可以增大 SIC 天线的带宽。这些设计的特点和局限性如下：①由于螺旋单元的结构，只支持圆极化；②需要多层基板形成堆叠结构，增加了成本和设计复杂性；③需要权衡单元尺寸和相对工作带宽，因为宽带需要的单元尺寸较大，但单元尺寸太大又会限制天线阵列的工作带宽。

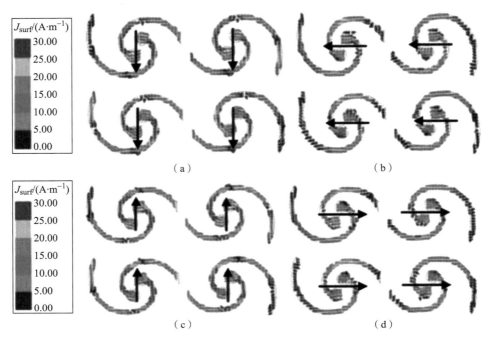

图 5.33　螺旋天线在不同时间相位产生的表面电流分布（见彩插）

（a）0°；（b）90°；（c）180°；（d）270°

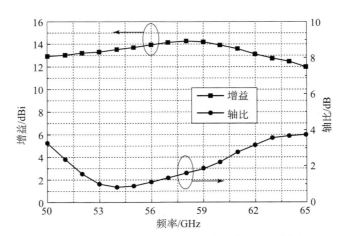

图 5.34　SIC 激励 CP 2×2 子阵列的增益和轴比

5.3　Ka、V 频段 SIW 窄壁馈电 SIC 天线

除了前面提到的宽带 SIC 天线，还有另一种介质谐振天线原理的 SIC 天线类型，可以实现宽带特性。

5.3.1　SIW 窄壁馈电 SIC 天线

文献［24］提出的天线由介质加载 SIC 和短路（Short – Circuit，S. C.）端馈电 SIW 组成，如图 5.35 所示。SIC 包括金属通孔、导体接地和基板顶部的开放孔（基板为 RT/Duroid 6010，$\varepsilon_r = 10.2$，$\tan\sigma = 0.0023$）。腔体仅用于主谐振模式以确保宽带性能，在视轴处能量从开口孔径向自由空间辐射。SIC 由馈电 SIW 通过侧壁的电感窗耦合，电感通孔位于 SIW 窄侧壁附近以便阻抗匹配，宽带馈电结构和腔体保证了天线的宽带辐射性能。该天线的工作频率主要取决于腔体的谐振频率，因此，在图 5.36 展示的设计中，腔体可视为谐振器。

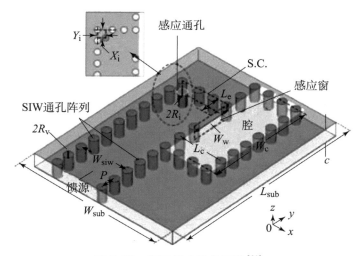

图 5.35　SIW 馈电腔体天线[24]

介质加载腔的顶部是开放式的，其余壁是理想导体。基板的介电常数很高，因此开口侧与介质谐振天线（Dielectric Resonator Antennas，DRA）一样可以视为磁壁[36]。主平面沿 x 轴和 y 轴方向记为平面 1 和平面 2，开口面记为平面 3。腔的尺寸分别为 a、b、c。为了便于分析且不失一般性，此处假设 $a > b$，c 表示基板厚度，其值远远小于 a 和 b。因此，谐振器的第一本征

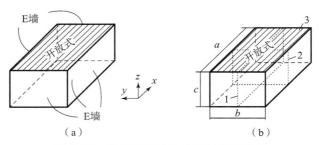

图 5.36　简化谐振器的介质加载腔模型

（a）边界条件；（b）尺寸和平面标记

模为 $TE_{10\delta}^z$，其余两个本征模分别为 $TE_{20\delta}^z$，$TE_{01\delta}^z$（$a>2b$）或者 $TE_{01\delta}^z$，$TE_{20\delta}^z$（$a>b>a/2$）。文献［37］中使用的下标 δ 表示沿 z 轴驻波模式的变化数量。本征模的共振频率可通过下式计算：

$$f_e = \frac{1}{2\sqrt{\varepsilon\mu}}\sqrt{\left(\frac{m}{a}\right)^2 + \left(\frac{n}{b}\right)^2 + \left(\frac{l}{2c}\right)^2} \tag{5.7}$$

式中：f_e 为本征模频率；ε 和 μ 分别为材料的介电常数和磁导率；m、n、l 分别为 x、y、z 轴上的驻波模式变化数量。当 $a=4.6$ mm，$b=1.9$ mm，$c=0.635$ mm（RT/Duroid 6010 的厚度），谐振频率对应的模式以及平面 1、2、3 的电场如图 5.37 所示。

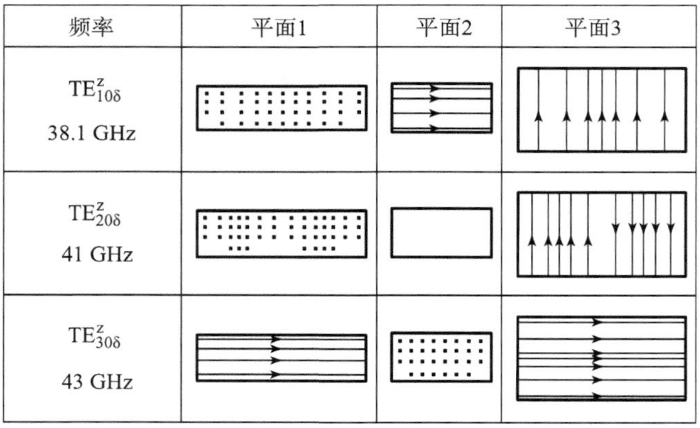

频率	平面1	平面2	平面3
$TE_{10\delta}^z$ 38.1 GHz			
$TE_{20\delta}^z$ 41 GHz			
$TE_{30\delta}^z$ 43 GHz			

图 5.37　平面 1、2、3 中，前三个本征模和电场

耦合能量通过 SIC 窄边侧壁上的电感窗激励腔体。利用式（5.2），分别通过简化谐振器尺寸 a 和 b 很容易获得介质加载腔的宽度 W_c 和长度 L_c。设计的馈电 SIW 工作频率为 43.5 GHz，只有单一的主模（$W_{siw}=2.4$ mm，

$R_v = 0.2$ mm，$p = 0.7$ mm）。如果电感窗位于宽边侧壁的中心（平行于平面 1），只有 $\mathrm{TE}^z_{10\delta}$ 模式，模式 $\mathrm{TE}^z_{20\delta}$ 不会被激励，因为 $\mathrm{TE}^z_{20\delta}$ 模式下平面 2 没有电场，如图 5.37 所示，而在电感窗中心馈电 SIW 的电场最大。$\mathrm{TE}^z_{01\delta}$ 模的谐振频率高于 $\mathrm{TE}^z_{10\delta}$ 模，几乎超出了馈电 SIW 的主模频带。因此，以上馈电方案介质加载腔体只能工作在 $\mathrm{TE}^z_{10\delta}$ 模式。此时因为 $a > b$，b 不影响谐振频率，实际中可以通过改变 b 来调整腔的特性阻抗，以达到阻抗匹配的目的。厚度 c 远小于 a，很明显 a 对 $\mathrm{TE}^z_{10\delta}$ 模式的谐振频率影响很小，说明天线工作频带对该参数不敏感。此外，馈电电感窗会破坏谐振腔的电壁，降低腔体的谐振频率，因此腔体尺寸应比计算值小一点。

馈电方案包括一个电感窗和一个电感通孔，从而确保宽带阻抗匹配。馈电结构的等效电路如图 5.38 所示。电感窗和电感通孔都可以等效为 T 形网络，包括一个并联电感和两个串联电容。Z_0 和 Z'_0 分别代表馈电 SIW 和腔体的特征阻抗。在这种情况下，馈电网络可以看作是一个二阶阻抗匹配网络，可以匹配两个谐振频率。

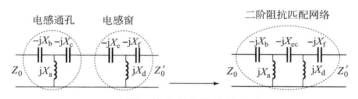

图 5.38　馈电结构的等效电路

为了验证前述分析正确性，这里使用全波电磁场仿真软件（CST Microwave Studio）设计、仿真并优化了 35.5 GHz 的天线。首先用给定的基板参数和工作频率计算腔体和馈电 SIW 的初始尺寸；然后优化所有参数尤其是电感窗和电感通孔的大小和位置，以实现特定的性能。天线 $|S_{11}|$ 的仿真结果如图 5.39 所示，可以看到期望的两个谐振频率。此外，馈电电感窗降低了腔体的谐振频率，仿真的阻抗带宽（$|S_{11}| = -10$ dB）为 4.6 GHz，为总带宽的 13%（33.2 ~ 37.8 GHz），中心频率为 35.5 GHz；-15 dB 的 $|S_{11}|$ 带宽在 33.4 ~ 37.2 GHz 范围内，仍大于 10%。

图 5.40 所示为 35 GHz 时平面 AA′和 BB′上电场分布的仿真结果，以验证上述分析。腔体内 y 方向的电场强度分布近似为余弦分布，x 轴方向的电场强度不变，与图 5.37 结果相同。z 轴方向的最大电场位于基板和自由空间的交界处，因而可以将界面视为等效磁壁。结果表明腔体工作在单一的 $\mathrm{TE}^z_{10\delta}$ 模式。

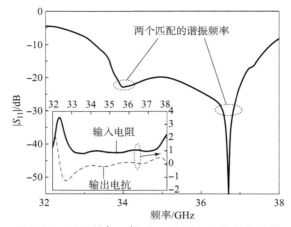

图 5.39 天线的 $|S_{11}|$ 和归一化输入阻抗仿真结果

($W_{siw} = 2.4$，$R_v = R_i = 0.2$，$p = 0.7$，$W_c = 4.6$，$L_c = 1.9$，$W_w = 1.8$，

$L_e = 0.92$，$X_i = 0.27$，$Y_i = 0.3$，$W_{sub} = 9.3$，$L_{sub} = 11.9$；单位：mm）

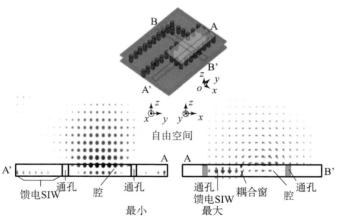

图 5.40 35 GHz 平面 AA′和 BB′上电场分布的仿真结果

（箭头表示电场方向，yoz 平面上，箭头指向纸张）

天线在 35 GHz 的方向图仿真结果如图 5.41 所示，3 dB 波束宽度为 92.1°（E 面）和 76.8°（H 面），与矩形 DRA 类似，主极化电平和交叉极化电平之比约为 20 dB。在图 5.42 中，33.2～37.8 GHz 工作频带内最大增益的仿真结果大于 6 dBi，这表明天线的辐射效率很高。

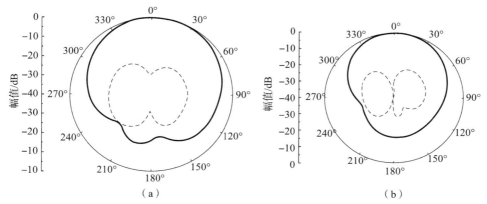

图 5.41　天线在 35 GHz 下方向图的仿真结果

（a）E 面（*xoz* 平面）；（b）H 面（*yoz* 平面）。（实线表示主极化，点线表示交叉极化）

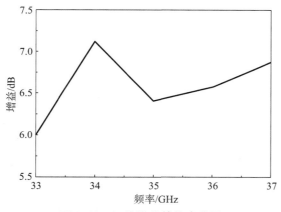

图 5.42　天线增益的仿真结果

5.3.2　35 GHz SIW 窄壁馈电 SIC 天线阵列

　　阵列天线按馈电形式分为串联馈电阵列和并联馈电阵列，串联馈电阵列带宽较窄，且波束扫描随频率变化，为了实现宽带性能和固定波束方向，天线采用并联馈电方式，如图 5.42 所示。

　　阵列天线由 2×2 个天线单元和一个紧凑的四路树形功分器组成，功分器将功率平均分成四路，所有天线单元都是同相激励，功分器与文献 ［16］中的类似，SIW 功分器的宽度与每个天线单元馈电 SIW 的宽度相同。这个功分器的独特设计在于，SIW 和天线单元共用一部分侧壁上的通孔，使天线阵列更加紧凑。由于天线阵列是利用通孔实现的，因此沿 x 轴的相邻天线单元间距必须离散地增大或减小，以满足标准 PCB 工艺对相邻通孔之间最小间距的要求。在这种情况下，最终优化的相邻天线单元沿 x 轴和 y 轴的间距分别为 7.2 mm 和 7.4 mm，等于 0.84λ 和 0.863λ，其中 λ 是 35 GHz 自由空间中的波长。

在测量过程中，用一条 50Ω 的微带线与小型 SMA 连接器相连，锥形 SIW 用于阻抗匹配。如图 5.43 所示，天线的整体尺寸为 16.6 mm × 29.9 mm × 0.635 mm，优化参数如图 5.43（a）所示。为便于验证设计，天线阵列采用标准 PCB 工艺制造。

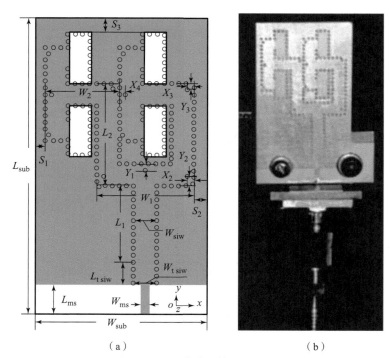

（a）   （b）

图 5.43　天线阵列的几何结构

（$W_{siw} = 2.4$，$W_{tsiw} = 2.5$，$L_{tsiw} = 2.1$，$W_1 = 9.4$，$L_1 = 7.7$，$W_2 = 7.2$，$L_2 = 10.3$，
$R_v = R_i = 0.2$，$p = 0.7$，$W_c = 4.6$，$L_c = 1.7$，$W_w = 2.1$，$L_e = 1.1$，$X_i = 0.3$，$Y_i = 0.6$，$Y_1 = 0.7$，
$X_2 = 0.65$，$Y_2 = 0.95$，$X_3 = 0.65$，$Y_3 = 0.5$，$X_4 = 0.55$，$S_1 = 1$，
$S_2 = 1.2$，$S_3 = 1.6$，$W_{ms} = 0.8$，$L_{ms} = 2$，$W_{sub} = 16.6$，$L_{sub} = 29.9$；单位：mm）

图 5.44 对比了天线 $|S_{11}|$ 的实测结果和仿真结果，可以看到 -10 dB 和 -15 dB 的 $|S_{11}|$ 带宽分别为 32.7 ~ 37.4 GHz 和 32.9 ~ 37 GHz，占 13.4% 和 11.7%。

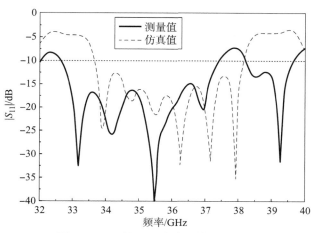

图 5.44　四单元天线阵列的反射系数

图 5.45 对比了 35 GHz 天线方向图的实测结果和仿真结果，E 面和 H 面的 3 dB 波束宽度分别为 29.1° 和 32°，副瓣电平较高，如图 5.45（a）所示，可能是由于相邻天线单元间距较大造成的。E 面和 H 面主瓣中，测得的主极化电平与交叉极化电平之比约为 15 dB，H 面交叉极化性能恶化可能是因为馈电微带线和 SMA 连接器产生额外辐射引起的。微带线的辐射电场与天线

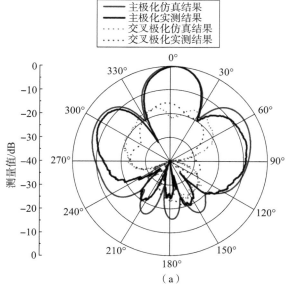

（a）

图 5.45　35 GHz 阵列天线归一化方向图的实测结果

（a）E 面（*xoz* 平面）

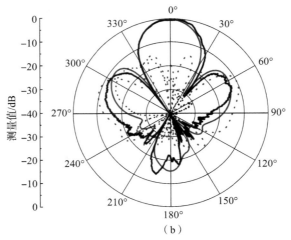

（b）

图 5.45　35 GHz 阵列天线归一化方向图的实测结果（续）

（b）H 面（yoz 平面）

的辐射正交，因此在频带内，微带线会引入大量的交叉辐射损耗。如果采用 SIW 技术，天线阵列全部通过平面电路集成实现，可以改善辐射损耗。在 33～37 GHz 的频率范围内实测的增益响应为 9.2～10.8 dBi。

5.3.3　60 GHz SIW 窄壁馈电 SIC 天线阵列

本节设计了一种 SIW 馈电 SIC 天线阵列，用于 57～64 GHz 频率范围的未授权 60 GHz 系统。与低频段不同，60 GHz 频段不存在拥堵现象，更适合毫米波无线局域网的短距离高数据速率连接。

由 2×2 个单元组成的 60 GHz 天线的几何形状如图 5.46 所示，类似于图 5.44 的天线，基板为 Rogers/RO3006（$\varepsilon_r = 6.0$，$\tan\delta = 0.002\,5$，厚度 0.635 mm），利用式（5.7）计算的腔体初始尺寸为 $a = 1.72$mm，$b < 1.72$mm。在这种情况下，腔体的前两种本征模为 $\mathrm{TE}_{10\delta}^z$ 和 $\mathrm{TE}_{01\delta}^z$，第二种模式 $\mathrm{TE}_{01\delta}^z$ 的谐振频率为 71.2 GHz，超出了 57～64 GHz 的工作带宽，保证腔体只在主模下工作。包括电感通孔在内的通孔半径为 0.15 mm，相邻通孔间距为 0.6 mm，选择馈电 SIW 和功分器的宽度，确保只支持主模 $\mathrm{TE}_{10\delta}^z$，相邻天线单元间距最终的优化结果沿 x、y 轴方向分别为 4.44 mm 和 3.49 mm，即 0.888λ 和 0.698λ，其中 λ 是 60 GHz 自由空间中的波长。包括过渡段在内的整个天线阵列尺寸为 10.88 mm × 17.76 mm，而不包括过渡段的尺寸约为 10.88 mm × 9.76 mm。

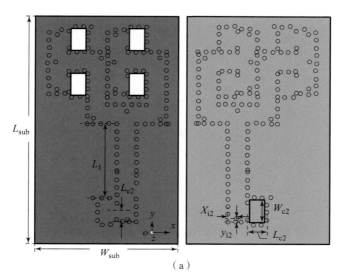

（a）

（b）

图 5.46 60 GHz 天线阵列的几何结构

（$W_{siw}=1.5$，$W_1=9.4$，$L_1=7.7$，$W_2=7.2$，$L_2=10.3$，$R_v=R_i=0.2$，$p=0.7$，$W_c=1.69$，

$L_c=1.14$，$W_w=2.1$，$L_e=1.1$，$X_i=0.3$，$Y_i=0.6$，$Y_1=0.7$，$X_2=0.65$，$Y_2=0.95$，

$X_3=0.65$，$Y_3=0.5$，$X_4=0.55$，$S_1=1$，$S_2=1.2$，$S_3=1.6$，$W_{ms}=0.8$，

$L_{ms}=2$，$W_{sub}=10.88$，$L_{sub}=17.76$；单位：mm）

测量需要波导到 SIW 的过渡段，采用介质加载腔来实现宽带传输，其中电感通孔和电感窗用于阻抗匹配。在图 5.47 中，过渡段的 S 参数仿真结果同样可以观察到两个谐振频率的现象。

图 5.48（a）比较了天线阵列有波导和无波导到 SIW 过渡段的 $|S_{11}|$ 仿真结果。无过渡段设计的 -10 dB 阻抗带宽为 56.62 ~ 64.25 GHz，证明该过渡段会降低阵列的整体性能，尤其是在 63.7 GHz 左右，$|S_{11}|$ 略高于 -10 dB。

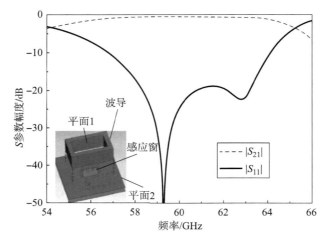

图 5.47　波导到 SIW 过渡的 S 参数仿真结果

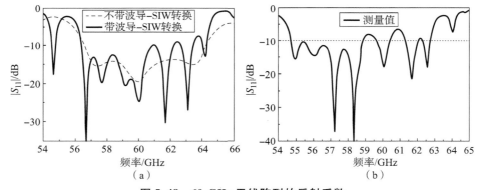

（a）　　　　　　　　　　　　　（b）

图 5.48　60 GHz 天线阵列的反射系数

（a）仿真结果；（b）测量结果

图 5.48（b）中，小于 – 10 dB 的 $|S_{11}|$ 频率范围测量结果为 54.7 ~ 61.7 GHz，测量结果与仿真结果趋势一致。由于通孔尺寸几乎达到工艺极限，制造误差有可能导致 $|S_{11}|$ 在 59 GHz 和 61 GHz 处升高，使天线性能恶化。如果天线集成到电路中，可以不用转换器，从而提高天线性能。此外，应调整设计以准确覆盖所需带宽。

图 5.49 所示为 58 GHz 阵列的归一化方向图。E 面和 H 面的 3 dB 主波束宽度分别为 27.8° 和 32.2°。图 5.49（a）中，由于相邻天线单元间距增大，E 面的副瓣电平升高，在 E 面和 H 面主波束中测得的共极化与交叉极化水平之比增大，约为 17 dB。在没有馈电微带线的阵列中，H 面交叉极化性

能尚可接受。在波导馈电结构下，测量的后瓣电平低于仿真值，尤其是在 H 面。

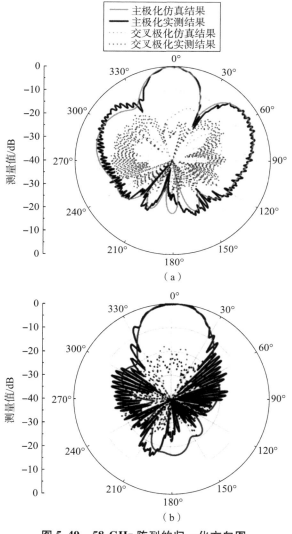

图 5.49　58 GHz 阵列的归一化方向图

（a）E 面（xoz 平面）；（b）H 面（yoz 平面）

图 5.50 对比了阵列增益的测量结果与仿真结果。在 57~64 GHz 下，仿真的阵列增益为 9.7~11 dBi。在 54.5~61.5 GHz 的期望频带内，除了 61 GHz 外，测量阵列增益均高于 9 dBi。

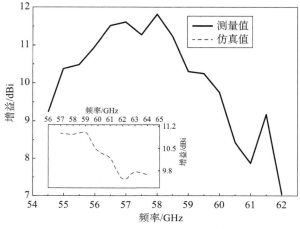

图 5.50　2×2 天线阵列的最大增益

5.4　小　　结

　　本章回顾了 SIC 天线的研究进展，包括 SIC 背衬缝隙天线、贴片加载 SIC 天线和行波单元加载 SIC 天线。并详细阐述了 SIW 馈电的窄壁 SIC 天线。研究表明，使用各种宽带技术，包括阻抗匹配法和多模腔，以及额外增加辐射体加载法，SIC 天线能够覆盖 10% ～ 35% 的工作频率范围。SIC 天线本身具有低剖面、低插入损耗、高效率、易于集成和低成本等固有优势，在毫米波频段无线通信和其他应用中具有广阔的应用前景。大多数 SIC 天线可以用传统的 PCB 工艺制造，采用先进工艺如 LTCC 和 3D 打印工艺制造的 SIC 天线优势更加明显。虽然本章介绍的 SIC 天线是固定波束。但 SIC 天线也可以设计成扫描波束或多波束天线。

参　考　文　献

［1］ Lockie, D. and Peck, D. (2009). High – data – rate millimeter – wave radios. IEEE Commun. Mag. 10 (5): 75 – 83.

［2］ Andrews, J. G. , Buzzi, S. , Choi, W. et al. （2014）. What will 5G be? IEEE J. Sel. Areas Commun. 32 (6): 1065 – 1082.

［3］ Ghosh, A. , Thomas, T. A. , Cudak, M. C. et al. （2014）. Millimeter – wave enhanced local area systems: a high – data – rate approach for future wireless networks. IEEE J. Sel. Areas Commun. 32（6）：1152 – 1163.

［4］ Busari, S., Mumtaz, S., Al – Rubaye, S., and Rodriguez, J.（2018）. 5G millimeter – wave mobile broadband：performance and challenges. IEEE Commun. Mag. 56（6）：137 – 143.

［5］ Hong, W., Jiang, Z., Yu, C. et al.（2017）. Multibeam antenna technologies for 5G wireless communications. IEEE Trans. Antennas Propag. 65（12）：6231 – 6249.

［6］ Tolbert, C., Straiton, A., and Britt, C.（1958）. Phantom radar targets at millimeter radio wave – lengths. IRE Trans. Antennas Propag. 6（4）：380 – 384.

［7］ IEEE 802 LAN/MAN Standards Committee（2009）. IEEE Standard for Information technology – Local and metropolitan area networks – Specific requirements – Part 15.3：Amendment 2：Millimeter – wave – based Alternative Physical Layer Extension, IEEE Std 802.15.3c – 2009（Amend – ment to IEEE Std 802.15.3 – 2003）, 1 – 200.

［8］ Hong, W.（2008）. Research advances in SIW, HMSIW and FHMSIW. In：China – Japan Joint Microwave Conference, 357 – 358.

［9］ Bozzi, M., Georgiadis, A., and Wu, K.（2011）. Review of substrate – integrated waveguide circuits and antennas. IET Microwave Antennas Propag. 5（8）：909 – 920.

［10］ Zhu, F., Hong, W., Chen, J., and Wu, K.（2012）. Ultra – wideband single and dual baluns based on substrate integrated coaxial line technology. IEEE Trans. Microwave Theory Tech. 60（10）：3062 – 3070.

［11］ Xu, F. and Wu, K.（2005）. Guided – wave and leakage characteristics of substrate integrated waveguide. IEEE Trans. Microwave Theory Tech. 53（1）：66 – 73.

［12］ Deslandes, D. and Wu, K.（2003）. Single – substrate integration technique of planar circuits and waveguide filters. IEEE Trans. Microwave Theory Tech. 51（2）：593 – 596.

［13］ Yan, L., Hong, W., Hua, G. et al.（2004）. Simulation and experiment on SIW slot array antennas. IEEE Microwave Wirel. Compon. Lett. 14（9）：446 – 448.

［14］ Hao, Z. – C., Hong, W., Chen, J. X. et al.（2005）. Compact super – wide bandpass substrate integrated waveguide（SIW）filters. IEEE

Trans. Microwave Theory Tech. 53（9）：2968 – 2977.

[15] Tang, H. J., Hong, W., Chen, J. et al.（2007）. Development of millimeter – wave planar diplexers based on complementary characters of dual – mode substrate integrated waveguide filters with circular and elliptic cavities. IEEE Trans. Microwave Theory Tech. 55（4）：776 – 782.

[16] Chen, P., Hong, W., Kuai, Z., and Xu, J.（2009）. A substrate integrated waveguide circular polarized slot radiator and its linear array. IEEE Antennas Wirel. Propag. Lett. 8：120 – 123.

[17] Liu, J., Jackson, D. R., and Long, Y.（2012）. Substrate integrated waveguide（SIW）leaky – wave antenna with transverse slots. IEEE Trans. Antennas Propaga. 60（1）：20 – 29.

[18] Cheng, Y. J., Hong, W., Wu, K., and Fan, Y.（2011）. Millimeter – wave substrate integrated waveg – uide long slot leaky – wave antennas and two – dimensional multibeam applications. IEEE Trans. Antennas Propaga. 59（1）：40 – 47.

[19] Du, M., Xu, J., Dong, Y., and Ding, X.（2017）. LTCC SIW – vertical – fed – dipole array fed by a microstrip network with tapered microstrip – to – SIW transitions for wideband millimeter – wave applications. IEEE Antennas Wirel. Propag. Lett. 16：1953 – 1956.

[20] Zou, X., Tong, C., Bao, J., and Pang, W.（2014）. SIW – fed Yagi antenna and its application on monopulse antenna. IEEE Antennas Wirel. Propag. Lett. 13：1035 – 1038.

[21] Zhai, G., Cheng, Y., Yin, Q. et al.（2013）. Super high gain substrate integrated clamped – mode printed log – periodic dipole array antenna. IEEE Trans. Antennas Propaga. 61（6）：3009 – 3016.

[22] Zhang, T., Zhang, Y., Cao, L. et al.（2015）. Single – layer wideband circularly polarized patch antennas for Q – band applications. IEEE Trans. Antennas Propag. 63（1）：409 – 414.

[23] Hao, Z. C., Hong, W., Chen, A. et al.（2006）. SIW fed dielectric resonator antennas（SIW – DRA）. In：2006 IEEE MTT – S International Microwave Symposium Digest，202 – 205.

[24] Zhang, Y., Chen, Z. N., Qing, X., and Hong, W.（2011）. Wideband millimeter – wave substrate integrated waveguide slotted narrow – wall fed cavity antennas. IEEE Trans. Antennas Propaga. 59（5）：1488 – 1496.

[25] Zhang, Y., Xue, Z., and Hong, W. (2017). Planar substrate – integrated endfire antenna with wide beamwidth for Q – band applications. IEEE Antennas Wirel. Propag. Lett. 16: 1990 – 1993.

[26] Luo, G. Q., Hu, Z. F., Dong, L. X., and Sun, L. L. (2008). Planar slot antenna backed by substrate integrated waveguide cavity. IEEE Antennas Wirel. Propag. Lett. 7: 236 – 239.

[27] Luo, G. Q., Hu, Z. F., Liang, Y. et al. (2009). Development of low profile cavity backed crossed slot antennas for planar integration. IEEE Trans. Antennas Propag. 57 (10): 2972 – 2979.

[28] Luo, G. Q., Hu, Z. F., Li, W. J. et al. (2012). Bandwidth – enhanced low – profile cavity – backed slot antenna by using hybrid SIW cavity modes. IEEE Trans. Antennas Propag. 60 (4): 1698 – 1704.

[29] Shi, Y., Liu, J., Long, Y., and Member, S. (2017). Wideband triple – and quad – resonance substrate integrated waveguide cavity – backed slot. IEEE Trans. Antennas Propag. 65 (11): 5768 – 5775.

[30] Wu, Q., Yin, J., Yu, C. et al. (2019). Broadband planar SIW cavity – backed slot antennas aided by unbalanced shorting vias. IEEE Antennas Wirel. Propag. Lett. 18 (2): 363 – 367.

[31] Yang, T. Y., Hong, W., and Zhang, Y. (2014). Wideband millimeter – wave substrate integrated patch antenna. IEEE Antennas Wirel. Propag. Lett. 13: 205 – 208.

[32] Zhang, T., Zhang, Y., Hong, W., and Wu, K. (2015). Wideband millimeter – wave SIW cavity backed patch antenna fed by substrate integrated coaxial line. In: IEEE International Wireless Symposium (IWS 2015), 1 – 4.

[33] Wu, Q., Member, S., Hirokawa, J. et al. (2017). Millimeter – wave planar broadband circularly polarized antenna array using stacked curl elements. IEEE Trans. Antennas Propaga. 65 (12): 7052 – 7062.

[34] Zhang, L., Wu, K., Wong, S. – W. et al. Wideband high – efficiency circularly polarized SIW – fed S – dipole array for millimeter – wave applications. IEEE Trans. Antennas Propaga. vol. 68, no. 3, pp. 2422 – 2427, 2020.

[35] Zhu, J., Liao, S., Li, S., and Xue, Q. (2018). 60 GHz wideband high – gain circularly polarized antenna array with substrate integrated cavity

excitation. IEEE Antennas Wirel. Propag. Lett. 17（5）：751 – 755.

[36] Mongia, R. K., Ittipiboon, A., and Cuhaci, M.（1994）. Measurement of radiation efficiency of dielectric resonator antennas. IEEE Microwave Guided Wave Lett. 4：80 – 82.

[37] Mongia, R. K. and Ittipiboon, A.（1997）. Theoretical and experimental investigations on rectan – gular dielectric resonator antennas. IEEE Trans. Antennas Propaga. 45（9）：1348 – 1356.

第 6 章

60 GHz 背腔 SIW 缝隙天线

龚　克

信阳师范学院物理与电子工程学院，中国信阳 464000

6.1　引　　言

背腔缝隙天线（Cavity – Backed Slot Antenna，CBSA）通过在缝隙天线后放置 $\lambda/4$ 腔体来消除缝隙的反向辐射。由于短端腔在谐振附近具有高阻抗，大部分功率通过缝隙辐射。背腔式缝隙天线增益较高，具有单向辐射特点，因此经常用于各种无线通信系统中[1]。然而，传统的背腔式缝隙天线剖面较高，很难与其他平面电路集成。2008 年，有学者提出在平面衬底中引入 SIW 实现空腔[2]。自此，将电磁封闭的平面波导结构用于微波毫米波频段的低剖面背腔式缝隙天线的设计是一个很好的选择[3-4]。

与传统的金属波导相比，基于 SIW 的背腔式缝隙天线具有以下优点。

（1）低剖面的平面形式；

（2）重量轻，体积小；

（3）可采用印制电路技术，制造成本低；

（4）适合大规模生产；

（5）易于与其他平面电路集成在同一基板上。

但是，与传统的金属波导相比，基片集成波导背腔式缝隙天线仍然存在工作带宽窄、基板损耗大、功率容量低等问题。

本章介绍了背腔基片集成波导缝隙天线：①背腔天线的工作原理；②背腔基片集成波导缝隙天线及其馈电技术、背腔基片集成波导和辐射缝隙；③宽带 CBSA、双频 CBSA、双极化（DP）和圆极化（CP）CBSA 以及小型化的 CBSA；④工作在 60 GHz 频段的 SIW – CBSA 设计实例。

6.2　背腔天线的工作原理

6.2.1　结构

背腔天线（Cavity – Backed Antenna，CBA）一般由激励源和金属腔两部分组成，每一部分在 CBA 的设计中都起着重要的作用。激励源可以是偶极子、螺旋线和缝隙的形式。同时，可以利用矩形、圆形和椭圆形的金属腔来满足不同的实际需要。虽然不同类型的 CBA 的分析和设计方法各不相同，但它们的工作原理相同，即将 CBA 看作一个开口谐振器。

为了便于分析，将 CBA 分为三个部分，如图 6.1 所示，即激励源、腔体和辐射部分[5]。在图 6.1 中，M_i 是谐振腔和馈电波导 W_g 之间的匹配分量，E_0 代表电流 J_0 和磁电流 M_0 的激励源，V_r 代表背腔，S 代表 CBA 的辐射孔径，CBA 上有等效电流 J_a 和等效磁电流 M_a。从这个角度出发，CBA 的分析可以分为三个方面，即激励、腔体和辐射。其中，内腔是关键，因为腔 V_r 中的场分布决定了孔径 S 的场分布和电流分布。因此，只要对谐振腔进行分析，就可以获得远场辐射特性，而激励与激励源和馈电波导之间的阻抗匹配有关。

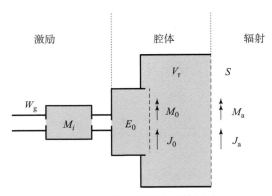

图 6.1　CBA 电磁分析的划分

6.2.2　背腔的分析

一般情况下，CBA 具有高品质因数 Q_A。通常将 CBA 的背腔看作谐振腔，利用本征模分析可以得到腔中的电磁场分布。与一般封闭谐振腔相比，CBA 具有一些独有的特性，如能量辐射、电磁扰动、谐振频率偏离和模式谱变窄等。

CBA 的品质因数 Q_A 可通过下式计算：

$$\frac{1}{Q_A} = \frac{1}{Q_{wall}} + \frac{1}{Q_{die}} + \frac{1}{Q_{rad}} \tag{6.1}$$

式中：Q_{wall}、Q_{die} 和 Q_{rad} 分别为腔壁的金属损耗、腔体中的介电损耗和辐射损耗相关的品质因数。

在实际应用中，CBA 的金属损耗和介电损耗都很小，大部分能量将从其孔径辐射出去，故有 $\left(\frac{1}{Q_{wall}} + \frac{1}{Q_{die}}\right) \ll \frac{1}{Q_{rad}}$，$Q_A \approx Q_{rad}$，此外 CBA 中的谐振腔复频率可表示为

$$\omega_0 = \omega_0' + j\omega_0'' = \omega_0'\left(1 + j\frac{1}{2Q_A}\right) \tag{6.2}$$

从式（6.2）可以看出

$$Q_A = \frac{\omega_0'}{2\omega_0''} \tag{6.3}$$

对于 $\omega_0'' \neq 0$ 且 $\omega_0'' \ll \omega_0'$，CBA 背腔在准周期谐振频率工作。对于典型的 CBA，辐射对背腔的谐振频率产生微弱的扰动，品质因数 $Q_A \geqslant 50 \sim 100$，也就是 $\omega_0'' \leqslant (0.01 \sim 0.02)\omega_0'$。

在 CBA 的背腔中，理论上可以激励多种谐振模式，其谐振频率形成一个无限离散谱。谐振模式的数量记为 N_r，$N_r/\Delta\omega$ 表示频谱密度[6]：

$$\frac{N_r}{\Delta\omega} \approx \frac{V_r}{2\pi^2 c^3}\omega^2 \tag{6.4}$$

$$N_r \approx 4\pi\frac{N_r}{\lambda^3} \cdot \frac{\Delta f}{f} \tag{6.5}$$

式中：V_r 为腔体的等效体积；$2\Delta f/f_0$ 为分数带宽；c 为真空中的光速。

从式（6.4）和式（6.5）可以看出，在 V_r/λ^3 条件下，封闭三维腔的频率选择性变弱；另外，$N_r/\Delta\omega$ 随着频率的增大而迅速增大。与传统谐振腔不同，CBA 是一种能量辐射的开放式谐振腔。这意味着 CBA 中的谐振模式不是真实的三维谐振模式，而是存在于腔体横截面上的二维谐振模式。用 S_r 表示二维谐振面，CBA 中背腔的频谱密度可表示为

$$\frac{N_r}{\Delta\omega} \approx \frac{S_r}{\pi c^2}\omega \tag{6.6}$$

CBA 的背腔可以等效为横截面上支持二维共振的开放式谐振腔，其谐振模式与传统波导谐振相同。因此，波导模式理论可以用于背腔分析。对于 CBA，利用波导激励理论可以得到孔径上的场分布，从而可以表征远场辐射。

6.2.3 背腔的设计

在不同的 CBA 中，背腔可以设计成不同的形状，如矩形、圆形和椭圆形。此外，由于背腔的边界条件和激励源不同，其谐振模式和电磁场分布也会有所不同。

对于矩形背腔，TE_{mnl} 或 TM_{mnl} 模式的谐振频率如下[7]：

$$f_{mnl} = \frac{c}{2\pi\sqrt{\mu_r\varepsilon_r}}\sqrt{\left(\frac{m\pi}{a}\right)^2 + \left(\frac{n\pi}{b}\right)^2 + \left(\frac{l\pi}{d}\right)^2} \tag{6.7}$$

式中：a、b、d 分别为谐振背腔的长、宽和高；下标 m、n、l 表示相应方向驻波图的变化数量；μ_r 和 ε_r 为填充空腔材料的相对磁导率和相对介电常数；c 为真空中的光速。

对于圆形背衬腔，TE_{mnl} 模式的谐振频率为[7]：

$$f_{mnl} = \frac{c}{2\pi\sqrt{\mu_r\varepsilon_r}}\sqrt{\left(\frac{p'_{nm}}{a}\right)^2 + \left(\frac{l\pi}{d}\right)^2} \tag{6.8}$$

TM_{mnl} 模式的谐振频率为[7]：

$$f_{mnl} = \frac{c}{2\pi\sqrt{\mu_r\varepsilon_r}}\sqrt{\left(\frac{p_{nm}}{a}\right)^2 + \left(\frac{l\pi}{d}\right)^2} \tag{6.9}$$

式中：p'_{nm} 和 p_{nm} 分别为 J'_n 和 J_n 的第 m 次根；参数 a 和 d 分别为圆柱形背腔的半径和高度；l 为驻波图在轴向上的变化次数。

6.3 背腔 SIW 缝隙天线

SIW 技术具有低剖面、低成本、易于与平面电路集成、便于制造等优点，为设计 CBSA 提供了一种很有前景的方案，如 PCB 或 LTCC 工艺[8]。SIW 腔可采用穿过单层或多层衬底的金属通孔阵列来实现。Luo 等将该技术纳入 CBA 中，用 SIW 空腔结构取代其中的非平面金属腔[2]。SIW CBSA 在继承其低剖面平面结构的同时，还具有高增益的单向辐射特性。随后，文献［3-4］将基于 SIW 腔的 CBSA 思想应用于微波和毫米波领域。

6.3.1 馈电技术

所有 SIW CBSA 由馈电部分、SIW 背腔和辐射缝隙组成。CBSA 可以由微带线、接地共面波导（Grounded Coplanar Waveguide，GCPW）、SIW 和同轴线激励。馈电技术作为天线设计的一个重要部分，与天线的输入阻抗和辐射特性密切相关。

由微带线和 GCPW 激励的 CBSA 如图 6.2 所示。从图 6.2（a）、（c）可以看出，馈电线与辐射缝隙设计在同层金属上，整体保持平面结构。缺点是来自馈电线路的辐射会引起交叉极化辐射增加。为了克服这个问题，可以在接地平面上蚀刻微带线或 GCPW，如图 6.2（b）、（d）所示，但这种方法引入了馈电线的反向辐射，导致天线的前后比降低。

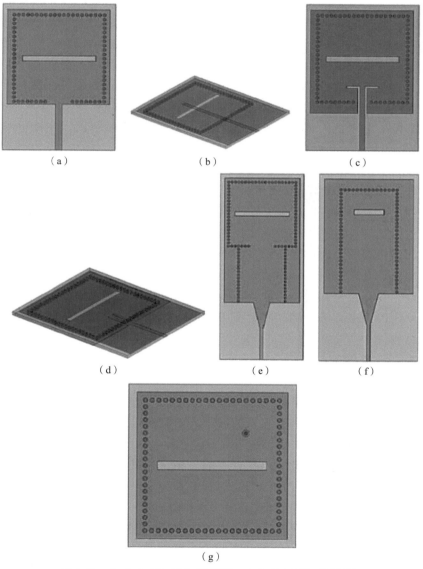

图 6.2　由（a）和（b）微带线、（c）和（d）接地面
波导以及（e）和（f）SIW 和（g）同轴线馈电的矩形 SIW CBA

SIW 的馈电设计如图 6.2（e）、（f）所示。在图 6.2（e）中，馈电 SIW 与 CBSA 集成在同一基板中，能量通过电感窗耦合。另一种开口缝隙 SIW 馈电方法通过两层或多层结构向 CBSA 馈电。这种设计通过公共接地面上的横向或纵向切缝隙，实现场从馈电 SIW 耦合到腔体，如图 6.2（f）所示。耦合缝隙通常位于腔体下方的中心，利用对称结构降低交叉极化。缝隙的尺寸和位置决定了从馈电 SIW 到 CBSA 的耦合能量。耦合缝隙可以是谐振的，也可以是非谐振的。虽然谐振缝隙可以提供另一种谐振来提高带宽，但它对不同基板层校准的装配误差相对敏感。在实际设计中，通常采用非谐振缝隙，每层基板的参数可以单独选择，以获得最佳的 CBSA 性能。与图 6.2（a）~（d）所示的馈电结构相比，SIW 馈电方案不仅降低了辐射损耗，而且有利于提高天线效率，尤其是在毫米波频段。

需要指出的是，在图 6.2（c）~（f）中，为了方便测试，在馈电结构的末端连接了一条 50 Ω 的微带线。

CBSA 也可以由同轴线激励，其中心导体和外导体分别连接到腔体的顶面和底面。如图 6.2（g）所示，这种馈电方法的优点是可将其放置在 SIW 腔体内的任意位置，以匹配其输入阻抗。与其他馈电方式相比，它可以消除不必要的辐射，有助于减小天线尺寸。缺点是必须在基板上钻孔，将连接器伸出底部接地面，因此它不是真正的平面结构。

偏心馈电方案用于以预期的工作模式激励 SIW 腔，或确保缝隙具有双谐振特性，并在带宽和增益方面改善天线性能。此外，为了满足某些特定需求选用不同的馈电方法，例如联合使用同轴线和微带线，可以提供平衡或差分馈电结构。

6.3.2 SIW 背腔

CBSA 中的 SIW 背腔可采用标准 PCB 或 LTCC 工艺设计成矩形或圆形，如图 6.3 所示其金属孔阵列显著抑制了表面波在衬底中的传播，而低剖面腔体则将 CBSA 的总厚度减小到接近 $\lambda_0/40 \sim \lambda_0/30$。谐振腔的尺寸和谐振模式对工作频率、带宽、极化等有重要影响。相比之下，矩形 SIW 背衬腔使用的较多，在某些情况下也使用圆形或椭圆形背腔。

为了保持固有的极化特性，SIW 背腔在单模下工作，单模可以是基模或相邻的高次模。图 6.4 显示了矩形腔的一些谐振模式。

在单个 SIW 腔中可以同时激发混合模或多模，引入一些扰动还可以调节谐振频率，如在腔的特定位置打金属通孔。混合模或多模策略通常用于设计双频或宽带、双极化或圆极化、高增益等特性的 CBSA，将在 6.4 节详细讨论。

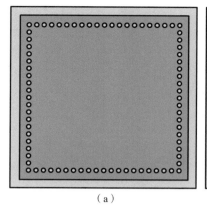
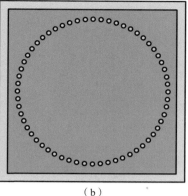

（a）　　　　　　　　　　　　　　　（b）

图 6.3　矩形 SIW 背腔和圆形 SIW 背腔

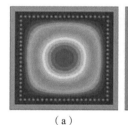
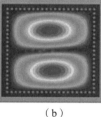
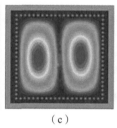
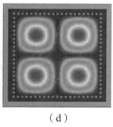

（a）　　　　　　（b）　　　　　　（c）　　　　　　（d）

图 6.4　单模下矩形 SIW 背腔的谐共振模式

（a）TE_{110}；（b）TE_{210}；（c）TE_{120}；（d）TE_{220}

对于矩形 SIW 背腔，基本模式通常用于 CBAS 设计。如图 6.4（a）所示，腔体长度为工作频率的 $\lambda_g/2$ 才能有效辐射，其中 λ_g 是自由空间中的波长除以空腔材料介电常数的平方根。将 SIW 背腔沿对称轴或对角线分为两半[9]，形成半模基片集成波导（HMSIW）腔，如图 6.5（a）、（b）所示，尺寸减小 50%。此外，沿两个对称轴或两条对角线切割 SIW 腔形成 1/4 模基片集成波导（QMSIW）腔，缩减了 75% 的尺寸，如图 6.5（c）、（d）所示。这些小型化腔体的应用也将在 6.4 节中介绍。

此外，SIW 背腔的基板参数对 CBSA 的性能有一定的影响。一方面，高介电常数虽然有助于减小天线尺寸，但会导致较窄的带宽和较低的辐射效率；另一方面，厚基板虽然可以提高天线的工作带宽，但可能导致匹配问题或增加不期望的馈电辐射。基板的选择需要在参数和性能之间权衡。

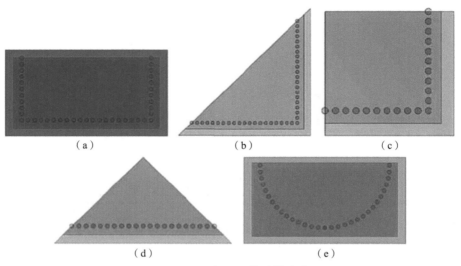

图 6.5　矩形 SIW 背腔的分类

（a）HM 腔 Ⅰ；（b）HM 腔 Ⅱ；（c）QM 腔 Ⅰ；（d）QM 腔 Ⅱ；（e）圆形 SIW HM 腔

6.3.3　辐射缝隙

根据工作状态的不同，CBSA 中的辐射缝隙可分为两种类型：谐振缝隙和非谐振缝隙[4]。对于谐振缝隙的 CBSA，其工作频率主要取决于腔体尺寸和缝隙长。对于非谐振缝隙的 CBSA，其工作频率主要由腔尺寸决定，受缝隙辐射缝隙长度的影响较小。

谐振缝隙可以提高辐射效率，常用于 SIW CBSA 中。CBSA 接地金属平面上的电流有两个分量：平行分量产生谐振条件，垂直分量产生远场辐射。对于图 6.6（a）所示的窄直缝隙，当缝隙工作频率达到 $\lambda/2$ 时，会发生谐振。

对于在第一谐振模式下工作的窄缝隙，其长度 l_s 可用下式计算：

$$l_s = \frac{1}{2f_0\sqrt{\mu_r\varepsilon_e}}, \tag{6.10}$$

式中：f_0 为 CBSA 的中心频率；ε_e 为等效介电常数，$\varepsilon_e = (\varepsilon_r + 1)/2$；$\varepsilon_r$ 为介质的相对介电常数。

对于窄缝隙 CBSA，其阻抗带宽约为 3% 或更小[2]。通过扩大缝隙的宽长比（Width – To – Length Ratio，WLR），使用如图 6.6（b）所示的宽缝隙，可以将带宽增大到 10%。图 6.6（c）所示的 I 形缝隙也可用于 SIW 背腔的电感加载。在工作频率下，缝隙长度约为 $\lambda/2$。

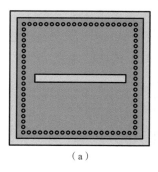 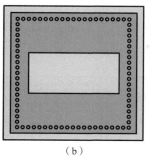 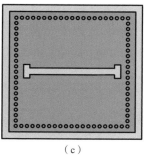

（a）　　　　　　　　　　（b）　　　　　　　　　　（c）

图 6.6　三种谐振缝隙

（a）直缝隙；（b）宽缝隙；（c）I 形缝隙

　　在 SIW 背腔的宽壁蚀刻两个谐振缝隙，能获得其他类型的 CBSA，如双频或宽带 CBSA、双极化和圆极化 CBSA。如图 6.7（a）所示，两个缝隙可以相互平行，也可以沿对称轴或对角线方向相互垂直，即交叉缝隙［图 6.7（b）、（c）］。交叉缝隙结构作为辐射单元可以辐射所需的双线极化或双圆极化波。此外，宽交叉缝隙还可以增加带宽。图 6.7 中所示的缝隙可以设计为相同或不同的长度，以实现双频或宽带特性。

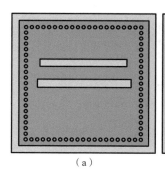 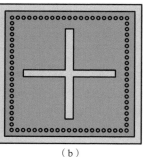 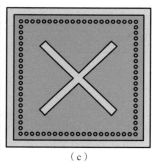

（a）　　　　　　　　　　（b）　　　　　　　　　　（c）

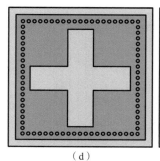 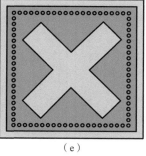

（d）　　　　　　　　　　（e）

图 6.7　双缝隙结构

（a）平行缝隙；（b）希腊十字缝隙；（c）安德鲁十字缝隙；

（d）宽希腊十字缝隙；（e）宽安德鲁十字缝隙

有关文献还报道了其他一些具有特定形状的谐振缝隙。图 6.8 所示分别为 T 形、H 形、三角形、匙形、斜坡形和三角形互补开口环形状，这些缝隙可用于设计宽带 CBSA 和具有多种谐振模式或负阶谐振模式的小型 CBSA。

图 6.8　特定形状的谐振缝隙

（a）T 形缝隙；（b）H 形缝隙；（c）三角形缝隙；（d）匙形缝隙；

（e）坡道缝隙；（f）三角形互补开口环缝隙（TCSRS）

图 6.9 所示为一些非谐振缝隙，包括 V 形缝隙、蝴蝶结形缝隙和哑铃形

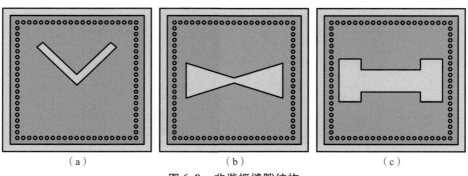

图 6.9　非谐振缝隙结构

（a）V 形缝隙；（b）蝴蝶结形缝隙；（c）哑铃形缝隙

缝隙。这些结构用改进的缝隙取代了直缝隙，从而在 SIW 背腔中可以在更高的频率以传统模式产生额外的混合电流分布。在这种情况下，CBSA 可以看作一个具有非谐振缝隙的多模腔，并且改进后缝隙的长度可以远大于传统缝隙天线的半波长谐振宽度。

6.4　SIW CBSA 的类型

6.4.1　宽带 CBSA

由于高品质因数 Q 值和单共振响应，传统 SIW CBSA 的带宽约为 1.7%[2]，这限制了其在宽带通信系统中的应用。为了设计宽带 SIW-CBSA，可以采用 5 种策略：去除基板、辐射缝隙的双重或多重谐振、双谐振或多谐振模式工作、宽缝隙、多层结构。

去除基板将降低缝隙和背腔的 Q 值，同时获得更大的分数带宽。文献 [10] 去除了部分缝隙下方和旁边的基板，带宽增大到 2.16%。采用充气 SIW 技术的高效脉冲无线电超宽带 CBSA[11]，实现了 29.4% 的超宽带带宽。

半波长辐射缝隙采用非中心馈电或通孔可以在多个频率产生谐振。文献 [12] 在缝隙的上方设计通孔，改变其电长度，从而在更高频率处产生额外谐振，通过缩短缝隙的有效长度将带宽增加至 3.3%，增加了 60%。文献 [13] 介绍了一种交叉缝隙的差分馈电 CBSA，阻抗带宽达到 19%。基于 SIW 腔的多模谐振工作和辐射缝隙的多谐振特性，设计并实现了一种用于 5G 无线通信的宽带双模 SIW 背腔三角形互补开口环缝隙天线（Triangular Complementary Split Ring Slot，TCSRS），工作频率为 28 GHz 和 45 GHz，在 28 GHz 时阻抗带宽达到 16.67%，在 45 GHz 时达到 22.2%[14]。

采用多模激励 SIW 背腔是增大 CBSA 带宽的另一种方法，这种混合模方法适用于谐振和非谐振辐射缝隙。文献 [15] 通过非共振矩形缝隙将 SIW 腔分成两半，产生了两种混合腔模 TE_{110} 和 TE_{120}，分数带宽提高到 6.3%。与矩形缝隙相比，蝴蝶结形缝隙干扰了高阶模式的电流路径，在腔中引入了强加载效应。因此，高阶模 TE_{120} 与主模 TE_{110} 相互作用，产生两个相近的混合模，获得了 9.4% 的宽带响应[16]。类似地，改进的哑铃形缝隙能激发子腔内的高阶谐振模式（TE_{102}、TE_{301}、TE_{302}），得到 26.7% 的阻抗带宽[17]。文献 [18] 在 SIW 腔中引入了短路通孔，实现了三谐振和四谐振 CBSA，分别得到 15.2% 和 17.5% 的带宽。基于类似的原理，在 SIW 腔中引入非平衡短路通孔，文献 [19] 引入十字形缝隙的四谐振和五谐振 CBSA 分别得到了

20.0%和20.8%的带宽。文献［20］中的耦合半模/四分之一模 SIW CBSA 获得了11.7%的分数阻抗带宽。文献［21］中的三种高阶腔模（TE_{130}、TE_{310}和TE_{330}）和缝隙模式获得超过26%的带宽。通过引入多缝隙单元[22,23]，产生额外的谐振，带宽可以增大到15%。

宽缝隙 CBSA 具有更宽的阻抗带宽以及更高的增益和效率。文献［24］研究了缝隙 WLR 对阻抗带宽的影响，发现当缝隙 WLR 从0.12增加到0.71时，带宽可以从3%增加到11.6%。文献［25］在腔中心引入矩形贴片，进一步提高了 WLR 的带宽，获得了高达15%的带宽。文献［13］利用非中心微带馈电宽缝隙和加覆薄介质基板将带宽提高至19%。

文献［26～28］介绍的带有耦合馈电单元的多层结构也有助于增加阻抗带宽。文献［26］中的蘑菇形超材料结构和耦合馈电结构使蝶形缝隙天线实现21.8%的阻抗带宽。文献［28］中，缝隙耦合馈电结构激励四个逐渐加宽的 SIW 腔，实现了高达30%的阻抗带宽。文献［29］中，通过增加多层介质盖层，带宽显著增大到40%。

6.4.2　双频 CBSA

宽带 CBSA 的一些设计方法可用于实现双频或多频 CBSA。与单辐射缝隙的传统天线不同，一些双频 CBSA 具有双缝隙或特定形状缝隙[30-37]。文献［30］提出了一种交叉缝隙结构的双频双极化 CBSA。文献［31］同时激励三角环缝隙的两种混合模式（缝隙模式和缝隙内贴片模式）实现了双频工作，圆极化天线在9.5 GHz 和12 GHz 分别实现了8%和5%以上的重叠带宽（AR、阻抗和增益）。文献［32］介绍了一种具有双频带的 SIW 背腔哑铃形缝隙天线，在9.5 GHz 的低频带宽和13.85 GHz 的高频带宽分别为2.0%和1.46%。文献［33］介绍了一种双频和极化柔性 CBSA，在13.4 GHz 和17.9 GHz 频率处的带宽分别为1.1%和2%。同时激励 SIW 背腔中的第一种高阶混合模（TM_{310}和TM_{130}的叠加）和第二种高阶模（TM_{320}）实现了双频工作[34]，谐振频率为21 GHz 和26 GHz 时，10 dB 回波损耗带宽分别为3.7%和2.6%。文献［36］中，SIW 腔上的横向双缝隙作为辐射单元，在3.28 GHz 和3.77 GHz 的两个通带上实现了两个辐射零点。

6.4.3　双极化和圆极化 CBSA

国内外针对 DP 和 CP 辐射的 CBSA 进行了广泛研究。SIW 腔中使用单馈交叉缝隙产生 DP 或 CP 辐射[30]，获得的分数轴比带宽约为0.8%，远小于分数阻抗带宽。文献［38］中，带短路针的环形缝隙在 X 频段产生 CP 波，在 VSWR 2∶1 和轴比小于 3 dB 的条件下，获得了 18.74% 的阻抗带宽和 2.3% 的 CP 带宽。文献［13］利用差分馈电的宽十字形缝隙实现了宽带双极化 CBSA。利用双模三角环缝隙，双频 CP CBSA 在 9.5 GHz 和 12 GHz 的重叠带宽分别为 8% 和 5%[14]。文献［39］采用基于 HMSIW 腔的半圆缝隙 CBSA 在 28 GHz 实现了 CP 辐射，分数 AR 带宽为 7.7%（26.60 ~ 28.55 GHz）。文献［40］中，采用插入式微带线激励两个具有所需相位差正交的 $\lambda/4$ 贴片模式产生 CP 辐射，右旋圆极化（RHCP）天线和左旋圆极化（LHCP）天线的相对带宽分别为 1.74%（8.65 ~ 8.8 GHz）和 0.66%（8.63 ~ 8.688 GHz）。文献［41］用两个互相垂直的缝隙实现了圆极化，3 dB AR 带宽为 14 MHz（2.421 ~ 2.435 GHz）。文献［42］在单馈圆形 SIW 腔体表面雕刻了两个环形指数缝隙，在 37.5 GHz 和 47.8 GHz 的毫米波应用中实现了双频 CP 辐射。文献［43］中采用 TE_{430} 和 TE_{340} 模的不同信号方案实现垂直线极化（VLP）和水平线极化（HLP），极化变化 CBSA 阵列为 RHCP 在 10.75 ~ 10.83 GHz 提供了 3 dB AR 带宽。此外，文献［44］通过激励两个正交简并模（对角 TE_{120} 和 TE_{210}），设计了一种交叉缝隙的差分双极化 SIW CBSA。文献［45］用蝶形缝隙激励紧密布局的混合模，在 X 频段实现了双频双极化 CBSA。

6.4.4 小型化 CBSA

对于 SIW CBSA，通常腔体的长度大约为半个导波波长，这是由腔内引起介质的介电常数和腔体的横向长度决定的。因此，传统腔体的小型化需要高介电常数的介质。然而，高介电常数材料的使用会引起带宽减小，辐射效率降低。可以采用以下两种方案来实现小型化 CBSA：①用折叠 SIW 腔代替 SIW 腔，即 HMSIW 或 QMSIW 腔；②在 SIW 腔中激发负数阶谐振模式。

文献［41］采用折叠 SIW 腔的结构缩减了 72.8% 的尺寸。文献［40，46］采用 HMSIW 技术实现了紧凑型 CBSA。特定的 V 形、T 形和十字形辐射缝隙将 SIW 模式分为 HMSIW 或 QMSIW 模式，以实现小型化结构，已经用于设计紧凑的自三工和自四工 SIW CBSA[47-49]。另外，负数阶谐振也可以减小腔体尺寸[50-52]。由于负谐振比正谐振发生的频率更低，因此可以用来减小腔体尺寸。文献［50］通过在 SIW 腔的宽壁上蚀刻叉指缝隙，实现了一种小型化复合左/右手（Composite Left/Right – Handed，CRLH）SIW CBA。在紧凑型 SIW 腔谐振器中，采用第一负数阶谐振模式实现了超小型化 SIW CBSA，并在 2.1 GHz 应用中缩减了 87% 的尺寸[51]。

6.5　60 GHz CBSA 设计示例

采用单层 PCB 工艺的 2 × 4 阵列面向毫米波应用设计了 60 GHz 的 CBSA[24]。本示例中，背腔不但是辐射缝隙的反射体，也是整个天线的辐射单元。分析了天线的阻抗带宽、方向图和增益与辐射缝隙 WLR 的关系。

6.5.1　不同 WLR 缝隙的 SIW CBSA

图 6.10 描述了不同 WLR 缝隙的 SIW CBSA 的几何结构，与图 6.10（a）类似。在 SIW 腔（尺寸为 $W_s \times d_1$）的宽壁上分别蚀刻了不同 WLR（W_s/L_s 为 0.12、0.4、0.71）的横向缝隙，SIW 的馈电宽度为 W_{SIW}，采用电感窗耦合能量。d_0 是从缝隙中心到短路端的距离，D_1 是通孔直径，P 是相邻通孔之间的间距。开缝隙腔体和馈电 SIW 满足条件 $D_1/P \geqslant 0.5$，$D_1/\lambda_0 \leqslant 0.1$[52]。

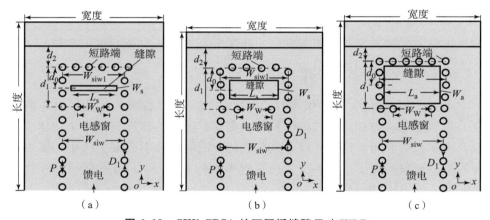

图 6.10　SIW CBSA 的不同插缝隙尺寸 WLR

（a）WLR = 0.12；（b）WLR = 0.4；（c）WLR = 0.71

缝隙的总长度约为 $\lambda/2$，开缝隙背腔在主模频率谐振[53]。它们的初始尺寸可由式（6.7）和式（6.10）得到。将天线设计在一块 0.635 mm 厚的 RO3006 基板上，基板的介电常数 $\varepsilon_r = 6.15$，损耗角正切 $\tan\delta = 0.002\,5$。

CBSA 具有双谐振特性，通过增加缝隙 WLR 可以提高工作带宽。图 6.11 给出了 WLR 分别为 0.2、0.4、0.6、0.71 时仿真的天线回波损耗。当 WLR 在 0.2 ~ 0.71 时，调节参数 L_s，d_1，W_{siw1}，d_0 和 W_w 实现两个谐振的阻抗匹配，带宽增大了将近 4 倍。WLR = 0.71 时，缝隙腔体的顶部几乎与宽缝隙一样，10 dB 的回波损耗带宽达到 11.6%，即 57 ~ 64 GHz。

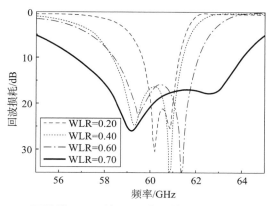

图 6.11　不同缝隙 WLR 的 SIW 背腔缝隙天线的回波损耗模拟

图 6.12 为 60 GHz 时 CBSA 的方向图，WLR 分别为 0.2、0.4、0.6、0.71 可以看出 WLR 变化，天线的方向图不变，结果与文献［2］中的方向图类似。图 6.13 为 60 GHz 缝隙中的电场分布，WLR 分别为 0.20、0.40、0.60、0.71 时，缝隙中的电场沿同一方向，因此辐射模式保持不变。

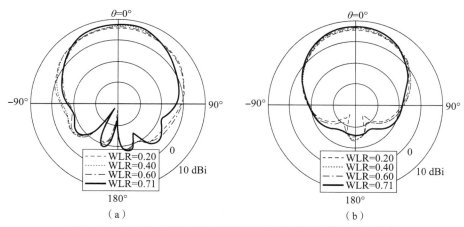

图 6.12　60 GHz SIW 背腔缝隙天线不同 WLR 的方向图模拟

（a）E 面（*yoz* 平面）；（b）H 面（*xoz* 平面）

图 6.14 模拟了 WLR 分别为 0.20、0.40、0.60、0.71 时，天线单元的增益。可以看出，接地面尺寸（10 mm×6 mm）相同时，WLR 越大获得的增益越高。仿真结果表明，当缝隙 WLR 从 0.20 增大到 0.71，天线单元的最大辐射效率从 76% 提高到 94%。

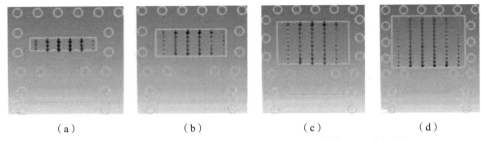

（a）　　　　　（b）　　　　　（c）　　　　　（d）

图 6.13　60 GHz 下 SIW 背腔缝隙天线缝隙中电场分布模拟

（a）WLR＝0.20；（b）WLR＝0.40；（c）WLR＝0.60；（d）WLR＝0.71

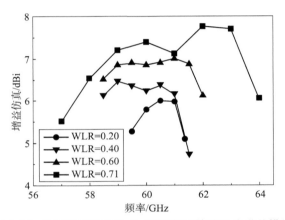

图 6.14　不同缝隙 WLR 的 SIW 背腔缝隙天线增益模拟

6.5.2　不同 WLR 缝隙的阵列

在 RO3006 基板上以三个不同 WLR 的 SIW CBSA 阵列为例，它们的工作频率均为 60 GHz。2×4 天线阵列的几何结构如图 6.15 所示，由 8 个单元和 1 个紧凑的 8 路树形功分器组成，其中馈电 SIW 改为电感通孔。功分器将功率平均分为 8 路，同时激励所有单元。SIW 功分器的宽度等于每个单元的馈电 SIW，功分器与每个单元共享部分通孔，以保持天线阵列更紧凑。考虑到单元之间的互耦，需要优化阵列的参数。采用 WR－15 波导激励天线阵列，为了便于测量，采用了与文献［54］中类似的阶梯波导到 SIW 过渡段。

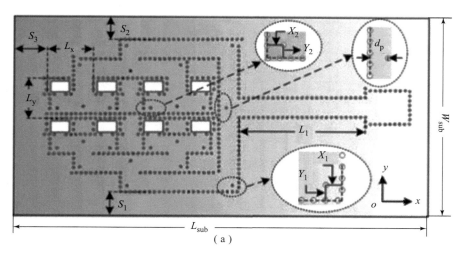

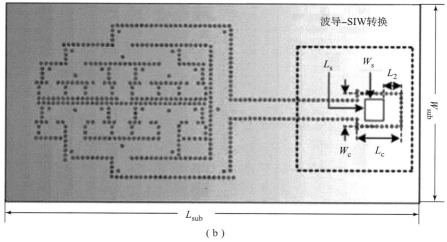

图 6.15　2×4 天线阵列的几何结构

（a）俯视图；（b）仰视图

图 6.16 展示了缝隙的 WLR 分别为 0.12、0.5、0.71 的样机照片。对于 WLR 为 0.12 的阵列，相邻单元沿 x 轴和 y 轴的距离为 $L_x = 3.3$ mm（$0.66\lambda_0$），$L_y = 3.15$ mm（$0.63\lambda_0$），λ_0 为 60 GHz 自由空间中的波长。WLR = 0.5 时，阵列单元的距离为 $L_x = 4$ mm（$0.8\lambda_0$），$L_y = 3.15$ mm（$0.63\lambda_0$）；WLR = 0.71 阵列单元的距离为 $L_x = 3.45$ mm（$0.69\lambda_0$），$L_y = 3.37$ mm（$0.674\lambda_0$）。表 6.1 列出了阵列的其他几何参数。

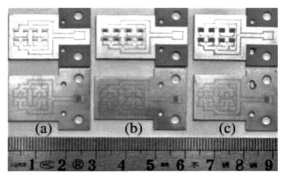

图 6.16　加工的 2 × 4 阵列照片

（a）WLR = 0.12；（b）WLR = 0.5；（c）WLR = 0.71

表 6.1　阵列的几何参数

尺寸（mm）		
$X_1 = 0.45$	$Y_2 = 0.4$	$S_2 = 1.8$
$Y_1 = 0.45$	$d_p = 0.53$	$S_3 = 1.8$
$X_2 = 0.5$	$S_1 = 1.8$	$L_1 = 8$

　　图 6.17 对比了波导到 SIW 过渡段天线阵列回波损耗的模拟结果和实测结果。实测结果与模拟结果的趋势一致，有轻微的频率偏移，在允许范围内由加工误差引起。WLR = 0.12 和 WLR = 0.50 的阵列，实测的 10 dB 回波损耗的阻抗带宽分别为 3.3% 和 6.5%，与模拟结果一致。WLR = 0.71 的阵列，模拟的 10 dB 回波损耗的阻抗带宽为 11.6%，而测得的回波损耗略有恶

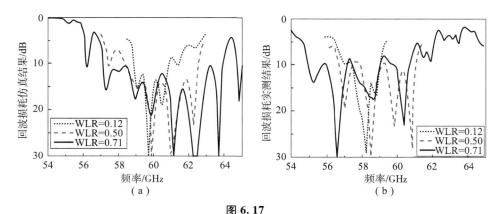

图 6.17

（a）回波损耗仿真结果；（b）带波导 – SIW 过渡阵列的回波损耗实测结果

化，在 57.3 GHz 降至 9 dB，在 59.2 GHz 降至 8.2 dB。WLR＝0.71 的阵列比 WLR＝0.12 和 WLR＝0.50 的阵列对加工误差更敏感，因为 WLR 较大的缝隙/孔更靠近电感窗和通孔。在实际应用中，可以将天线直接集成到电路中，不加过渡段天线的回波损耗会更好。

图 6.18 对比了缝隙 WLR 分别为 0.12、0.50、0.71 阵列归一化方向图的模拟结果和实测结果，可以看出方向图类似。E 平面和 H 平面的 3 dB 波束宽度分别为 48°和 18°，此外 E 面和 H 面具有较低的交叉极化水平。

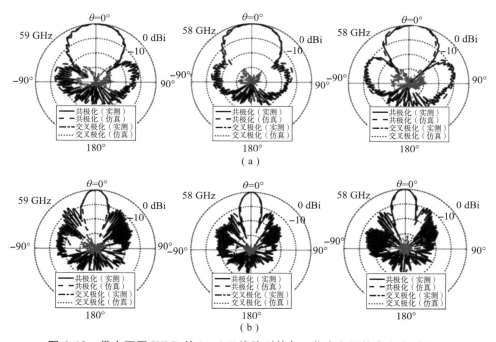

图 6.18　带内不同 WLR 的 2×4 天线阵列的归一化方向图仿真和实测结果

（a）E 面；（b）H 面。（从左到右：WLR 分别为 0.12、0.50 和 0.71）

图 6.19 比较了这些阵列增益的实测结果和模拟结果，基板的介电损耗致使测量的增益下降了 1～2 dB。三种阵列在其工作带宽上测量的增益波动都小于 2 dB。在 V 频段，WLR＝0.71 的 2×4 天线阵列辐射效率达到 73％。

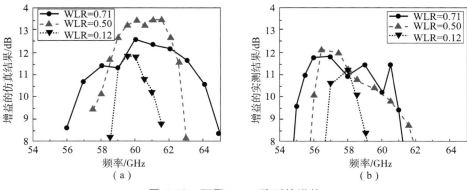

图 6.19　不同 WLR 阵列的增益

（a）仿真结果；（b）实测结果

6.6　小　　结

　　本章讨论了在平面结构中实现低剖面 CBSA 的 SIW 技术。首先，简要介绍了 CBA 的工作原理。然后，分别从馈电技术、SIW 背腔和辐射缝隙三个方面介绍了 SIW CBSA，讨论了 SIW – CBSA 的馈电方式，包括微带线、GCPW、SIW 和同轴线，并分析了它们的优缺点。单、双模和多模 SIW 腔、HMSIW 腔和 QMSIW 腔已被引入到各种 SIW CBSA 中，谐振腔的大小和谐振模式对天线的性能有很大的影响。SIW CBSA 中的辐射缝隙分为谐振缝隙和非谐振缝隙，谐振缝隙产生的辐射效率更高。常见的谐振缝隙有单窄缝隙、宽直缝隙、平行双缝隙、垂直交叉缝隙，此外还有 I 形、T 形、H 形、三角形、匙形缝隙和 TCSRS。非谐振缝隙通常设计为 V 形、弓形和哑铃形。最后，讨论了宽带、双频、双极化和圆极化以及小型化 SIW CBSA，并作为设计示例介绍了它们的设计方法。

参 考 文 献

［1］ Galejs, J. （1969, ch. 7）. Antennas in Inhomogeneous Media, 1e, 84 – 103. New York：Pergamon.

［2］ Luo, G. Q. , Hu, Z. F. , Dong, L. X. , and Sun, L. L. （2008）. Planar slot antenna backed by substrate integrated waveguide cavity. IEEE Antennas Wirel. Propag. Lett. 7：235 – 239.

［3］ Bozzi, M. , Georgiadis, A. , and Wu, K. （2011）. Planar slot an circuits and antennas. IET Microw. Antennas Propag. 5（8）：909 – 920.

［4］ Luo, G. Q. , Wang, T. Y. , and Zhang, X. H. （2013）. Review of low profile substrate integrated waveguide cavity backed antennas. Int. J. Antennas Propag. ：746920.

［5］ Kumar, A. and Hristov, H. D. （1989）. Microwave Cavity Antennas, 11 – 13. Norwood, MA：Artech House.

［6］ Vainshtein, L. A. （1966）. Open Resonators and Waveguide. Moscow：Sovjetskoe Radio Publishing.

［7］ Pozar, D. M. （1998）. Microwave Engineering, 2e, 313 – 322. New York：Wiley.

［8］ Deslandes, D. and Wu, K. （2001）. Integrated microstrip and rectangular waveguide in planar form. IEEE Microw. Compon. Lett. 11（2）：68 – 70.

［9］ Lai, Q. , Fumeaux, C. H. , Hong, W. , and Vahldieck, R. （2009）. Characterization of the propagation properties of the half – mode substrate integrated waveguide. IEEE Trans. Microw. Theory Tech. 57（8）：1996 – 2004.

［10］ Yun, S. , Kim, D. Y. , and Nam, S. （2012）. Bandwidth and efficiency enhancement of cavity – backed slot antenna using a substrate removal. IEEE Antennas Wirel. Propag. Lett. 11：1458 – 1461.

［11］ Brande, Q. V. , Lemey, S. , Vanfleteren, J. , and Rogier, H. （2018）. Highly efficient impulse – radio ultra – wideband cavity – backed slot antenna in stacked air – filled substrate integrated waveguide technology. IEEE Trans. Antennas Propag. 66（5）：2199 – 2209.

［12］ Yun, S. , Kim, D. Y. , and Nam, S. （2012）. Bandwidth enhancement of cavity – backed slot antenna using a via – hole above the slot. IEEE Antennas Wirel. Propag. Lett. 11：1092 – 1095.

［13］ Paryani, R. C. , Wahid, P. F. , and Behdad, N. （2010）. A wideband, dual – polarized substrate – integrated cavity backed slot antenna. IEEE Antennas Wirel. Propag. Lett. 9：645 – 648.

［14］ Choubey, P. , Hong, W. , Hao, Z. C. et al. （2016）. A wideband dual – mode SIW cavity – backed triangular – complimentary split – ring – slot （TCSRS） antenna. IEEE Trans. Antennas Propag. 64（6）：2541 – 2545.

［15］ Luo, G. Q. , Hu, Z. F. , Li, W. J. et al. （2012）. Bandwidth – enhanced low – profile cavity – backed slot antenna by using hybrid SIW cavity modes. IEEE Trans. Antennas Propag. 60（4）：1698 – 1704.

[16] Mukherjee, S. , Biswas, A. , and Srivastava, K. V. （2014）. Broadband substrate integrated waveguide cavity – backed bow – tie slot antenna. IEEE Antennas Wirel. Propag. Lett. 13：1152 – 1155.

[17] Cheng, T. , Jiang, W. , Gong, S. , and Yu, Y. （2019）. Broadband SIW cavity – backed modified dumbbell – shaped slot antenna. IEEE Antennas Wirel. Propag. Lett. 18（54）：936 – 940.

[18] Shi, Y. , Liu, J. , and Long, Y. （2017）. Wideband triple – and quad – resonance substrate integrated waveguide cavity – backed slot antennas with shorting vias. IEEE Trans. Antennas Propag. 65（11）：5768 – 5775.

[19] Wu, Q. , Yin, J. , Yu, C. et al. （2019）. Broadband planar SIW cavity – backed slot antennas aided by unbalanced shorting vias. IEEE Antennas Wirel. Propag. Lett. 18（2）：363 – 376.

[20] Deckmyn, T. , Reniers, A. , and Seolders, A. C. （2017）. A novel 60 GHz wideband coupled half – mode/quarter – mode substrate integrated waveguide antenna. IEEE Trans. Antennas Propag. 65（12）：6915 – 6926.

[21] Han, W. , Yang, F. , Ouyang, J. , and Yang, P. （2015）. Low – cost wideband and high – gain slotted cavity antenna using high – order modes for millimeter – wave application. IEEE Trans. Antennas Propag. 63（11）：4624 – 4631.

[22] Varnoosfaderani, M. V. , Lu, J. , and Zhu, B. （2014）. Matching slot role in bandwidth enhancement of SIW cavity – backed slot antenna. In：Proc. 3rd Asia – Pacific Conf. Antennas Propag. , 244 – 247.

[23] Chen, Z. and Shen, Z. （2014）. A compact cavity – backed endfire slot antenna. IEEE Antennas Wirel. Propag. Lett. 13：281 – 284.

[24] Gong, K. , Chen, Z. N. , Qing, X. et al. （2012）. Substrate integrated waveguide cavity – backed wide slot antenna for 60 – GHz bands. IEEE Trans. Antennas Propag. 60（12）：6023 – 6026.

[25] Yang, T. Y. , Hong, W. , and Zhang, Y. （2014）. Wideband millimeter – wave substrate integrated waveguide cavity – backed rectangular patch antenna. IEEE Antennas Wirel. Propag. Lett. 13：205 – 208.

[26] Kang, H. and Park, S. O. （2016）. Mushroom meta – material based substrate integrated waveguide cavity backed slot antenna with broadband and reduced back radiation. IET Microw. Antennas Propag. 10（14）：1598 –

1603.

［27］ Chen, Z. , Liu, H. , Yu, J. , and Chen, X. （2018）. High gain, broadband and dual－polarized sub－strate integrated waveguide cavity－ backed slot antenna array for 60 GHz band. IEEE Access 6：31012－ 31022.

［28］ Cai, Y. , Zhang, Y. , Ding, C. , and Qian, Z. （2017）. A wideband multilayer substrate integrated waveguide cavity－backed slot antenna array. IEEE Trans. Antennas Propag. 65 （7）：3465－3473.

［29］ Yang, H. , Lu, J. , Lin, C. et al. （2016）. Design of wideband cavity backed slot antenna with multilayer dielectric cover. IEEE Antennas Wirel. Propag. Lett. 15：861－864.

［30］ Luo, G. Q. , Hu, Z. F. , Liang, Y. et al. （2009）. Development of low profile cavity backed crossed slot antennas for planar integration. IEEE Trans. Antennas Propag 57 （10）：2972－2979.

［31］ Zhang, T. , Hong, W. , Zhang, Y. , and Wu, K. （2014）. Design and analysis of SIW cavity backed dual－band antennas with a dual－mode triangular－ring slot. IEEE Trans. Antennas Propag. 62 （10）：5007－ 5016.

［32］ Mukherjee, S. , Biswas, A. , and Srivastava, K. V. （2015）. Substrate integrated waveguide cavity－backed dumbbell－shaped slot antenna for dual frequency applications. IEEE Antennas Wirel. Propag. Lett. 14：1314－ 1317.

［33］ Lee, H. , Sung, Y. , Wu, C. T. M. , and Itoh, T. （2016）. Dual－ band and polarization flexible cavity antenna based on substrate integrated waveguide. IEEE Antennas Wirel. Propag. Lett. 15：488－491.

［34］ Li, W. , Xu, K. D. , Tang, X. et al. （2017）. Substrate integrated waveguide cavity－backed slot array antenna using high－order radiation modes for dual－band applications in K－band. IEEE Trans. Antennas Propag. 65 （9）：4556－4565.

［35］ Mukherjee, S. , Biswas, A. , and Srivastava, K. V. （2015）. Substrate integrated waveguide cavity backed slot antenna with parasitic slots for dual－ frequency and broadband application. Proc. 9th Eur. Conf. Antennas Propag. ： 7－11.

［36］ Niu, B. J. , Tan, J. －H. , and He, C. －L. （2018）. SIW cavity－backed dual – band antenna with good stop – band characteristics. Electron. Lett. 54（22）：1259 – 1260.

［37］ Mukherjee, S. and Biswas, A.（2016）. Design of dual band and dual – polarized SIW cavity backed bow – tie slot antennas. IET Microw. Antennas Propag. 10（9）：1002 – 1009.

［38］ Kim, D., Lee, J. W., Cho, C. S., and Lee, T. K.（2009）. X – band circular ring – slot antenna embedded in single – layer SIW for circular polarization. Electron. Lett. 45（13）：668 – 669.

［39］ Wu, Q., Wang, H., Yu, C., and Hong, W.（2016）. Low – profile circularly polarized cavity – backed antennas using SIW techniques. IEEE Trans. Antennas Propag. 64（7）：2832 – 2839.

［40］ Razavi, S. A. and Neshati, M. H.（2013）. Development of a low – profile circularly polarized cavity – backed antenna using HMSIW technique. IEEE Trans. Antennas Propag. 61（3）：1041 – 1047.

［41］ Yun, S., Kim, D. Y., and Nam, S.（2015）. Folded cavity – backed crossed – slot antenna. IEEE Antennas Wirel. Propag. Lett. 14：36 – 39.

［42］ Wu, Q., Yin, J., Yu, C. et al.（2017）. Low – profile millimeter – wave SIW cavity – backed dual – band circularly polarized antenna. IEEE Trans. Antennas Propag. 65（12）：7310 – 7315.

［43］ Li, W., Tang, X., and Yang, Y.（2019）. Design and implementation of SIW cavity – backed dual – polarization antenna array with dual high – order modes. IEEE Trans. Antennas Propag. 67（7）：4889 – 4894.

［44］ Srivastava, G. and Mohan, A.（2019）. A differential dual – polarized SIW cavity – backed slot antenna. IEEE Trans. Antennas Propag. 67（5）：3450 – 3454.

［45］ Mukherjee, S. and Biswas, A.（2016）. Design of dual band and dual – polarised dual band SIW cavity backed bow – tie slot antennas. IET Microw. Antennas Propag. 10（9）：1002 – 1009.

［46］ Caytan, O., Lemey, S., Agneessens, S. et al.（2016）. Half – mode substrate – integrated – waveguide cavity – backed slot antenna on cork substrate. IEEE Antennas Wirel. Propag. Lett. 15：162 – 165.

［47］ Kumar, A. and Raghavan, S.（2018）. A self – triplexing SIW cavity – backed slot antenna. IEEE Antennas Wirel. Propag. Lett. 17（5）：772 – 775.

［48］Kumar, A. and Raghavan, S. （2018）. Design of SIW cavity－backed self－triplexing antenna. Electron. Lett. 54 （10）：611 －612.

［49］Priya, S., Dwari, S., Kumar, K., and Mandal, M. K. （2019）. Compact self－quadruplexing SIW cavity－backed slot antenna. IEEE Trans. Antennas Propag. 67 （10）：6656 －6660.

［50］Dong, Y. and Itoh, T. （2010）. Miniaturized substrate integrated waveguide slot antennas based on negative order resonance. IEEE Trans. Antennas Propag. 58 （12）：3856 －3864.

［51］Saghati, A. P. and Entesari, K. （2017）. An ultra－miniature SIW cavity－backed slot antenna. IEEE Antennas Wirel. Propag. Lett. 16：313 －316.

［52］Xu, F. and Wu, K. （2005）. Guided－wave and leakage characteristics of substrate integrated waveguide. IEEE Trans. Microw. Theory Techn. 53 （1）：66 －73.

［53］Gong, K., Chen, Z. N., Qing, X. et al. （2013）. Empirical formula of cavity dominant mode frequency for 60－ GHz cavity－backed wide slot antenna. IEEE Trans. Antennas Propag. 61 （2）：969 －972.

［54］Kai, T., Hirokawa, J., and Ando, M. （2004）. A stepped post－wall waveguide with aperture interface to standard waveguide. Proc. Antennas Propag. Soc. Int. Symp. 2：1527 －1530.

第 7 章

60 GHz 圆极化 SIW 缝隙 LTCC 天线

李　越

清华大学电子工程系，中国北京100084

7.1　引　　言

随着无线个人局域网（WPAN）[1] 和 5G 无线通信[2] 的发展需求，毫米波频段的天线得到了广泛的研究。例如，面向 57 ~ 64 GHz 应用的 60 GHz WPAN 由于其高速短距离数据传输的要求需要宽带天线。另外，由于圆极化天线具有极化匹配不用考虑天线方向的优点[3-4]，选圆极化（CP）天线成为首选。然而，对于毫米波 CP 天线阵列来说，同时实现宽匹配阻抗带和宽轴比（AR）带宽是一项非常具有挑战性的任务，特别是考虑到制造误差和阵列结构等实际工况。

本章将介绍 60 GHz CP 天线阵列设计的新技术。7.2 节回顾并总结了最先进的设计方法，并讨论了两个话题：一是毫米波 CP 天线阵列的单元选择，分析了每种天线单元的优点和设计优势；二是增大 AR 带宽的关键技术，这在毫米波阵列设计中是比较困难的。作为一个可行的示例，7.3 节介绍了 AR 带宽增大的 60 GHz CP 天线阵列，该宽带 CP 天线阵列采用 LTCC 工艺制造，具有多层结构、柔性金属和低制造误差等优点。

7.2　毫米波 CP 天线阵列关键技术

在毫米波频段宽带 CP 天线阵列的设计中，首先需要阐明两个话题：如何选择适合 CP 天线阵列的天线单元和所选单元的结构，才能获得所需的 AR 带宽。在了解这两个话题的基础上，介绍并对比了 CP 单元的选择和 AR 带宽增强技术。

7.2.1　天线单元选择

天线单元的选择需要考虑三个因素。首先，天线单元要适用于更宽 AR 带宽的 CP 性能；其次，单元可以在制造公差的范围内制造，这就是说，单元应该选简单的，而不是选用复杂的精心设计的结构；最后，还要与现有的毫米波制造工艺，包括 LTCC、互补金属氧化物半导体/感光元件（COMS）、PCB、微电子机械系统（MEMS）等工艺兼容。作为毫米波 CP 天线阵列的重要组成部分，所选天线单元可以是微带[5-14]、螺旋线[15-18]、孔或缝隙[19-24]及其他形式，如缝隙耦合偶极子[25]、电磁偶极子[26-27]，介质谐振器[28]，如图 7.1 所示。下面对比每种天线单元的性能优势。

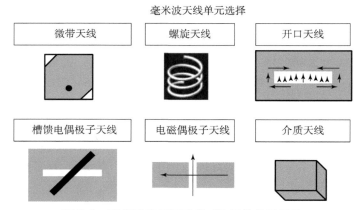

图 7.1　毫米波应用可选的 CP 天线单元汇总

针对低剖面和多层结构的要求[3-4]，微带天线最合适。使用单馈或双馈很容易实现圆极化，例如单馈的切角贴片天线和 90°的混合网络双馈结构。基本原理是激励两个幅值相同、相位差 90°的正交模式。然而，大量单元组成的天线阵列设计常常采用单馈结构。有四种常用的方式通过单馈激励非对称微带天线，如图 7.2 所示。图 7.2（a）通过蚀刻在波导上的槽激励微带线，由于具有低损耗和低串扰的优点，这是毫米波应用中不可替代的传输线[7]。但波导馈电传输线体积大，尤其针对宽带应用，难以实现顺序旋转馈电网络（Sequential Rotation Feeding Network，SRFN）。相反，图 7.2（b）使用微带线就非常容易实现顺序旋转馈电结构[12]。图 7.2（c）在贴片腔内连接探头，可任意设计馈电位置从而改进阻抗匹配[13]。无需将馈电条带与微带天线连接，也可以用耦合方法实现阻抗匹配[14]，如图 7.2（d）所示。然而，当工作频率提高或阵列数目变大时，微带线的损耗将比波导损耗大。因此，对于更高频率或较大数目的阵列，波导是 CP 天线阵列馈电结构的最佳选择，耦合情况也会更好。

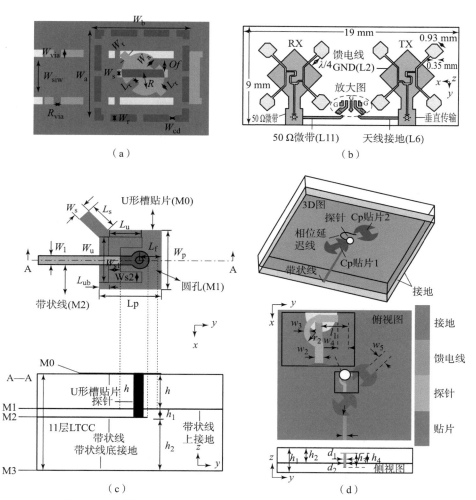

图 7.2　微带天线作为毫米波 CP 天线阵列单元的不同馈电方法

（a）缝隙耦合微带[7]；（b）条带馈电微带[12]；
（c）探针馈电微带[13]；（d）条耦合（非直接连接）微带[14]

针对宽带 AR 性能的要求，螺旋天线由于其本身具有的宽带 CP 特性最适合。作为一种基于行波概念的结构，三维螺旋或二维螺旋是在 AR 还是在阻抗带宽都是宽带天线类型[3-4]。然而，如何将这种三维结构与现有的毫米波制造工艺结合是一个巨大的挑战。如图 7.3 所示，基于 LTCC 或 PCB 工艺，可以在多层中实现三维螺旋结构。使用多层螺旋或螺旋结构实现宽带

CP 阵列的确是一个进步。

图 7.3（a）中，在多层 PCB 中设计三维螺旋单元，每层中有环路部分和用作通孔的垂直部分[15]。图 7.3（b）中，为了使天线性能恶化较小，二维平面螺旋天线单元采用了方形结构[16]。在图 7.3（c）（d）中，堆叠式和双馈式螺旋线也是平面配置结构，具有良好的 CP 性能[17-18]。螺旋线或螺旋线单元的优点是本身固有的 CP 特性，但由于行波原理其尺寸通常较大。

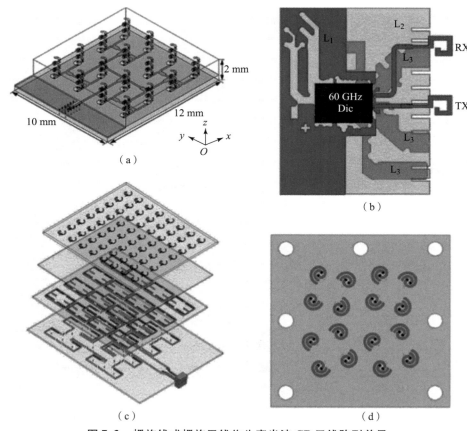

图 7.3　螺旋线或螺旋天线作为毫米波 CP 天线阵列单元

（a）单馈三维螺旋[15]；（b）平面矩形螺旋[16]；（c）平面叠层螺旋[17]；（d）双馈螺旋[18]

另一类毫米波 CP 天线阵列的单元是孔或缝隙[3-4]，如图 7.4 所示，孔径单元具有宽频带和高增益的优点[20]。如图 7.4（a）所示，更高的增益由平面结构的孔径大小决定，采用 SIW 技术很容易实现[20]。然而，图 7.4（b）中针对低剖面背腔的情况，当腔体尺寸接近孔径时带宽减小[22]。在文献［23～24］中的腔体孔径由条带或偶极子激励，如图 7.4（c）、（d）所示。但是，腔体的尺寸在整个单元中较大，因此选择平面孔是为了实现低剖面，同时方便与波导传输线集成。图 7.4（c）、（d）的情况也可以作为阻抗和 AR 带宽增强的腔体加载结构，也适用于阵列结构。

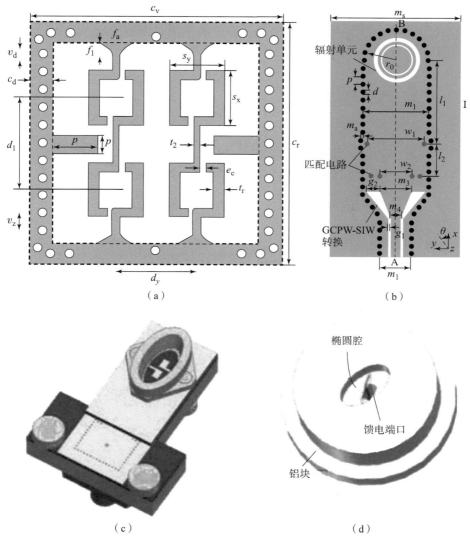

（a）

（b）

（c）

（d）

图 7.4　孔或槽天线作为毫米波 CP 天线阵列单元

（a）差分馈电孔[20]；（b）腔背缝隙[22]；（c）条带馈电孔[23]；（d）偶极子馈电腔孔[24]

除了微带、螺旋和孔单元外，还有几种类型的阵列单元适用于毫米波 CP 天线阵列结构。例如，缝隙耦合偶极子适合 CP 应用[25]。如图 7.5（a）所示，缝隙中的电场分为两个正交分量：一个平行于偶极子；另一个垂直于偶极子。平行分量与偶极子耦合，垂直分量则没有这个作用。通过调整偶极子的角度，这两个正交电场具有相同的幅值和 90°相位差[25]。文献［26］中用类似的概念设计了电偶极子和磁偶极子，如图 7.5（b）所示。适当调整两个偶极子，正交电场可以实现相同的幅值和 90°相位差，并用于 CP 辐射。文献［28］中将介质谐振器用于毫米波应用，如图 7.5（c）所示，CP辐射由不对称介质谐振器结构产生。

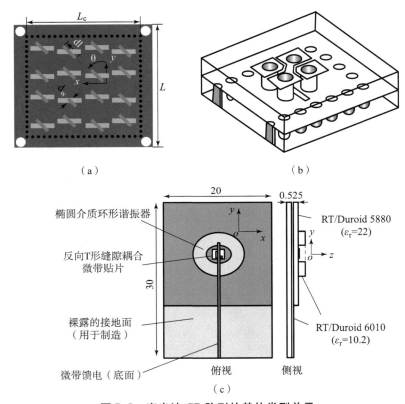

（a）

（b）

（c）

图 7.5　毫米波 CP 阵列的其他类型单元

（a）缝隙耦合偶极子[25]；（b）电磁偶极子[26]；（c）介质谐振器[28]

7.2.2　AR 带宽增强方法

本节总结了三种增强 AR 带宽的方法。如图 7.6 所示，采用 SRFN、行波单元或腔体加载结构可以实现宽带 AR。

图 7.3 中螺旋单元作为行波天线工作，实现宽带 AR 带宽[15-18]，3 dB AR 带宽高达 37.8%［18］。图 7.4（c）、（d）所示为文献［23～24］中使

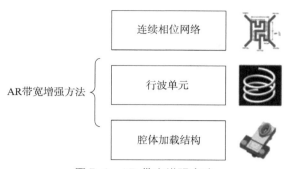

连续相位网络

AR 带宽增强方法 { 行波单元

腔体加载结构

图 7.6　AR 带宽增强方法

用的腔体加载方法，实现了 22.7% 的 3 dB AR 带宽。值得一提的是总带宽是由 3 dB AR 带宽和阻抗带宽共同决定，如 −10 dB 反射系数和 3 dBi 增益带宽。

下面将重点介绍宽带 CP 天线阵列的 SRFN 设计，如图 7.7 所示。SRFN 是一种众所周知的增强 AR 性能的方法，设计四个单元馈电的相位分别为 0°、90°、180° 和 270° 且幅值相同[11−14,29−31]。在 60 GHz WPAN 所需的 57 ~ 64 GHz 带宽范围内，3 dB AR 带宽可以优化到 26%[14]。

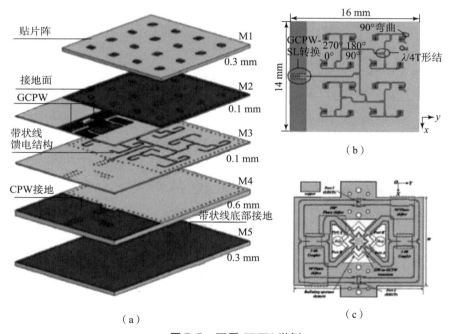

图 7.7　不同 SRFN 举例

（a）缝隙耦合 SRFN[11]；（b）探针馈电 SRFN[13]；（c）SIW 馈电 SRFN[14]

（（a）和（b）基于 LTCC；（c）基于 PCB 工艺）

7.3 60 GHz 宽带 CP LTCC SIW 天线阵列

本节详细介绍了 60 GHz CP 天线阵列的设计过程。频率为 57 ~ 64 GHz 毫米波频段常用于 WPAN 短距离通信。CP 天线阵列既可实现高增益抵消高路径损耗，又可实现高质量无线通信链路。如上所述，缝隙耦合偶极子天线的带宽相对较窄。在本节中，将用矩形贴片替换偶极子实现宽带设计。文献 [32] 中，设计了一个 4×4 阵列，采用过孔栅提高单元之间的隔离度便于阵列应用。采用 SIW 作为馈电网络来降低馈电损耗。由于 LTCC 易于实现多层结构、灵活的金属化、盲孔和低制造公差等优点，整体采用 LTCC 技术。

如图 7.8 所示，天线由 20 层 LTCC 基板组成，分为三个区域[32]：区域 I 包括第 1 ~ 5 层为辐射孔径，区域 II 包括第 6 ~ 10 层为馈电腔体，区域 III 包括第 11 ~ 20 层为馈电网络和从输入波导到馈电网络的转换。图 7.8 还说明了功率流的轨迹。本节讨论了详细的设计过程，未给出的相关参数可查阅文献 [32]。

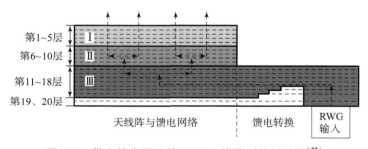

图 7.8 带有馈电网络的 4×4 天线阵列的侧视图[32]

7.3.1 宽带 AR 单元

天线单元由三部分组成：矩形贴片、SIW 顶部的馈电缝隙和 SIW 末端的腔体。馈电缝隙平行于 x 轴，与贴片之间的夹角为 α。所有这些结构均采用 10 层 LTCC 基板 Ferro A6 - M 制造。图 7.9 为天线单元的结构，贴片印制在第 1 层上，SIW 馈电结构占据了贴片下面的五层，位于第 6 ~ 10 层。

图 7.10 给出了单元在所需带宽（57 ~ 64 GHz）上的性能，包括 - 10 dB 反射系数、3 dB 轴比和 3 dBi 增益带宽。与以往实现宽带 AR 性能技术不同，本设计采用结构内产生的两种不同的 CP 模式来增强 AR 带宽：一种模式是由缝隙馈电的矩形贴片激励的偶极子模式，前面在缝隙耦合偶极子天线部分

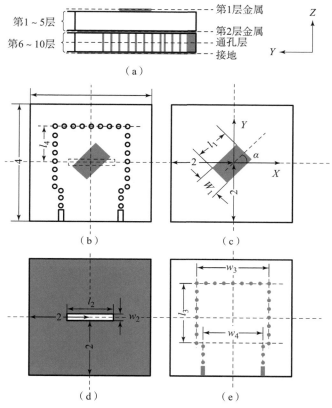

图 7.9　提出的天线单元的几何结构（单位：mm）

（a）侧视图；（b）俯视图；（c）第 1 层金属；（d）第 2 层金属；（e）第 2 层通孔

已经讲述过：这种由偶极子和槽组成的天线结构能够实现 CP 辐射；另一种模式是引入旋转贴片，通过沿周长为一个波长的矩形贴片边缘激励出电流环模式。

图 7.11 描述了贴片上的电流分布在一个周期内随时间的变化情况。电流分布沿贴片的短边和长边呈周期性分布，并产生额外的 CP 辐射。这两种模式工作在相近的两个频率上，从而将带宽增大到 7.16 GHz，覆盖 60 GHz WPAN 的所需带宽。天线单元的参数影响阻抗匹配和 AR 带宽，贴片的尺寸显著影响中心频率和 AR 带宽，而腔体的参数只影响阻抗匹配，说明 SIW 和馈电缝隙之间腔体有阻抗变换器的功能。馈电缝隙的大小同时影响 CP 性能和阻抗匹配，但对阻抗匹配的影响更大。

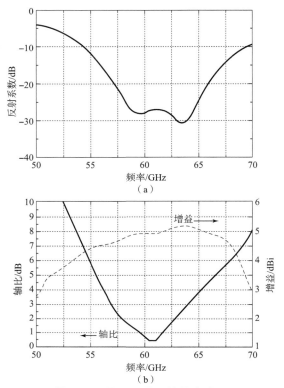

（a）

（b）

图 7.10　图 7.9 单元的仿真结果

（a）反射系数；（b）增益和 AR

（a）　　　　　　　　（b）

（c）　　　　　　　　（d）

图 7.11　贴片表面电流分布在一个周期内随时间的变化

（a）$t=0$；（b）$T=t/2$；（c）$t=3T/2$；（d）$t=T$

7.3.2　隔离设计

天线阵列的布局应消除相邻单元之间的互耦以保持其低相关性。图 7.12
（a）所示的 2 个单元相距 s 并排放置。由于 Ferro A6 – M 基板的相对介电常
数较高，电场垂直于金属的表面波很容易被激励和传播。在这种设计中，表
面波沿金属层传播会导致 2 个单元之间的强互耦，从而降低天线阵列的 AR
带宽。从图 7.12（b）可以看出，不同距离的互耦接近 – 20 dB，AR 带宽明
显降低了约 3 GHz，而图 7.10（b）中的 AR 带宽超过 8 GHz。因此，需要引
入额外的结构抑制表面波，减少相邻单元之间的互耦维持 AR 带宽，这种结
构不会恶化阻抗匹配。

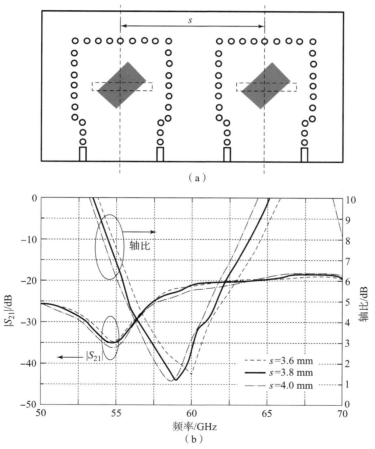

图 7.12　2 单元阵列的几何结构和模拟结果

（a）俯视图；（b）互耦和 AR 仿真结果

为了确保天线阵列的 CP 性能需要抑制表面波。本例中我们在 2 个单元之间使用两排金属顶部通孔来抑制表面波，如图 7.13 （a）所示。在每个单元周围用一排通孔形成"围栏"阻隔表面波。

为了验证设计的有效性，对图 7.13 （a）所示的 2 单元阵列进行了仿真，还仿真了带有通孔围栏的一个天线单元。结果如图 7.13 （b）所示，这种设计将隔离度提高了 25 dB 以上。AR 带宽比图 7.12 （b）所示的带宽宽得多，甚至比一个天线单元的带宽更宽。

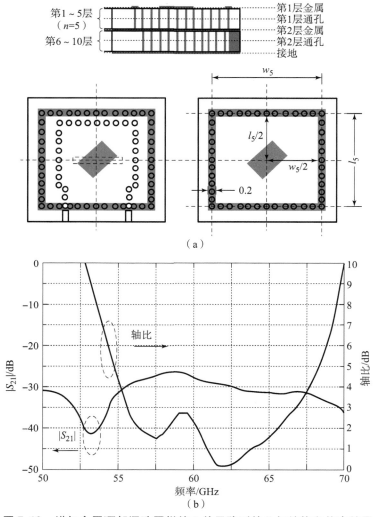

图 7.13　增加金属顶部通孔围栏的 2 单元阵列的几何结构和仿真结果

（a）俯视图和侧视图；（b）互耦合和 AR 的仿真结果

图 7.14（a）为增加通孔围栏的 1 个单元的反射系数，保持了图 7.10
（a）所示的宽带特性。图 7.14（b）为增加通孔围栏的 1 个单元的相关 AR
带宽和增益与频率的关系，不仅改善了图 7.12（b）中恶化的 AR 带宽，而
且通孔围栏作为加载腔体，在天线参数调谐方面提供了更多的自由度。通过
优化通孔围栏的长度和宽度，可以在抑制表面波的同时获得更好的 AR 带宽
和增益。

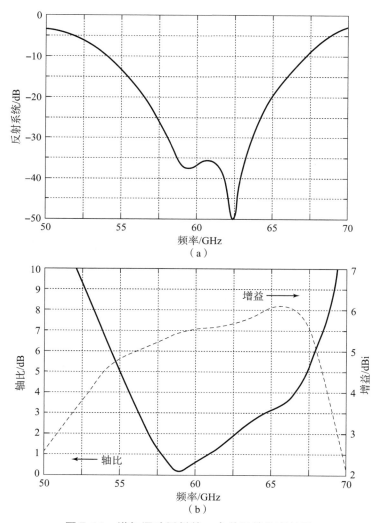

（a）

（b）

图 7.14 增加通孔围栏的一个单元的仿真结果

（a）反射系数；（b）AR 和增益

7.3.3 实验结果讨论

基于通孔围栏结构，在 20 层 LTCC 基板上设计并制作了一个 4 × 4 的 CP 阵列，16 个单元之间的间距为 3.8 mm。矩形贴片印制在顶部，通孔围栏位于第 1 ~ 5 层，第 6 ~ 10 层有 8 个馈电腔。在腔体的顶部有两个馈电缝隙用于天线单元馈电，在腔体底部切割一个耦合缝隙用于腔体馈电。16 个馈电缝隙位于第 6 层顶部，8 个耦合槽位于第 11 层顶部。馈电网络有 10 层，即第 11 ~ 20 层。在第 11 ~ 18 层里辐射孔以下部分和馈电腔组成一个 1 ~ 8 功分器用于馈电，而第 11 ~ 20 层设计了一个阶梯式馈电转换。SIW 到矩形波导（Rectangular Waveguide，RWG）过渡段在测量时作为第 11 ~ 18 层 RWG 和 SIW 之间的阻抗变换器，详细结构和尺寸可查阅文献［32］。

图 7.15（a）左图为加工的天线阵列实物，天线总面积为 15.4 mm × 15.4 mm，

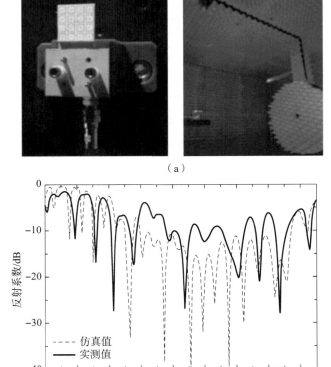

（a）

（b）

图 7.15 加工的天线实物和测量系统照片和反射系数的仿真和实测结果

采用图 7.15 (a) 右图所示的毫米波测量系统测量该天线阵列的性能。图 7.15 (b) 比较了反射系数的仿真结果和实测结果，在 56.65 ~ 65.75 GHz 范围内反射系数的实测值小于 - 6 dB，说明阻抗带宽大约为 9.1 GHz。这意味着大部分馈电功率可以传输到天线。与仿真结果相比，实测的反射系数略大，这可能是由于 LTCC 制造过程中的缺陷或误差造成的。

　　误差主要是由仿真和实物之间的厚度差导致的。设计的天线阵列每点的厚度为 2.02 mm，实物的厚度偏小，且天线阵列不同位置的厚度存在差异。图 7.16 (a) 测量了实物不同位置实际的厚度，由于 LTCC 工艺的收缩效应导致天线阵列尺寸变小，致使 CP 模式的谐振频率高于之前介绍的模式。测量结果验证了这种收缩效应，并对结果进行了解释说明。图 7.16 (b) 对比了 AR 带宽的仿真结果和实测结果，3 dB AR 频带范围为 60.2 ~ 67 GHz，与仿真结果相比频率偏移到了更高的频带，但 AR 带宽仍保持在 7 GHz 以上。图 7.17 对比了 60 GHz 频率下 xoz 平面和 yoz 平面天线归一化方向图的仿真结果和实测结果，实测结果与仿真结果一致，副瓣电平 (Side Lobe Level，SLL) 低于 - 10 dB。

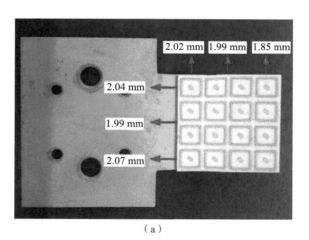

(a)

图 7.16　不同位置的厚度和 AR 的仿真和实测结果

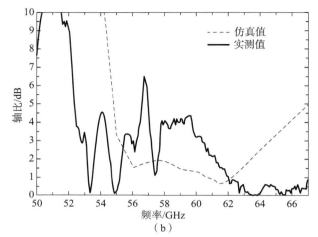

（b）

图 7. 16　不同位置的厚度和 AR 的仿真和实测结果 （续）

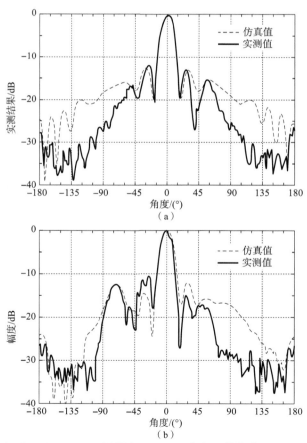

图 7. 17　60 GHz *xoz* 平面和 *yoz* 平面方向图的仿真和实测结果

　　此外，对天线每个角度的 CP 增益进行了测量，峰值增益如图 7.18（a）所示，在 60 GHz 下实测的增益为 15 dBi，比仿真结果下降了 2.5 dB。在 60 GHz 下，仿真的天线效率为 89%，实测值降低到 49%。主要由两个原因造成这样的结果，一个原因是由上述厚度的收缩效应引起阻抗失配，另一个原因是 LTCC 基板和金属的介电损耗。为了定量研究损耗问题，图 7.18（b）模拟了几种不同情况介质和导体的增益，从仿真结果可以看出，使用铜或 PEC 作为金属层，损耗差异很小，因此 LTCC 的介质和铜金属都会产生损耗。然而，与其他毫米波制造工艺相比，LTCC 总的损耗非常小，这是一个优势。图 7.18（b）也证实了这一结论，从图可以看到，金属的介电损耗和导电性使天线的增益降低了 0.5 dB。这个例子表明，LTCC 工艺和 SIW 结构在毫米波天线阵列设计中潜力很大。

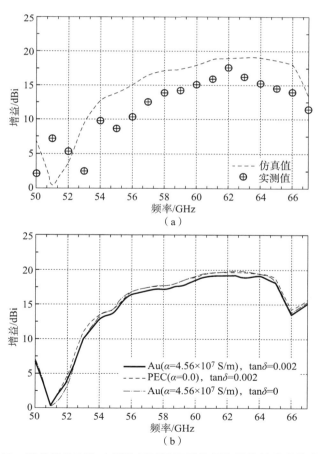

图 7.18　增益的仿真和实测结果以及不同基板和导体的增益仿真结果

7.4 小 结

本章简要回顾了毫米波 CP 天线阵列，举例介绍了针对未来 5G 和 WPAN 应用 60 GHz 天线阵列使用 LTCC 工艺的设计过程。关于阵列设计，我们应该考虑如何选择天线单元和宽带 AR 的策略。如果要在 60 GHz 设计一个宽带 CP 天线阵，现有三种可行的解决方案：①带有 SRFN 的微带单元；②带同相馈电网络的螺旋单元；③腔体加载。此外，在毫米波天线阵设计中，多 CP 模式耦合也可以提高 AR 带宽。如上例中使用 LTCC 工艺，通过双 CP 模式耦合实现了满足要求的 CP 性能，并通过了实验验证。

参 考 文 献

［1］ Zwick, T., Liu, D., and Gaucher, B. (2006). Broadband planar superstrate antenna for integrated millimeterwave transceivers. IEEE Trans. Antennas Propag. 54 (10)：2790 – 2796.

［2］ Promotion Group (2016). IMT – 2020 (5G) PG white paper. Beijing.

［3］ Stutzman, W. L. and Thiele, G. A. (2012). Antenna Theory and Design, 3e. New York：Wiley.

［4］ Balanis, C. A. (2005). Antenna Theory：Analysis and Design, 3e. New York：Wiley.

［5］ Herth, E., Rolland, N., and Lasri, T. (2010). Circularly polarized millimeter – wave antenna using 0 – level packaging. IEEE Antennas Wireless Propag. Lett. 9：934 – 937.

［6］ Qian, K. and Tang, X. (2011). Compact LTCC dual – band circularly polarized perturbed hexagonal microstrip antenna. IEEE Antennas Wireless Propag. Lett. 10：1212 – 1215.

［7］ Guntupalli, A. B. and Wu, K. (2014). 60 – GHz circularly polarized antenna array made in low – cost fabrication process. IEEE Antennas Wireless Propag. Lett. 13：864 – 867.

［8］ Park, S. – J. and Park, S. – O. (2017). LHCP and RHCP substrate integrated waveguide antenna arrays for millimeter – wave applications. IEEE Antennas Wireless Propag. Lett. 16：601 – 604.

［9］ Xu, J., Hong, W., Jiang, Z. H. et al. (2017). A Q – band low – profile dual circularly polarized array antenna incorporating linearly polarized substrate integrated waveguide – fed patch subarrays. IEEE Trans. Antennas Propag. 65 （10）: 5200 – 5210.

[10] Zhao, Y. and Luk, K. M. （2018）. Dual circular – polarized SIW – fed high – gain scalable antenna array for 60 GHz applications. IEEE Trans. Antennas Propag. 66 （3）: 1288 – 1298.

[11] Sun, M. , Zhang, Y. Q. , Guo, Y. X. et al. （2011）. Integration of circular polarized array and LNA in LTCC as a 60 – GHz active receiving antenna. IEEE Trans. Antennas Propag. 59 （8）: 3083 – 3089.

[12] Shen, T. M. , Kao, T. Y. J. , Huang, T. Y. et al. （2012）. Antenna design of 60 – GHz micro – radar system – in – package for noncontact vital sign detection. IEEE Antennas Wireless Propag. Lett. 11: 1702 – 1705.

[13] Sun, H. , Guo, Y. X. , and Wang, Z. （2013）. 60 – GHz circularly polarized U – slot patch antenna array on LTCC. IEEE Trans. Antennas Propag. 61 （1）: 430 – 435.

[14] Du, M. , Dong, Y. , Xu, J. , and Ding, X. （2017）. 35 – GHz wideband circularly polarized patch array on LTCC. IEEE Trans. Antennas Propag. 65 （6）: 3235 – 3240.

[15] Liu, C. , Guo, Y. X. , Bao, X. , and Xiao, S. – Q. （2012）. 60 – GHz LTCC integrated circularly polarized helical antenna array. IEEE Trans. Antennas Propag. 66 （3）: 1329 – 1335.

[16] Fakharzadeh, M. and Mohajer, M. （2014）. An integrated wide – band circularly polarized antenna for millimeter – wave applications. IEEE Trans. Antennas Propag. 62 （2）: 925 – 929.

[17] Wu, Q. , Hirokawa, J. , Yin, J. et al. （2017）. Millimeter – wave planar broadband circularly polarized antenna array using stacked curl elements. IEEE Trans. Antennas Propag. 65 （12）: 7052 – 7062.

[18] Zhu, Q. , Ng, K. B. , and Chan, C. H. （2017）. Printed circularly polarized spiral antenna array for millimeter – wave applications. IEEE Trans. Antennas Propag. 65 （2）: 636 – 643.

[19] Bisharat, D. J. , Liao, S. , and Xue, Q. （2015）. Circularly polarized planar aperture antenna for millimeter – wave applications. IEEE Trans. Antennas Propag. 63 （12）: 5316 – 5324.

[20] Bisharat, D. J. , Liao, S. , and Xue, Q. （2016）. High gain and low

cost differentially fed circularly polarized planar aperture antenna for broadband millimeter – wave applications. IEEE Trans. Antennas Propag. 64 (1): 33 – 42.

[21] Zhu, J., Liao, S., Yang, Y. et al. (2018). 60 GHz dual – circularly polarized planar aperture antenna and array. IEEE Trans. Antennas Propag. 66 (2): 1014 – 1019.

[22] Wu, Q., Yin, J., Yu, C. et al. (2017). Low – profile millimeter – wave SIW cavity – backed dual – band circularly polarized antenna. IEEE Trans. Antennas Propag. 65 (12): 7310 – 7315.

[23] Bai, X., Qu, S. W., Yang, S. et al. (2016). Millimeter – wave circularly polarized tapered – elliptical cavity antenna with wide axial – ratio beamwidth. IEEE Trans. Antennas Propag. 64 (2): 811 – 814.

[24] Bai, X. and Qu, S. W. (2016). Wideband millimeter – wave elliptical cavity – backed antenna for circularly polarized radiation. IEEE Antennas Wireless Propag. Lett. 15: 572 – 575.

[25] Asaadi, M. and Sebak, A. (2017). High – gain low – profile circularly polarized slotted SIW cavity antenna for MMW applications. IEEE Antennas Wireless Propag. Lett. 16: 752 – 755.

[26] Li, Y. and Luk, K. M. (2016). A 60 – GHz wideband circularly polarized aperture – coupled magneto – electric dipole antenna array. IEEE Trans. Antennas Propag. 64 (4): 1325 – 1333.

[27] Ruan, X., Qu, S. W., Zhu, Q. et al. (2017). A complementary circularly polarized antenna for 60 – GHz applications. IEEE Antennas Wireless Propag. Lett. 16: 1373 – 1376.

[28] Perro, A., Denidni, T. A., and Sebak, A. R. (2010). Circularly polarized microstrip/elliptical dielectric ring resonator antenna for millimeter – wave applications. IEEE Antennas Wireless Propag. Lett. 9: 783 – 786.

[29] Lin, S. K. and Lin, Y. C. (2011). A compact sequential – phase feed using uniform transmission lines for circularly polarized sequential – rotation arrays. IEEE Trans. Antennas Propag. 59 (7): 2721 – 2724.

[30] Li, Y., Zhang, Z., and Feng, Z. (2013). A sequential – phase feed using a circularly polarized shorted loop structure. IEEE Trans. Antennas Propag. 61 (3): 1443 – 1447.

[31] Deng, C., Li, Y., Zhang, Z., and Feng, Z. (2014). A wideband

sequential – phase fed circularly polarized patch array. IEEE Trans. Antennas Propag. 62 （7）：3890 – 3893.

[32] Li，Y.，Chen，Z. N.，Qing，X. et al. （2012）. Axial ratio bandwidth enhancement of 60 – GHz substrate integrated waveguide – fed circularly polarized LTCC antenna array. IEEE Trans. Antennas Propag. 60 （10）：4619 – 4627.

第 8 章
抑制表面波提高 LTCC 微带贴片天线增益

陈志宁[1]，卿显明[2]

[1] 新加坡国立大学电气与计算机工程系，新加坡 117583
[2] 新加坡科技研究局资讯通信研究院（I²R）信号处理射频光学部，新加坡 138632

8.1 引　　言

8.1.1　微带贴片天线上的表面波

表面波：最简单的情况是电磁波在自由空间或均匀介质中传播。当电磁波传播的媒质发生变化时，其振幅和相位分布、传播速率（速度和方向）和极化方式都会发生变化，电磁波就会发生反射或折射。研究发现还有一种现象，电磁波在不同介电常数或磁导率的两种媒质之间，或沿折射率梯度界面上传播，这种波称为"电磁表面波"。在界面上，电磁波沿着折射率梯度或界面传播。从物理和工程角度来看，这一现象是电磁波传播的重要类型之一，跨越了从长波到光波的电磁波频谱范围。在微波频段内，一直从物理的角度研究这种现象，并应用于射频路径和微波传输系统的设计和建模，如传输线，甚至单线传输线如 Goubau 线[1]，还有天线。

电磁表面波的基本特征是电磁能量沿界面传播。如果垂直于界面的电磁波的传播速度小于光速，则在该方向传播的电磁波向逐渐消失，不会有任何电磁能量从界面传播出去。因此，表面波的场分量随着与界面的距离增大而减小。电磁波沿界面传播，除非是有损表面波[2]，否则其能量形式保持不变。

20 世纪 50 年代，S. A. Schelkunoff 深入讨论了电磁表面波的现象、定义和特征[3]。根据文献 [3]，Lord Rayleigh 发现有限维的源可以激励两种类型的波：空间波和半无限弹性媒质中的表面波。空间波向各个方向传播，但表面波只沿媒质边界传播。读者可以在文献 [3] 中了解关于表面波的产生条件和表面波的分类。

图 8.1 为覆盖在理想导电体（Perfect Electrical Conductor，PEC）上相对介电常数为 ε_{r1} 的无限大媒质层。媒质周围是真空或自由空间，其相对介电常数 $\varepsilon_{r2}=1$，这种情况可以看作媒质基板通过 PEC 接地。如果将辐射贴片印制到介质基板上并充分激励，就变成了典型的微带贴片天线。在这种结构中，当电磁波从下方以大于临界角 $\theta_c = \arcsin(1/\sqrt{\varepsilon_{r1}})$ 的角度入射时，电磁波仅在媒质层中传播。

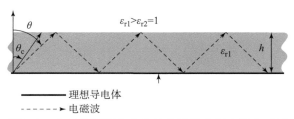

图 8.1　在两种不同介电常数的媒质边界上的全反射

此外，根据 R. F. Harrington 的研究，在接地介质层中可以激发 TE 模和 TM 模的表面波[4]，其截止频率为

$$f_c = \frac{nc}{4h\sqrt{\varepsilon_{r1}-1}} \tag{8.1}$$

式中：c 为自由空间中的光速（$n=0$，1，2，…），适用于不同的 TM_n 和 TE_{2n+1} 模式。

从式（8.1）可以看出，截止频率为 0 的 TM_0 表面模式可以被任意厚度 h 激励。因此，我们可以得出以下重要结论：

（1）通过 PEC 接地的介质层可以捕获表面波。

（2）介质层可以捕获更多的电磁波能量，介质层厚度 h 越厚，电磁波从介质表面消失得越快，如图 8.1 所示。

（3）介电常数越高，介质层捕获的能量越多。

当两种媒质的介电常数不同，就会激励出表面波（至少 TM_0 模式）。物理厚度较大或者工作频率较高，或两者兼之的电厚介质层存在更多的 TM 和 TE 表面模式，能够捕获更多的能量。被捕获的表面波能量沿界面传播，直到由于媒质的不连续性被反射，或者由于介质损耗或漏波而消失。

微带贴片天线上的表面波：在图 8.2 所示的微带贴片天线设计中，介质基板的厚度约为 $h = 0.01\lambda_0$（λ_0 是自由空间中的工作波长），典型值为 32～64 mil 或 0.813～1.626 mm；在低频段（工作频率低于 10 GHz）相对介电常数小于 5（FR4 的相对介电常数为 4.0 ~ 4.8）。因此，可以忽略电薄接地的介质基板微带结构产生的表面波[5]。

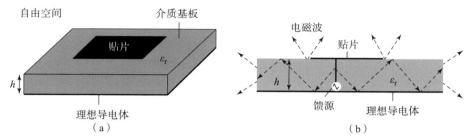

图 8.2　探针馈电微带贴片天线示意图和任意形状微带贴片天线中的电磁波

在 30 ~ 300 GHz 的毫米波频段，小于 30 GHz 以下频率的工作波长，则接地介质的典型电尺寸厚度为 32 ~ 64 mil。当电磁波在 PCB 中被激励时，介质层很可能产生表面波。因此，在毫米波频段微带贴片天线设计时应该考虑表面波对其性能的影响[6]。与有耗媒质和非理想导体引起的欧姆损耗不同，欧姆损耗将能量转换为热量，而其表面波的损耗表现在辐射方面，通常会使辐射器的辐射失真，不可避免地降低天线在期望方向的增益[7]。

8.1.2　微带贴片天线的表面波效应

表面波对天线性能的影响包括降低辐射效率和方向图失真。当贴片天线印制在无限大的基板上时，表面波的能量分布将被限制在基板中，因此表面波不影响天线的辐射。但是，表面波的存在会降低天线的辐射效率，这是因为部分馈电能量被捕获而不是辐射。当贴片天线印制在有限尺寸的基板上时，情况会变差。表面波到达介质基板边缘后会向空间辐射，可能导致更高的副瓣电平、更大的交叉极化电平、方向图变形。此外，衍射表面波可以耦合到介质基板上和接地层后面的电路中，可能会引入更多损耗，甚至滋生电磁兼容（Electromagnetic Compatibility，EMC）问题。

8.2　抑制贴片天线表面波的最新方法

对于微带贴片天线设计而言，抑制表面波十分重要而且非常困难，特别是对于工作在毫米波频段的电厚介质基板（厚度大或介电常数高）。目前，已经有许多解决方案可以减少表面波对贴片天线性能的影响。本章重点介绍基于理论分析模型抑制 TM_0 模表面波的技术，以及移除部分介质基板来抑制所有表面波模式的技术。

1. 抑制 TM_0 模表面波

如上所述，微带贴片天线介质基板的厚度和介电常数决定激励的表面波是 TM 模、TE 模、还是两种模式都有。即使是电薄基板，TM_0 模表面波也是始终存在的，因为 TM_0 表面波高于截止频率。因此，抑制主模 TM_0 表面波的激励是根本问题。

Jackson 等提出了两种解决方案来抑制圆形贴片天线的 TM_0 表面波[8]。为了在设计频率产生谐振，环形贴片天线的半径设计为建议的临界值，如图 8.3 所示。依据等效原理和腔体模型，环形微带贴片可以等效为磁电流环。因此，如果与磁电流环半径相同的圆形贴片满足以下条件，将不会激励 TM_0 表面波[8]：

$$J_1'(\beta_{TM_0}r) = 0 \tag{8.2}$$

式中：β_{TM_0} 为 TM_0 模表面波的传播常数；r 为磁环/贴片天线的半径；$J_1'(\cdot)$ 为第一类贝塞尔函数的一阶导数；r 的选择取决于介质基板的介电常数和厚度。

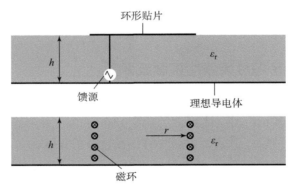

图 8.3　环形贴片天线的几何结构，以及基于等效
原理和贴片天线腔模型的外部场磁流模型

一旦半径确定，贴片天线就确定了，天线的谐振频率也由贴片的半径决定。为了将谐振频率调控至设计频率，文献［8］介绍了两种方法，如图 8.4 所示。图 8.4（a）所示的方法是移除贴片右后面的基板，可以提高谐振频率。根据等效理论，去除基板不会影响上述建模，磁环内的磁场为零。增加腔体半径 a 也可以提高贴片的谐振频率。图 8.4（b）所示的另一种方法是，减小圆形贴片的等效半径来提高谐振频率；环形天线通过探针进行短路，这两种贴片天线的设计使得激励的表面波功率很小。当圆形贴片天线安装在有限尺寸的接地板上时，随着表面波衍射的减少，可以获得更平滑的方向图。

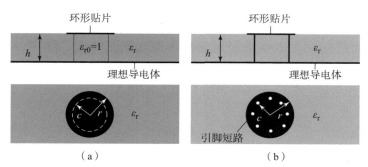

（a）　　　　　　　　　　　　　（b）

图 8.4　半径为 c 的中空环形贴片和环形贴片通过接地引脚短路（引脚在半径为 c 的圆上）

2. 悬挂式贴片天线

悬挂式贴片天线以抑制表面波、实现宽阻抗工作带宽而闻名[9~11]。将图 8.2（a）所示贴片天线的基板换成相对介电常数低得多的介质（如空气，$\varepsilon_r \approx 1$），可以很容易地实现这种天线。通常用间隔材料如聚苯乙烯泡沫塑料（$\varepsilon_r \approx 1.07$）或塑料柱来支撑贴片，但是这种类型的悬挂式贴片天线尺寸较大，不适用于大规模天线阵列。

另一种方法是在基板上穿孔，从而合成低相对介电常数的基板[12~14]。为了便于制造，通过移除部分贴片周围基板来形成低相对介电常数的原理更为实用，采用该方法大多形成沟槽结构，文献 [15～18] 也未说明详细过程。另外，微带贴片下面的腔体也可以用于抑制表面波的产生，如图 8.5 所示[19~21]。

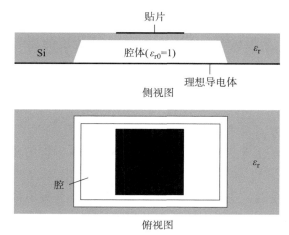

侧视图

俯视图

图 8.5　由腔体支撑的微带贴片天线

此外，引入 PBG 或 EBG 结构也可以抑制微带天线的表面波，尤其是 TM$_0$ 模式表面波[22,23]。在电介质基板上钻孔或在贴片周围设计薄介质柱形成 EBG 结构，从而改善贴片天线的方向图和增益。二维周期性贴片结构在一定频段内也可以阻止微带贴片天线表面波的传播[24-25]。此类结构通过抑制贴片天线之间的表面波传播来增强贴片天线之间的隔离，如图 8.6（a）所示[21]。EBG 结构作为柔性表面，已用于 LTCC 微带贴片天线设计[26-28]，如图 8.6（b）所示。柔性表面单元可以是不同类型的，通常与电小尺寸产生谐振。

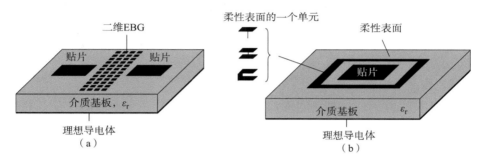

图 8.6　用于改善贴片天线之间隔离的 EBG 结构和贴片天线周围的柔性表面

8.3　移除部分基板的微带贴片天线

研究表明，合成或去除微带贴片天线的介质基板不仅可以改善方向图，而且可以提高增益。本节介绍基于此类技术的两种设计，一种详细介绍了微带贴片天线移除部分基板抑制表面波的机理；另一种展示了在 60 GHz 毫米波频段 LTCC 上，采用移除部分基板技术抑制表面波的详细过程和实际设计中需要考虑的问题。

8.3.1　移除部分基板技术

1. 移除部分基板的孔径耦合微带贴片

在 Roger 6006 介质基板上设计一个频率为 2.4 GHz 的传统孔径耦合微带贴片天线，$\varepsilon_r = 6.15$，损耗角正切为 0.002 7，孔径耦合微带贴片的几何结构如图 8.7（a）所示。贴片尺寸为 $l \times w$，位于上基板顶部的中心，上基板厚度为 h_1。馈电带为 50 Ω，位于下基板的底部，下基板厚度为 h_2，通过位于贴片中心正下方的窄矩形耦合槽激励贴片。图 8.7（b）所示为增益

和阻抗匹配随频率变化的仿真结果。结果表明，该设计实现了 10% 的阻抗
带宽，在 2.33 ~ 2.57 GHz 频段 $|S_{11}| < -10$ dB，更多详细尺寸参见文献
[29]。

移除贴片周围的基板，形成宽度为 g、深度为 h_1 的环形开口腔体如图
8.7（c）所示。图 8.7（d）研究了 g 的变化对天线增益的影响，相应地改
变天线尺寸保持谐振频率为 2.4 GHz。设计了 8 种不同宽度 g 的结构。设计
A 中 $g = 0$ mm；设计 H 中除贴片下方外，其他地方的介质基板完全去除；设
计 B ~ G 中，宽度 g 从 1.25 mm 逐渐增加到 44 mm。

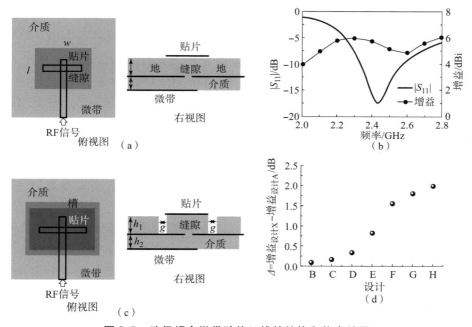

图 8.7　孔径耦合微带贴片天线的结构和仿真结果

（a）几何结构；（b）孔径耦合微带贴片天线的 $|S_{11}|$ 和增益随频率变化的仿真结果；

（c）移除基板的孔径耦合微带贴片天线；（d）与设计 A 相比，设计 B ~ H 的增益提升[29]

与设计 A 相比，在 2.4 GHz 下随着贴片天线的宽度 g 增加，设计 B ~ H
的增益都增加，如图 8.7（d）所示，尤其是设计 E、H 中，$g > 12$ mm，增
益从 0.7 dB 增加到 2.0 dB。应当注意，宽度增加有效介电常数相应地降低。
为了保证天线工作在 2.4 GHz，贴片尺寸变大，但接地层尺寸不变。因此，
所有的因素包括增大贴片尺寸、由于介质基板减少引起的介质损耗降低、以
及表面波抑制，都会使增益增加。

2. 去除部分基板结构的孔径耦合微带贴片

除了以上介绍的改变开口腔体尺寸外，图8.8介绍了去除不同结构的基板对天线阻抗匹配、谐振频率和增益的影响。考虑天线1~6的6种结构，为了保证2.4 GHz的谐振频率，贴片天线的尺寸也相应改变。

（1）天线1：与上节设计A相同；

（2）天线2：与上节设计H相同；

（3）天线3：在天线1的基础上，完全去除贴片辐射边缘的介质基板；

（4）天线4：在天线1的基础上，完全去除贴片非辐射边缘的介质基板；

（5）天线5：与天线1的设计相同，采用低介电常数基板；

（6）天线6：在天线1的基础上，完全去除贴片下方的介质基板。

为了验证天线增益提升的主要原因是表面波抑制而不是增大贴片尺寸，天线5与天线2的贴片尺寸相同，基板的相对介电常数 ε_r 不同，分别为6.15和3.6，天线都在2.4 GHz下工作。在天线6贴片下方嵌入一个尺寸与贴片相同的腔体，所有的基板厚度 h_1 不变与前面设计一样。

图8.8（a）中 $|S_{11}|$ 的仿真和实测结果表明，所有设计都在2.4 GHz下实现了良好的阻抗匹配。天线1~6的10 dB回波损耗的阻抗匹配带宽分别为8.3%、5%、5.1%、6%、11.2%和12%。注意，高表面波损耗可能只是阻抗带宽增大的原因之一。

图8.8（b）所示为2.4 GHz贴片上平面的归一化电场分布。可以看到，与天线1相比，天线2、3在接地层/基板边缘的辐射弱得多，而天线5、6从其边缘的辐射要强得多。与天线2、3相比，天线4在基板边缘和介质基板接地层的辐射更强。这说明微带贴片天线中产生的大部分表面波都来自贴片的辐射边缘。与天线1相比，天线5的介质基板边缘和接地层的辐射较弱，再次证明了介质基板产生了表面波，相对介电常数越高表面波越强这一事实。

由于6个天线均产生了表面波，贴片天线的增益也发生变化。天线1~6的增益分别为5.7 dBi、7.6 dBi、7.5 dBi、6.6 dBi和6.3 dBi，与图8.8（b）中的结果完全一致，说明与其他天线相比，天线2、3的表面波更弱，可以将更多辐射聚焦到轴向方向，所以这两个天线的增益最高，提升了1.9 dB。这也表明，上面的天线设计F-H增益提升的主要原因是抑制了表面波。

3. 天线之间的互耦或隔离

通过对微带贴片天线表面波的抑制，微带贴片天线之间可以获得较低的

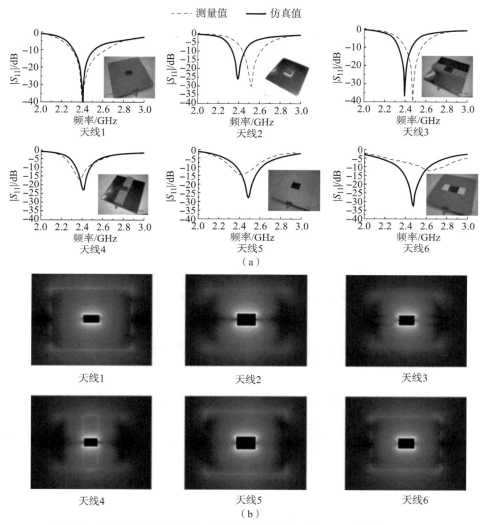

图 8.8　孔径耦合微带贴片天线的几何结构和阻抗匹配随频率的变化和

去除不同基板结构的 2.4 GHz 孔径耦合微带贴片天线的归一化电场分布（见彩插）

互耦和较高的隔离度。图 8.9 由两个天线单元组成，研究了沿 E 面放置的两个相邻微带贴片天线之间的互耦，天线 A 去除了部分基板，天线 B 没有去除。如图 8.9（a）所示，两个天线相对放置，彼此之间的距离为 d，d 分别为 $0.1\lambda_0$、$0.25\lambda_0$、$0.5\lambda_0$、$0.75\lambda_0$ 和 $1\lambda_0$。

图 8.9（b）所示为两个天线（A 和 B）在 2.4 GHz 下隔离度随 d 的变化，当 $d = (0.25 \sim 1.0)\lambda_0$ 时，天线 B 的隔离 $|S_{21}|$ 或 $|S_{12}|$ 更好，$d =$

$0.75\lambda_0$。天线 A 和 B 隔离度差值最大为 9.4 dB。然后随着 d 接近 λ_0，表面波强度减弱，天线 A 和 B 的隔离度变得接近。需要注意的另一点是，当间距 $d \approx 0.1\lambda_0$ 时，天线 A 和 B 的隔离度相同，是因为小间隔时空间波的互耦。

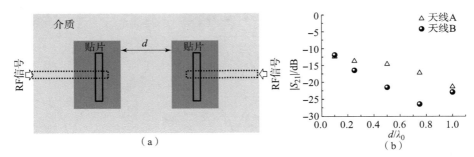

（a）

（b）

图 8.9　两个间隔为 d 相对放置的孔径耦合贴片天线和不同间隔 d 的天线 A 和 B 在 2.4 GHz 下的隔离度对比

总之，部分基板去除技术能够显著抑制微带贴片天线的表面波。因此，该技术不仅可用于提高微带贴片天线的增益，而且也可以改善近距离天线之间的隔离度。

8.3.2　移除部分基板的 60 GHz LTCC 天线

1. LTCC 毫米波天线

由于毫米波频段天线的工作频率更高，天线在材料选择、制造公差和天线测量方面都面临着独特的设计挑战。特别是与低频天线设计相比，由材料、制造公差、连接等引起的损耗在天线工程中的要求更加严格。传统 PCB 工艺对于高介电损耗、低制造公差的毫米波天线来说是不够的，因此使用 LTCC 制造毫米波天线备受关注。除了基板低损耗和高制造公差外，LTCC 工艺在实现多层结构、利用第 1 章中提到的通孔和腔体与电路元件集成方面更具灵活性。此外与传统 PCB 工艺相比，可靠灵活的制造工艺为毫米波天线和电路设计提供了更大的设计空间，尤其是跨层通孔和开放式或嵌入式腔体。

自 2000 年以来，利用 LTCC 工艺制造多种类型的毫米波天线，特别是工作在 60 GHz 及以上频率的天线。LTCC 工艺可以制造几乎所有类型的天线，如贴片天线、缝隙天线、八木天线和线性锥形缝隙天线，用于无线通信、雷达和成像系统[19~21,26~28,30~35]。

2. LTCC 天线的表面波损耗

在毫米波频段，与天线相关的损耗有导体和介质引起的欧姆损耗，以及表面波引起的辐射损耗。特别是 LTCC 基板的电厚度较大、介电常数高，在毫米波频段的天线设计中导致损耗显著增加，因此 LTCC 高增益天线/阵列设计非常困难。已经有一些公开的方法介绍了如何抑制损耗，特别是由表面波引起的损耗。下面的设计示例演示了通过去除部分基板技术降低表面波损耗，提升 LTCC 毫米波天线的增益。

3. 60 GHz LTCC 贴片天线

由于 LTCC 具有加工简单、机械稳定、不会坍塌、在显微镜下容易识别制造变形等特点，移除部分基板技术比嵌入腔体更适合 LTCC 天线。注意，完全去除贴片周围的基板形成基板"岛"，由于 LTCC 工艺的限制，不能制造这种结构，更现实的方法是部分移除贴片两个辐射侧周围的基板（依据 8.3.1 节的结论）。

图 8.6 为工作在 60 GHz 的传统孔径耦合贴片天线，分别为一种去除部分基板、一种不去除的设计。与 2.4 GHz 天线设计不同，此处的基板为 LTCC Ferro A6 – M，$\varepsilon_r = 5.9$，损耗角正切为 0.001，每层 LTCC 厚度为 0.096 52 mm。天线采用 5 层 LTCC 基板设计，总尺寸为 $l = 4$ mm、$w = 4$ mm、$h_1 = 0.386\ 08$ mm、$h_2 = 0.096\ 52$ mm。贴片由 50 Ω 微带线通过位于基板底部的缝隙馈电，切割的馈电缝隙位于馈电带上层基板上。有关天线设计的详细尺寸，参见文献 [36]。

图 8.10 所示的三种设计分别是：传统孔径耦合贴片（设计 A）未去除基板，作为参考设计；贴片正下方基板支撑的孔径耦合贴片（设计 B）；以及基板只存在于非辐射边缘的孔径耦合贴片（设计 C）。设计 B 无法采用 LTCC 工艺制造，因此采用仿真结果进行对比分析。

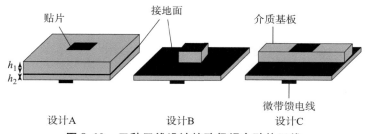

图 8.10　三种天线设计的孔径耦合贴片天线

图 8.11 比较了三种天线设计的阻抗匹配和增益响应随频率变化的仿真结果。如图 8.11（a）所示，设计 A 的阻抗带宽为 18%，而设计 C、D 约为 7%。如图 8.11（b）所示，与设计 A 相比，设计 B、C 在 57 ～ 64 GHz 的频

带上增益提升了 2.3～2.8 dB。对比说明设计 A 的工作带宽更宽，但由于在高相对介电常数的厚基板中产生了更大的表面波损耗，导致增益降低。因此，通过抑制表面波提高 LTCC 毫米波天线增益的技术是可行的。

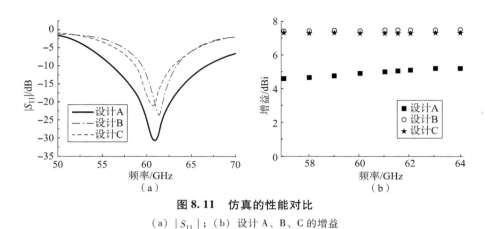

图 8.11　仿真的性能对比

（a）$|S_{11}|$；（b）设计 A、B、C 的增益

4. 60 GHz LTCC 贴片天线阵列

选取设计 A 和设计 C 作为天线单元设计 4×4 阵列，后者如图 8.12 所示。天线阵列内单元的间距为 0.6λ_0（λ_0 是 60 GHz 下的自由空间波长）。由于 LTCC 工艺的限制，沿贴片辐射边缘的一行基板无法完全去除，在 LTCC 基板上制造了 20 个底部接地的开放腔体，如图 8.12 所示。文献［36］介绍了阵列中常用的三种馈电结构：馈电微带线腔体、LTCC 层馈电微带线覆盖的腔体，以及馈电带的腔体。

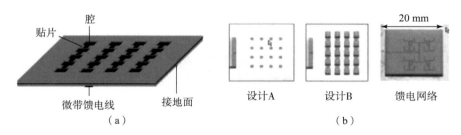

图 8.12　天线 4×4 阵列的设计和馈电网络

（a）4×4 阵列设计，通过贴片的辐射边缘具有开放式空腔；

（b）参考阵列和阵列原型，以及 LTCC 基板底部具有开放式空腔和馈电网络

5. 性能比较

天线阵列 A 和 B 的 $|S_{11}|$＜－10 dB 带宽分别为 17% 和 13%，增益分别

为 15.3 dBi 和 17.4 dBi。结果表明，采用去除部分基板技术可以显著抑制介质基板的表面波，从而大大提高 LTCC 贴片天线的增益。更重要的是，这种技术很容易通过 LTCC 工艺实现。

8.4　小　　结

微带贴片天线上不希望产生表面波。毫米波天线设计中，表面波是造成非欧姆损耗、降低天线增益和使微带贴片天线之间隔离的主要原因。在 LTCC 贴片天线的设计中，去除部分基板是抑制表面波的一种可行而有效的方法，可以显著提高微带贴片天线的增益，尤其是在毫米波频段更是如此。

参 考 文 献

[1]　Goubau，G.（1950）. Surface waves and their application to transmission lines. J. Applied Physics. Amer. Inst. Phys. 21：119.

[2]　Collin，R. E.（1990）. Surface waveguides. In：Field Theory of Guided Waves，Chapter 11. New York：Wiley – IEEE Press.

[3]　Schelkunoff，S. A.（1959）. Anatomy of "surface waves". IRE Trans. Antennas Propaga. 7（5）：S133 – S139.

[4]　Harrington，R. F.（2001）. Time – Harmonic Electromagnetic Fields. Chapter 4 – 8. New York：IEEE Press.

[5]　Garg，R.，Bhartia，P.，Bahl, I. J.，and Ittipiboon，A.（2001）. Microstrip Antenna Design Handbook. Chapter 1. Boston：Artech House.

[6]　Pozar，D. M.（1983）. Considerations for millimeter wave printed antennas. IEEE Trans. Antennas Propaga. 31（5）：740 – 747.

[7]　Bhattacharyya，A. K.（1990）. Characteristics of space and surface – waves in a multilayered struc – ture. IEEE Trans. Antennas Propaga. 38（9）：1231 – 1238.

[8]　Jackson，D. R.，Williams，J. T.，Bhattacharyya，A. K. et al.（1993）. Microstrip patch designs that do not excite surface waves. IEEE Trans. Antennas Propaga. 41（8）：1026 – 1037.

[9]　Chen，Z. N.（2000）. Broadband probe – fed plate antenna. In：30th European Microwave Conference，1 – 5.

[10]　Chen，Z. N. and Chia，M. Y. W.（2005）. Broadband Planar Antennas：

Design and Applications. London：Wiley.

［11］ Lee, H. S., Kim, J. G., Hong, S., and Yoon, J. B. (2005). Micromachined CPW – fed suspended patch antenna for 77 GHz automotive radar applications. Eur. Microwave Conf. 3：4 – 6.

［12］ Gauthier, G. P., Courtay, A., and Rebeiz, G. M. (1997). Microstrip antennas on synthesized low dielectric – constant substrates. IEEE Trans. Antennas Propoga. 45 (8)：1310 – 1314.

［13］ Colburn, J. S. and Rahmat – Samii, Y. (1999). Patch antennas on externally perforated high dielectric – constant substrates. IEEE Trans. Antennas Propaga. 47 (12)：1785 – 1794.

［14］ Yook, J. G. and Katehi, L. P. B. (2001). Micromachined microstrip patch antenna with controlled mutual coupling and surface waves. IEEE Trans. Antennas Propaga. 49 (9)：1282 – 1289.

［15］ Solis, R. A. R., Melina, A., and Lopez, N. (2000). Microstrip patch encircled by a trench. IEEE Int. Sym. Antennas Propaga. Soc. 3：1620 – 1623.

［16］ Chen, Q., Fusco, V. F., Zheng, M., and Hall, P. S. (1998). Micromachined silicon antennas. Int. Conf. Microwave Millimeter – wave Tech. Proc.：289 – 292.

［17］ Chen, Q., Fusco, V. F., Zhen, M., and Hall, P. S. (1999). Trenched silicon microstrip antenna arrays with ground plane effects. In：29th European Microwave Conference, vol. 3, 263 – 266.

［18］ Chen, Q., Fusco, V. F., Zheng, M., and Hall, P. S. (1999). Silicon active slot loop antenna with micromachined trenches. IEE Nat. Conf. Antennas Propaga.：253 – 255.

［19］ Panther, A., Petosa, A., Stubbs, M. G., and Kautio, K. (2005). A wideband array of stacked patch antennas using embedded air cavities in LTCC. IEEE Microwave Wirel. Compon. Lett. 15 (12)：916 – 918.

［20］ Lamminen, A. E. I., Saily, J., and Vimpari, A. R. (2008). 60 – GHz patch antennas and arrays on LTCC with embedded – cavity substrate. IEEE Trans. Antennas Propaga. 56 (9)：2865 – 2874.

［21］ Byun, W., Kim, B. S., Kim, K. S. et al. (2009). 60 GHz 2 × 4 LTCC cavity backed array antenna. IEEE Int. Sym. Antennas Propaga.：1 – 4.

［22］ Gonzalo, R., de Maagt, P., and Sorolla, M. (1999). Enhanced patch –

antenna performance by suppressing surface waves using photonic – bandgap substrates. IEEE Trans. Microwave Theory Tech. 47 （11）: 2131 – 2138.

[23] Boutayeb, H. and Denidni, T. A. （2007）. Gain enhancement of a microstrip patch antenna using a cylindrical electromagnetic crystal substrate. IEEE Trans. Antennas Propoga. 55 （11）: 3140 – 3145.

[24] Yang, F. and Rahmat – Samii, Y. （2001）. Mutual coupling reduction of microstrip antennas using electromagnetic band – gap structure. IEEE Int. Sym. Antennas Propaga. Soc. 2: 478 – 481.

[25] Llombart, N., Neto, A., Gerini, G., and de Maagt, P. （2005）. Planar circularly symmetric EBG structures for reducing surface waves in printed antennas. IEEE Trans. Antennas Propaga. 53 （10）: 3210 – 3218.

[26] Li, R. L., DeJean, G., Tentzeris, M. M. et al. （2005）. Radiation – pattern improvement of patch antennas on a large – size substrate using a compact soft – surface structure and its realization on LTCC multilayer technology. IEEE Trans. Antennas Propaga. 53 （1）: 200 – 208.

[27] Byun, W., Eun, K. C., Kim, B. S. et al. （2005）. Design of 8 × 8 stacked patch array antenna on LTCC substrate operating at 40 GHz band. Asia Pacific Microwave Conf. : 1 – 4.

[28] Lamminen, A. E. I., Vimpari, A. R., and Saily, J. （2009）. UC – EBG on LTCC for 60 GHz frequency band antenna applications. IEEE Trans. Antennas Propagat 57 （10）: 2904 – 2912.

[29] Yeap, S. B. and Chen, Z. N. （2010）. Microstrip patch antennas with enhanced gain by partial substrate removal. IEEE Trans. Antennas Propaga. 58 （9）: 2811 – 2816.

[30] Seki, T., Honma, N., Nishikawa, K., and Tsunekawa, K. （2005）. A 60 GHz multilayer parasitic microstrip array antenna on LTCC substrate for system – on – package. IEEE Microwave Wirel. Compon. Lett. 15 （5）: 339 – 341.

[31] Vimpari, A., Lamiminen, A., and Saily, J. （2006）. Design and measurements of 60 GHz probe – fed patch antennas on LTCC substrates. In: Proceedings of the 36th European Microwave Conference, 854 – 857.

[32] Lee, J. H., Kidera, N., Pinel, S. et al. （2006）. V – band integrated filter and antenna for LTCC front – end modules. IEEE Int. Microwave. Symp. : 978 – 981.

［33］ Jung, D. Y. , Chan, W. , Eun, K. C. , and Park, C. S. （2007）. 60 –
GHz system – on – package transmitter integrating sub – harmonic frequency
amplitude shift – keying modulator. IEEE Trans. Microwave Theory Tech. 55
（8）: 1786 – 1793.

［34］ Aguirre, J. , Pao, H. Y. , Lin, H. S. et al. （2008）. An LTCC 94 GHz
antenna array. IEEE Int. Sym. Antennas Propaga. : 1 – 4.

［35］ Xu, J. , Chen, Z. N. , Qing, X. , and Hong, W. （2011）. Bandwidth
enhancement for a 60 GHz substrate integrated waveguide fed cavity array
antenna on LTCC. IEEE Trans. Antennas Propaga. 59 （3）: 826 – 832.

［36］ Yeap, S. B. , Chen, Z. N. , and Qing, X. （2011）. Gain – enhanced
60 – GHz LTCC antenna array with open air cavities. IEEE Trans. Antennas
Propaga. 59 （9）: 3470 – 3473.

第 9 章
毫米波汽车雷达的基片集成天线

卿显明[1]，陈志宁[2]

[1] 新加坡科技研究局资讯通信研究院（I[2]R）信号处理射频光学部，新加坡 138632
[2] 新加坡国立大学电气与计算机工程系，新加坡 117583

9.1　引　　言

在过去 40 年中，让驾驶可以减弱天气条件和其他环境的影响，更安全、更方便一直是每一代新车的关键承诺之一[1~4]。基于雷达的传感器是进一步降低交通事故数量、降低事故严重性的关键技术。汽车雷达 1999 年就已上市，最先应用 24 GHz 和 77 GHz 频段，后来在 77～81 GHz 的新频段使用中短程传感器。到 2003 年，大多数汽车制造商在高端车上配置了雷达系统。从那时起，制造商开始生产新一代汽车雷达传感器。越来越多的新车集成了雷达传感器，以实现驾驶辅助功能，如自适应巡航控制（Adaptive Cruise Control，ACC）、紧急制动（Emergency Braking，EB）、驻车辅助系统（Parking Assistant System，PAS）、变道辅助（Lane Change Assist，LCA）、前/后方交通穿行提示（front/rear cross‒trafic alert，F/RCTA）、后车防撞预警（Rear‒Collision Warning，RCW），以及盲区监测（blind spot detection，BSD），使驾驶更舒适更安全[5~11]。文献［2~3］深入探讨了汽车雷达从诞生到现在的发展历程。目前，中级车也配备了基于雷达的先进驾驶员辅助系统（Advanced Driver Assistance Systems，ADAS）。随着硅基毫米波电路的集成度越来越高、成本越来越低，紧凑型汽车雷达安全系统将成为一种标准配置[12~13]。

9.1.1　汽车雷达分类

没有一款超级雷达传感器能够实现 ADAS 所需的全部功能，需要特定的雷达传感器才能满足不同的场景需求，如适当的视场（Field of View，

FOV）。汽车工业中的雷达传感器大致分为以下三类。

（1）远程雷达（Long - Range Radar，LRR）：用于窄波前视应用，如 ACC；

（2）中程雷达（Medium - Range Radar，MRR）：用于中等距离和速度分布的应用，如 CTA；

（3）短程雷达（Short - Range Radar，SRR）：用于在车辆靠近时进行传感的应用，如 PAS。

此外，雷达传感器还可分为转角雷达和前置雷达。转角雷达通常安装在汽车后角和前角，进行近距离探测；前置雷达则用于中远距离探测。

图 9.1 描述了 ADAS 中的雷达子系统，每一个子系统在雷达距离和角度测量方面都有特定的功能要求，如表 9.1 所示。

图 9.1　ADAS 中的雷达子系统[4]

表 9.1　根据距离检测能力的汽车雷达分类

雷达类型	远程雷达	中程雷达	短程雷达
距离/m	10 ~ 250	10 ~ 100	0.15 ~ 30
距离分辨率/m	0.5	0.5	0.1
测距精度/m	0.1	0.1	0.02
速度分辨率/(m·s^{-1})	0.6	0.6	0.6
测速精度/(m·s^{-1})	0.1	0.1	0.1
测角精度/(°)	0.1	0.5	1
方位角视场/(°)	±5	±5	±10
俯仰角视场/(°)	±15	±40	±80
应用场合	ACC，EB	F/RCTA，BSD，RCW	PAS，PC

9.1.2　汽车雷达的频段

目前，汽车雷达传感器主要使用 24 GHz 和 77 GHz 两个频段，也对其他频率（如低于 10 GHz 或高于 100 GHz）进行了调研。目前还没有实际工程应用。

24 GHz 的应用包括工业、科学和医疗（industrial, science, and medical, ISM）从 24.0~24.25 GHz 频段也称为窄带（narrowband, NB），带宽为 250 MHz。24 GHz 还包括 21.65 ~ 26.65 GHz 的超宽带（ultra - wideband, UWB），带宽 5 GHz。汽车传感器的短程雷达同时使用 24 GHz NB 和 UWB 频段，基础的盲区检测使用 24 GHz NB，而对于超短程雷达的应用，由于高距离分辨率的需要，使用 24 GHz UWB 频段。然而，依据欧洲电信标准协会（European Telecommunications Standards Institute, ETSI）和美国联邦通信委员会（Federal Communications Commission, FCC）制定的频谱规则和标准，24 GHz UWB 频段正在被逐步淘汰，2022 年 1 月 1 日后将无法使用[14~18]。

汽车雷达的首次使用的 77 GHz 频段是 76~77 GHz，几乎在全世界范围内都可以使用。第二频段是与之相邻的 77~81 GHz，以取代 24 GHz UWB。表 9.2 列出了不同国家和地区当前的频率监管状况。

表 9.2　全球汽车雷达可用的频带

国家	24 GHz 窄带（ISM 24.05 ~ 24.25 GHz, NB）	24 GHz 超宽带（21.65 ~ 26.65 GHz UWB）	60 GHz 频段（60 ~ 61 GHz）	77 GHz 频段（76 ~ 77 GHz）	79 GHz 频段（77 ~ 81 GHz）
欧洲	√	√		√	√
美国	√	√		√	√
中国	√			√	
日本			√	√	√
俄罗斯	√	√		√	√
韩国	√	√		√	√

9.1.3　24 GHz 和 77 GHz 频段的比较

长期以来，汽车雷达在 24 GHz 和 77 GHz 两个频段的选择上一直存在着竞争。早期，24 GHz 雷达传感器通常用于近距离和中距离探测，而 77 GHz 雷达传感器则用于远距离探测。尽管 24 GHz 雷达传感器、特别是 24 GHz 侧视近距离雷达传感器在毫米波雷达市场上仍占主导地位，但随着技术的快速发展，77 GHz 雷达传感器的成本愈来愈低，性能愈来愈好，将取代 24 GHz 雷达传感器。到 2020 年，77 GHz 雷达传感器的市场占有率几乎超过 24 GHz 雷达传感器。

24 GHz 频带的带宽有限，加上新兴雷达应用对高性能的需求，使得 24 GHz 频带对新的汽车雷达传感器的吸引力降低。考虑到汽车行业对自动泊车和 360°全景影像等高级应用的巨大兴趣，这一点尤其正确。

车载远程雷达应用使用 76 ~ 77 GHz 频段，该频段具有更高的等效全向辐射功率（equivalent isotropic radiated power，EIRP），这正是自适应巡航控制等远程雷达应用所需要的。最近，监管机构和业界都非常关注 77 ~ 81 GHz 的新短程雷达频段，可用带宽达到 4 GHz，能满足远距离高分辨率应用的需求。在不久的将来，77 GHz 汽车雷达传感器很有可能取代大部分 24 GHz 雷达传感器。

与 24 GHz 汽车雷达传感器相比，77 GHz 汽车雷达传感器的优点包括[19]。

（1）更高的距离分辨率和距离精度。

77 GHz 雷达传感器在距离分辨率和精度方面的性能是 24 GHz 雷达传感器的 20 倍。可实现的距离分辨率达到 4 cm，这对于汽车驻车辅助功能非常有用，因为高距离分辨率可以更好地识别目标，传感器可识别的最小距离更短。

（2）更高的速度分辨率和精度。

速度分辨率和精度与工作频率成反比。因此，77 GHz 雷达传感器的速度分辨率和精度是 24 GHz 雷达传感器的 3 倍。自动驻车辅助应用需要在低速下精确操纵车辆，因此需要更高的速度分辨率和精度。

（3）尺寸和体积更小。

对于给定的天线 FOV 和增益，77 GHz 天线的口径约为 24 GHz 天线口径的 1/9。天线越小传感器就越小，这一点在汽车应用中很关键，因为雷达传感器需要安装在保险杠后面或汽车周围的狭小空间内，如车门或行李厢。

9.1.4　汽车雷达传感器天线系统的注意事项

天线系统是区分汽车雷达传感器的主要因素之一。除了增益、阻抗匹配、带宽、副瓣电平和交叉极化电平等天线单元性能外，还需要考虑 FOV 和信道数量等系统要求[13,20]。

一般来说，汽车雷达传感器需要更宽的 FOV，但高增益天线的波束宽度限制了 FOV，因此在天线系统设计和整体传感器布局的改进上开展了大量工作，提出了多波束天线、可切换波束天线和模/数波束形成天线阵列等。

9.1.4.1　透镜天线和反射面天线

介质透镜天线[21]和反射面天线[8,22]已用于窄 FOV 的远程雷达传感器。当使用多个天线馈源时，不同馈源可以在不同方向上连续或者依次产生多个波束，如图 9.2 和图 9.3 所示。如果将每个天线馈源连接到一个单独的接收器通道，可以实现并行数据采集，允许同时处理多个天线波束，因而多波束天线采用单脉冲可以收集检测目标的角度信息[9]。

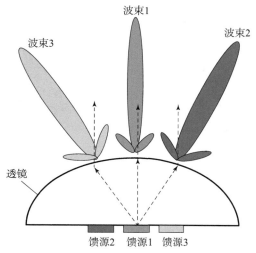

图 9.2　波束可切换介质透镜天线

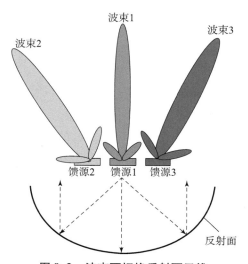

图 9.3　波束可切换反射面天线

9.1.4.2 平面天线

微带平面天线是最流行的平面天线类型。单个贴片天线可以作为透镜天线的馈电单元,微带贴片阵列可以直接用作汽车天线,如图9.4所示[10-12]。对于大型天线阵列,馈电网络的损耗可能会限制天线尺寸。

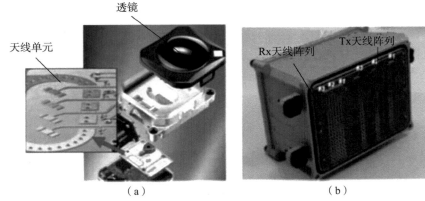

透镜

天线单元

Rx天线阵列　　Tx天线阵列

（a）　　　　　　　　　　　　（b）

图9.4 使用微带天线单元作为透镜馈电的汽车雷达传感器以及具有三个发射和三个接收贴片天线阵列的传感器（蒙博世和丰田实验室许可）

天线阵列连接到馈电网络从而产生固定波束。天线单元或子阵列也可以连接到模拟或数字波束形成网络,从而实现电子波束扫描,如图9.5所示。使用相控阵技术的模拟波束形成如图9.5(a)所示,波束形成直接在毫米波前端产生[23~24]。通过电子控制每个移相器的相位权重,天线的指向和波束宽度可以调整到所需的值,通过改变波束形状提供了多模能力。通过减小天线单元的幅值,还可以控制副瓣电平。由于毫米波移相器的成本很高,将相控阵概念用于汽车雷达几乎是不可能的。直到近10年,改进的硅半导体技术可以将多通道移相器和可变放大器集成到一个芯片中,让模拟波束形成技术应用于汽车雷达传感器成为可能,尤其是在77 GHz频段。

与模拟波束形成不同,图9.5(b)所示的数字波束形成在数字基带中进行波束控制[25]。每个天线单元都有一个单独的射频链路,在基带中应用幅值和相位加权通过矩阵运算形成波束。数字波束形成的优点是可以采用多种方式处理和组合数字数据流,获得不同的输出信号。也可以同时检测来自各个方向的信号,在感知远距离目标时可以对信号进行较长时间积分,而在感知快速移动的近距离目标时可以对信号进行较短时间积分。

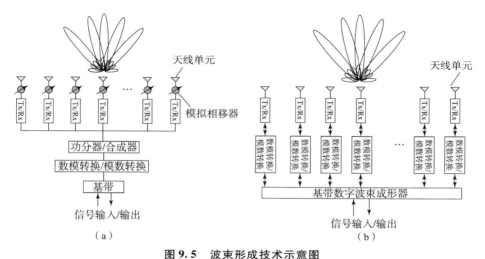

图 9.5 波束形成技术示意图

（a）模拟波束形成；（b）数字波束形成

9.1.5 制造和封装注意事项

汽车雷达传感器必须能够在雨、雪或寒冷等恶劣环境下工作，温度变化范围为 −40～85℃甚至更高，还要能够承受冲击和振动。因此，必须严格选择材料、制造工艺和封装。基板材料需要适用 77 GHz 的高频段，其物理和电学性能在温度范围内保持稳定，且不吸收水分。另外，标准微波基板可能过于昂贵，为了降低成本，可以使用标准 PCB 制造工艺，但要在 77 GHz 工作频率范围内实现 20 μm 的精度是非常困难的，这也对天线容差设计提出了巨大挑战。此外，金属表面需要电镀进行防腐保护，天线和雷达传感器作为一个整体，也要采用合适的封装进行保护。天线罩必须在各自的频率范围内对电磁波透明，因此选用塑料的最佳厚度为半波导波长的倍数。最后，应在电磁波辐射所有角度对天线罩进行优化，而不仅仅是瞄准方向。

9.2 最先进的 24 GHz 和 77 GHz 汽车雷达天线

与反射面天线和透镜天线相比，基片集成平面天线阵列更适合汽车雷达传感器。微带贴片天线因其成本低、尺寸小、易与系统集成以及容易实现阵列结构等优点，成为汽车雷达传感器的理想选择[26~27]。微带天线的主要问题在于无用辐射以及表面波耦合和损耗。另外，SIW[28~30]和后壁波导馈电天线的优势与微带天线相同，它们使用相同的 PCB 制造技术进行设计和实现。但 SIW 作为一种类似波导的结构，不会受到无用辐射和表面波损耗的影响，这缓解了使用薄基片进行天线设计的局限性。这些优点可能提升 SIW 天线的辐射效率。

本节简要回顾了用于汽车雷达传感器的最先进的基片集成平面天线。

9.2.1　最先进的 24 GHz 汽车雷达天线

9.2.1.1　低交叉极化电平的短路寄生菱形贴片天线阵列

侧后方探测系统（Rear and Side Detection，RASD）的天线因为要利用 45°斜极化来减小相邻车道上行驶车辆的干扰，需要较低的交叉极化电平。来自其他车辆的信号通过 45°斜极化进行正交极化[31-33]。为了降低传统 45°斜极化微带天线的交叉极化，Shin 等提出了一种短路寄生菱形阵列天线，如图 9.6 所示，切开菱形贴片天线的两侧作为阵列单元。这些寄生单元增大了主极化相关的电流，同时减少了与交叉极化相关的电流。在寄生单元的中心插入接地引脚，以减小与交叉极化相关的电流。图 9.6 所示设计的六单元阵列基板的相对介电常数 $\varepsilon_r = 3.48$、$\tan\delta = 0.003\ 1$、厚度为 0.254 mm。辐射器面积为 44.2 mm×6.1 mm，基板尺寸为 50 mm×65 mm。被测天线的带宽为 660 MHz，频率范围为 23.87～24.53 GHz，增益为 11.04 dBi，交叉极化电平为 −20.73 dB，副瓣电平为 −20.59 dB，前后比为 −29.10 dB，xoz 平面上的波束宽度为 16.2°，在 yoz 平面上的波束宽度为 100.8°。

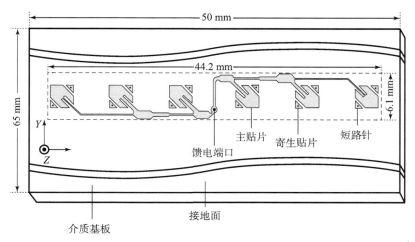

图 9.6　由短路寄生菱形贴片天线单元组成的阵列天线，具有低交叉极化水平[31]

9.2.1.2　紧凑型双层 Rotman 透镜馈电微带天线阵

Rotman 透镜是一种约束透镜，波在其中沿设计方程约束的路径传播，产生具有相位关系的多个波束，相位关系由波通过透镜的路径长度确定。紧凑型 Rotman 透镜是一种理想的波束形成网络，可在车辆表面实现多波束雷达传感器。文献［34］报道了一种紧凑的双层 Rotman 透镜馈电微带天线阵列，工作频率为 24 GHz。如图 9.7 所示，透镜馈电天线由两层组成，这是一种减小 Rotman 透镜尺寸的新方法。透镜按顺序由顶部金属层、介质层、公共接地层、介质层和底部金属层组成。透镜位于底层，天线位于顶层，通过缝隙转换进行电连接。这种双层结构不仅减小了透镜的总尺寸，而且因为设计的短且直延迟线，还降低了延迟线的损耗。

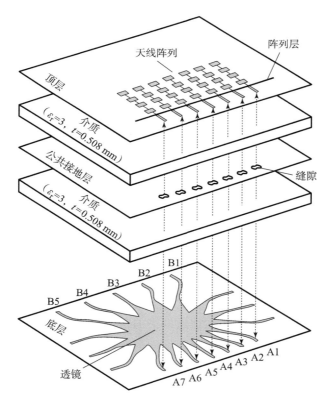

图 9.7　双层 Rotman 透镜馈电天线阵列的几何结构（包括顶部金属层、介质基板、公共接地层、介质基板和底部金属层）[34]

图 9.8 所示的天线样机有 7 个阵列端口、5 个波束端口和 6 个虚拟端口，天线基板为 RO3003，$\varepsilon_r = 3.0$、$\tan\delta = 0.001\ 3$、厚度为 0.508 mm。焦角和

相应的扫描角均为 ±30°，天线间距为 24 GHz 波长的 0.6 倍。透镜的直径约为 27 mm，总尺寸（包括透镜、端口和转换）为 75 mm × 80 mm，由 50 Ω 微带线馈电。

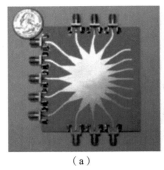

（a）　　　　　　　　　（b）　　　　　　　　　（c）

图 9.8　制造的双层 Rotman 透镜馈电天线

（a）底层；（b）接地层；（c）顶层[34]

在 RO3003 基板上设计了串联馈电四单元贴片阵列，贴片宽 4.4 mm，长 3.4 mm，谐振频率为 24 GHz，一条输入阻抗为 360 Ω 的窄微带线将贴片串联起来。贴片间距 3.0 mm，以 6.4 mm（24 GHz 波长的 0.512 倍）的间隔周期性排列。该天线在 23～25 GHz 范围内阻抗匹配良好，回波损耗大于 10 dB。天线方向图测量结果表明，在 −28.1°、−14.9°、0°、15.5° 和 28.6° 波束方向上的波束宽度分别为 13.4°、13.2°、12.8°、13.5° 和 13.0°。

9.2.1.3　无馈电网络的 SIW 寄生天线阵

文献［35］报道了一种无馈电网络的紧凑型 SIW 寄生天线阵列，如图 9.9 所示。传统天线阵列中的天线单元由多级功分器组成的复杂馈电网络激励，而该天线阵列中只有一个天线单元被激励，沿 x 轴和 y 轴的相邻阵列单元通过感应窗以非辐射方式耦合。这种耦合技术使设计更加紧凑，便于与有源器件集成。此外，插入损耗和馈电网络的寄生辐射显著降低，提高了整体辐射效率。还可以通过调整相邻阵元之间的耦合来优化幅度分布，有效地消除 H 面上的旁瓣，降低 E 面上的旁瓣。通过调整感应窗宽度可以控制相邻单元之间的耦合度，实现电场在不同缝隙上的最佳幅度分布，在 H 面上获得了沿宽边无旁瓣的定向辐射方向图。通过调整辐射缝隙的高度来降低 E 面上的旁瓣。

如图 9.9 所示，单馈 3×3 单元的寄生 SIW 阵列天线样机的总尺寸为 18.00 mm × 19.60 mm × 0.56 mm，测量阻抗带宽为 315 GHz，在 24.15 GHz 的最大阵列增益为 10.3 dBi，交叉极化电平超过 30 dB。在 H 面和 E 面上的

图 9.9　SIW 寄生天线阵列[35]

3 dB 波束宽度分别为 43°和 46°。

9.2.1.4　基于单脉冲比幅技术的抛物柱面天线

Tekkou K 等人在 24 GHz 频段提出了一种采用抛物柱面准光波束形成网络的比幅单脉冲缝隙 SIW 天线阵[36]。如图 9.10 所示，位于反射面内的一组喇叭对照射波束形成器，每对喇叭由两个 H 面扇形喇叭组成，连接一个耦合器。每对喇叭同相/反相工作时，Σ/Δ 波束沿天线 E 面扫描，辐射在同一扫描平面可实现扫描和跟踪功能。通过切换位于抛物柱面天线转换器焦平面内一对喇叭的输入端口来实现上述功能，因此无须对天线系统进行机械扫描。为确保单脉冲工作时 Δ 辐射方向图的零深，分别对每个喇叭对进行优化设计。此外，该天线还可应用于多跟踪系统中，其中单个天线可以同时跟踪多个目标，因为它可以从一个输入端口快速切换到另一个输入端口。

如图 9.10 所示天线样机的 FOV 为 ±26°，在 24.15 GHz 处所有测量的 Δ 波束零深均优于 −20 dB，对于 Σ 波束，天线增益为 21.6~20.5 dBi 之间，当 VSWR <2 时，测量的输入反射带宽约为 2.4%。

9.2.2　最先进的 77 GHz 汽车雷达天线

9.2.2.1　适用于中远程汽车雷达的 SIW 新天线阵列

LRR、MRR 和 SRR 对天线 FOV 有不同的要求，例如 LRR 要求天线具有高增益窄 FOV 特性，而 MRR 需要天线具有低增益宽 FOV 特性。如果要在一个模块中实现 MRR 和 LRR，一种可能的方式是设计两组天线，即用于 LRR

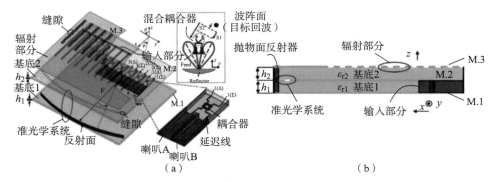

图 9.10　采用单脉冲比幅技术的抛物柱面天线分解图
（小图：中间喇叭对的比幅单脉冲技术原理）
（a）三维视图；（b）横截面图[36]

的高增益天线和用于 MRR 的低增益天线，然后通过毫米波控制电路切换。这种方案的缺点是功率效率低，因为很大一部分毫米波功率浪费在开关的损耗上。此外，天线也占据更大的面积，基带信号处理也变得更加复杂。因此，希望有一种天线能同时支持中远程雷达传感器（MLRR）[37-38]。

图 9.11 为支持 MLRR 传感器天线的理想方向图（水平面），方向图为"平肩形状"。将 θ_{LRR} 定义为天线主波束的 3 dB 波束宽度（Beamwidth，BW），$G_p = G_{t1} - G_{t2} = 40 \lg k \left(k = \dfrac{R_{LRR}}{R_{MRR}} \right)$ 为峰值和平肩之间的增益差，θ_{MRR} 定义为方向图的 $-G_p$ dB 的波束宽度。例如，假设 $R_{LRR} = 200\,\mathrm{m}$，$R_{MRR} = 100\,\mathrm{m}$，因此 $k = 2$，$G_p = 12\,\mathrm{dB}$。如果令 $\theta_{LRR} = 15°$，令 $\theta_{MRR} = 80°$，水平面内的 -12 dB BW 约为 $\pm 40°$。平肩区域的电平波动应尽可能小，考虑其对天线探测范围和天线制造精度的影响，$2 \sim 3$ dB 波动是可以接受的。

Yu 等人提出了一种具有平肩形方向图的 SIW 缝隙天线阵列，用于 77 GHz 频段的 MLRR 传感器。天线基板为 Rogers 5880（$\varepsilon_r = 2.2$，$h = 0.508$ mm）如图 9.12 所示。由于 θ_{LRR} 的要求，天线阵列由 6 个相同的 SIW 线性缝隙子阵列组成，每个子阵列包含 16 个 SIW 缝隙单元。采用 Elliott 方法设计线性子阵列[39-40]，并使用"一阶感应窗"[41]结构来改善阻抗匹配。在 76.4 ~ 77.8 GHz，天线阵列在 E 面（xoz 平面或水平面）的 3 dB 带宽为 $\pm 7° \sim 7.5°$，峰值增益为 21.7 dBi，适用于 LRR 传感器。在阻抗带宽范围内，平肩区域的最大 G_p 为 12 dB，波动为 3.3 dB，适用于 $R_{LRR} \approx 2R_{MRR}$ 时的 MLRR 应用。

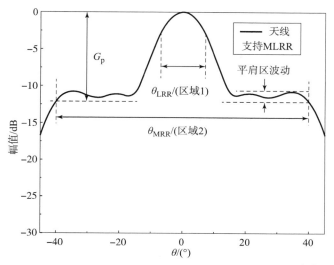

图 9.11 支持 MLRR 的天线的理想方向图 (水平面)[37]

图 9.12 用于 MLRR 传感器的 SIW 缝隙天线阵列[37]

9.2.2.2 采用键合线技术封装的 16 × 16 单元相控阵天线/接收机

随着汽车雷达传感器功能和性能需求的不断提高，主要部件如微控制器、基带电路和雷达前端的高度集成使成本降低。砷化镓技术现在被 SiGe、BiCMOS 或 CMOS 工艺所取代，这使高度集成雷达前端集成了发射机[42-45]、接收机[46]甚至 77 GHz[47,48]收发一体，拥有不同数量的接收（Rx）、发射（Tx）收发（Tx 和 Rx）通道。这些单片微波集成电路（Monolithic Microwave Integrated Circuits，MMIC）安装在 PCB 顶部或底部的空腔中，并通过键合线连接。在文献［42］中，Ku 等人首次展示了 77 GHz 相控阵系统的扫描功能，天线的方位扫描能力高达 ±50°。这项工作还表明，复杂的毫米波相控阵芯片可以用传统的键合线技术封装，因此适合低成本高容量的应用。这与传统观念相反，传统观点认为复杂相控阵芯片必须使用倒装芯片技术封装，才能在毫米波频率下获得良好的性能。

图 9.13 所示为单个 SiGe 芯片接收机的 16×16 相控阵天线。在 0.125 mm 厚的 RO3003 基板上，每个子阵列是一个串馈的 16 单元微带贴片阵列，微带天线宽度不同，在仰角面上产生不同的并联阻抗和锥角。该设计基于驻波半波间距，因此方向图不随频率扫描。间距为 0.6λ 的两个相邻天线阵列之间互耦的仿真结果在 77～81 GHz 小于 −25 dB。在 77 GHz 下，垂直天线单元的方向性仿真值为 18.3 dBi，增益为 17.0 dBi。在 77～80 GHz，仰角方向图的 −3 dB 波束宽度为 6°，旁瓣为 17 dB。16×16 单元天线阵列面积为 38.5 mm×38.5 mm，考虑到垂直和水平方向方向图波本窄，方向性高达 29.3 dBi，增益为 28.0 dBi。

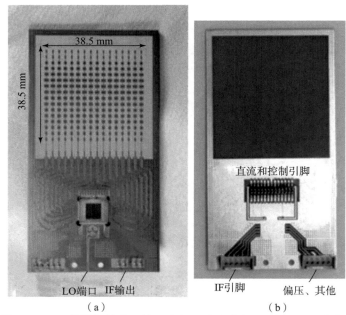

**图 9.13　16 单元相控阵天线（包括天线和本振 rat - race 耦合器，
中频和数字控制位于电路板的背面[42]）**

9.2.2.3　天线/模块封装

通过引线键合技术连接天线和 MMIC 适用于 77 GHz 雷达传感器集成，但成本很高。将 MMIC 封装在适合 RF 的壳体中[49-50]是降低成本的解决方案之一。天线和射频前端的连接必须在 PCB 上实现，而且必须确保良好的性能，这非常昂贵。而将天线集成到一个封装中更具挑战性。

嵌入式圆片级球栅阵列（eWLB）技术使前端芯片与天线之间封装成为可能[51-52]。图 9.14 为一个四通道雷达传感器，水平方向的折叠偶极子天线集成在 eWLB 封装中，天线单元之间的距离为 76.5 GHz 的半个波长（1.96 mm），一个折叠偶极子天线在 76～81 GHz 频率范围内的最大增益为 6.2 dBi，3 dB 波束带宽 $\theta_E = 57°$，E 面的副瓣电平 $SLL_E = 9.6$ dB。由于四通道工作，互耦对天线辐射特性存在一定的影响。通道 1－2 和通道 3－4 天线阵列的增益方向图分别与外通道 1 和 4 相似。通道 2－3 阵列的方向图具有良好的对称性，全天线阵列通道 1－2－3－4 的增益方向图与 z 轴对称，最大增益为 8.2 dBi，HPBW 为 $\theta_e = 23°$。

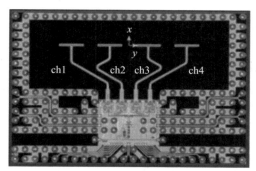

图 9.14　四通道雷达传感器的俯视图（包括折叠偶极子天线和四通道收发器 MMIC[52]）

9.3　用于 24 GHz 汽车雷达的单层 SIW 缝隙天线阵列

LRR 传感器要求天线具有窄波束（通常小于 6°），低 SLL（在水平面内低于 −20 dB）。此外，主波束应水平和垂直居中，在整个带宽内无波束偏斜[53]。文献［28］报道的端馈 SIW 缝隙天线可实现窄波束，且在 E 面和 H 面 SLL 低至 −30 dB，但天线阵列在工作频率下会出现波束倾斜。通常，中心馈电天线阵列[54-56]可以克服波束倾斜问题。然而，在传统的单层中心馈电波导缝隙天线阵列布局中，馈电结构占据中心位置，因此存在大孔阻塞或无缝隙区域，因此在 H 面或水平面很难实现低 SLL。据报道，已有一些关于减少孔径堵塞效应并降低 SLL 的研究。例如一种用于中心馈电天线阵列的后壁波导馈电网络[54]，采用锥形幅度分布，将大面积堵塞的 SLL 从 −7.8 dB 降至 −11.1 dB。文献［55］采用遗传算法控制缝隙的激励分布，将孔堵塞的 SLL 从 −9.5 dB 降至 −14.7 dB。文献［56］采用 E 面到 H 面交叉结功分器，将 SLL 从 −10 dB 降至 −13 dB。

本节介绍了一种紧凑型共面波导（CPW）中心馈电 SIW 缝隙天线阵列，可用于 24 GHz 汽车雷达传感器。该天线为单层基板，采用普通的低成本 PCB 工艺，32 × 4 单元的缝隙天线阵列尺寸为 195 mm × 40 mm × 0.79 mm，在 24.05 ~ 24.25 GHz 频率范围内天线的增益大于 22.8 dBi，效率大于 67%，回波损耗大于 10 dB，副瓣电平（SLL）低于 −21 dB，在 H 面或水平面上固定视轴波束宽度 < 4.6°。

9.3.1　天线配置

图 9.15（a）为设计的 SIW 缝隙阵列天线俯视图。SIW 宽壁上共有 4 × 32 个缝隙。每行有两个 16 单元的线性阵列端对端放置，两个边缘缝隙之间的距离为 d_1。天线的中心部分是馈电结构，因此没有缝隙，这是旁瓣抑制的瓶颈之一。H 面相邻缝隙之间的距离 d_h 为 $\lambda_g/2$（λ_g 为中心频率为 24.15 GHz 时 SIW 的导波波长），E 面相邻缝隙之间的距离 d_e 为 λ_w（λ_w 为中心频率为 24.15 GHz 时 CPW 的导波波长），才能使相邻线性阵列同相馈电。

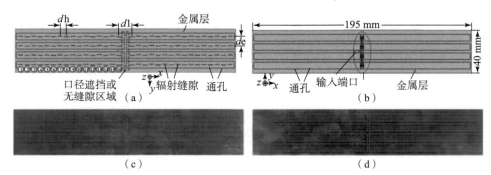

图 9.15　共面波导馈电 SIW 缝隙阵列天线的俯视图和仰视图
（a）天线设计的俯视图；（b）天线设计的仰视图；（c）天线样机的俯视图；
（d）天线样机的仰视图[53]

图 9.15（b）为缝隙阵列天线的仰视图，阵列的输入端连接到外部小型 SMP 连接器，紧凑型 CPW 馈电网络位于天线中心，采用八路并联馈电结构。

天线印制在 0.79 mm 厚的单层 Rogers 5880 PCB 基板上，$\varepsilon_r = 2.2$，$\tan\delta = 0.000\ 9$。采用铜进行金属化，电导率为 5.8×10^7 S·m^{-1}，厚度为 0.02 mm。图 9.15（c）（d）所示的天线样机详细几何尺寸见表 9.3，其中 x_i（$i = 1$，2，…，16）和 l_i（$i = 1$，2，…，16）分别为缝隙的偏移和长度。

表 9.3　缝隙阵列的参数　　　　　　　　单位：mm

l_1	4.76	l_2	4.6	l_3	4.52	l_4	4.62	l_5	4.52
l_6	4.58	l_7	4.48	l_8	4.54	l_9	4.52	l_{10}	4.5
l_{11}	4.5	l_{12}	4.4	l_{13}	4.32	l_{14}	4.22	l_{15}	4.14
l_{16}	4	x_1	0.34	x_2	0.33	x_3	0.32	x_4	0.31
x_5	0.29	x_6	0.27	x_7	0.25	x_8	0.23	x_9	0.21
x_{10}	0.2	x_{11}	0.18	x_{12}	0.15	x_{13}	0.2	x_{14}	0.2
x_{15}	0.2	x_{16}	0.2	d_1	11.6	d_e	8.7	d_h	5.8

9.3.2　缝隙阵列天线设计

按照文献［28］中的方法设计缝隙阵列天线。首先，对 SIW 上不同偏移的每个缝隙提取参数，获得组合阵列的谐振长度、谐振电导和导纳。然后，应用 Elliott 的波导馈电缝隙阵列迭代程序[40]，包括所有互耦，计算 SIW 馈电线性阵列期望幅值分布的初始缝隙参数。通过电磁仿真进一步微调，最终确定期望 SLL 的缝隙参数。为了在 H 面上实现 −20 dB SLL，选择 −26 dB 泰勒分布，为了在 H 面或水平面上实现 HPBW <6°，使用 32 个缝隙。

32 单元线性阵列的仿真模型如图 9.16 所示，两个端口同时激励每个缝隙阵列的一半。首先将缝隙 16 和缝隙 17 之间的距离 d_1 设置为 $\lambda_g/2 = 5.8$ mm。此时 d_1 与所有其他相邻缝隙的间距 d_h 相等不会发生堵塞。缝隙 16 和缝隙 17 边缘的距离为 $d_s = 1$ mm。随着缝隙数量的减少，长度变小，缝隙

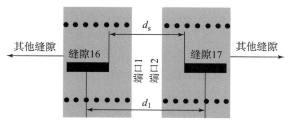

图 9.16　端对端布局的两个 1 × 16 线性阵列的仿真模型（具有不同的 d_1）

位置更靠近 SIW 的中心，因此缝隙边缘的辐射减弱。设置缝隙 1 ~ 4 的偏移量略大于缝隙 5 的偏移量，可使 SLL 提高 2 dB。

设计需要权衡遮挡区域和馈电网络的要求。图 9.17 所示为不同 d_1 的线性阵列在 24 GHz 下的 H 面方向图，d_1 从 $\lambda_g/2$ 增加到 λ_g、即 11.6 mm，最深处的 SLL 变化不大，由于堵塞区域扩大，栅瓣 30° < | θ | < 75° 范围内增加。当 d_1 增加到 16 mm 时，峰值和第一 SLL 降至 − 19 dB。为了满足 − 20 dB SLL，考虑到制造公差预留 4.5 dB 余量，设计需要 − 24.5 dB SLL。选择 d_1 = 11.6 mm，d_s = 11.6 mm，用于紧凑型馈电网络。

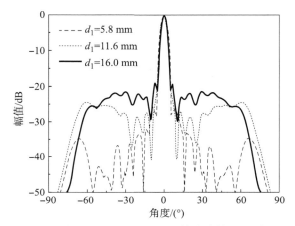

图 9.17　24 GHz 下具有不同 d_1 的线阵的 H 面方向图

将多个线性阵列并排排列形成 SIW 平面阵，整个平面阵的 H 面 SLL 几乎不变。原因是 SIW 是一种低剖面波导，宽高比约为 8∶1，SIW 内部的 TE_{20} 模互耦在各种互耦中占主导地位[28]。SIW 平面阵只引入了 SIW 不同分支缝隙之间的外部互耦，引入的外部互耦影响比 TE_{20} 模式互耦的影响小得多，在 SIW 线性阵列设计中已经考虑了 TE_{20} 模式的影响。

9.3.3　馈电网络设计

馈电网络如图 9.18 和图 9.19 所示。将沿 y 轴方向相邻 SIW 之间的 E 面距离设置为 CPW 在 24.15 GHz 下的导波波长 λ_w，使 S_{21} 的相位等于 S_{31} 的相位。由于结构对称，这种结构确保了 8 个输出端口的相位平衡。

如图 9.18 所示，由半波缝隙偶极子的输入阻抗和长度为 l_c 的 CPW 确定 Z_1。如果 CPW 的特性阻抗较低，则 Z_1 较小，因此 Z_2（$\approx Z_1/4$）更小。Z_2 太小所需的阻抗变换器宽度超过预先分配的 w_2 = 1.9 mm。这里 CPW 的特性阻

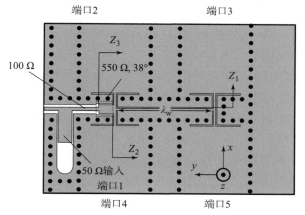

图 9.18　馈电网络不同参考平面的输入阻抗

抗设为 83 Ω，尺寸如图 9.19（a）所示，$Z_1 = (211 - j30)\,\Omega$，$Z_1$ 的虚部不一定为零，可以在下一步中消除。

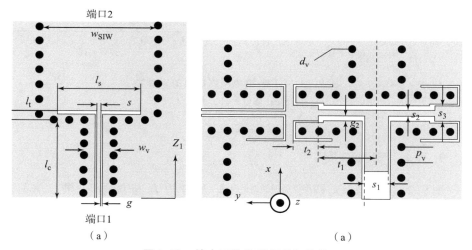

（a）　　　　　　　　　　　　　　　　　　　　（a）

图 9.19　馈电网络的详细几何结构

（a）CPW – SIW 过渡段，$s = 0.2$，$g = 0.1$，$w_v = 1$，$l_t = 0.5$，$l_s = 4.3$，$w_{SIW} = 6.2$，$l_c = 0.95$；

（b）阻抗变换器部分，$s_1 = 1.2$，$s_2 = 0.3$，$s_3 = 0.8$，$g_2 = 0.25$，$t_1 = 2.9$，$t_2 = 1.25$，

$p_v = 0.8$，$d_v = 0.4$（单位：mm）

由于连接的影响，$Z_2 = (50 + j37)\,\Omega$ 不是严格的 $Z_1/4$。为了使 Z_2 与 100 Ω 匹配，需要一条电长度为 30° 的 46Ω CPW 线，46 Ω CPW 线的宽度为 1.5 mm，导致宽度 w_2 大于预先分配的 1.9 mm，可以用一条电长度为 38° 的 55 Ω CPW 线，代替宽度仅为 0.8 mm，作为阻抗变换器。在这种情况下，Z_2

与 $Z_3 = (110 - \text{j}4)\,\Omega$ 匹配，整体阻抗匹配满足要求。其余的馈电网络还有两条平行的 100 Ω CPW 线连接到 50 Ω 输入线，图 9.19（b）所示为其余馈电网络的详细几何结构。

图 9.20 为馈电网络的 S 参数仿真结果。由于结构对称，只给出了端口 2～5 四个输出端口的结果。在 24.15 GHz 下，$|S_{11}| = -18$ dB，$|S_{21}|$、$|S_{31}|$、$|S_{41}|$ 和 $|S_{51}|$ 分别为 -9.5 dB、-9.53 dB、-9.64 dB 和 -9.65 dB。在图 9.20（b）中，S_{21}、S_{31}、S_{41} 和 S_{51} 的相位分别为 173°、171°、171° 和 169°。该馈电网络可以实现良好的阻抗匹配和幅相平衡。

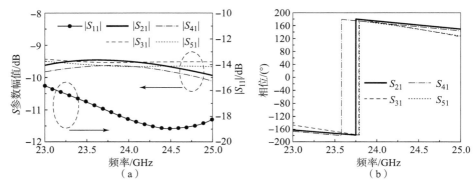

图 9.20　CPW 馈电网络仿真的 S 参数

（a）幅值；（b）相位

9.3.4　实测结果

图 9.21 对比了天线阵列样机 $|S_{11}|$ 的仿真与测量结果。仿真的 $|S_{11}|$ 在 23.8～24.2 GHz 频率范围小于 -10 dB，实测的 $|S_{11}|$ 在 23.84～24.25 GHz 频率范围下小于 -10 dB。

图 9.22 对比了天线阵列视轴增益的仿真与实测结果。优化后的仿真结果增益曲线向上漂移约 0.1 GHz，与实测值吻合良好。有耗介质导致实际天线损耗比仿真结果高，因此仿真和实测增益存在差异，在 23.86～24.12 GHz 的带宽内实测增益大于 23 dBi，在 23.92 GHz 最大增益为 24 dBi。

图 9.23 对比了天线阵列 SLL 的仿真与实测结果。在 23.9～24.3 GHz 的带宽内仿真的 SLL 小于 -22.9 dB，在 23.9 GHz 时最低 SLL 为 -25.4 dB。实测的 SLL 在 24.05～24.40 GHz 的范围内小于 -21 dB。实测值比仿真值频率曲线向上偏移。图 9.17 线阵在 24 GHz 下的 SLL 为 -24.5 dB，未调谐

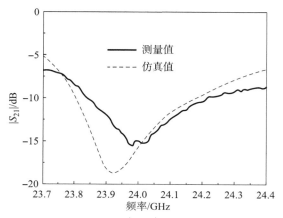

图 9.21　天线阵列 $|S_{11}|$ 的仿真与实测结果

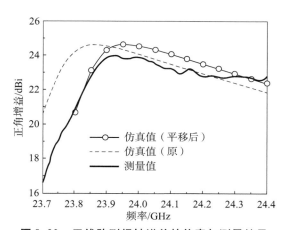

图 9.22　天线阵列视轴增益的仿真与测量结果

缝隙平面阵列的 SLL 仿真结果为 −24.4 dB。与线阵相比，平面阵列的 SLL 几乎不变。

　　图 9.24 对比了天线阵列 H 面 HPBW 的仿真与实测结果。仿真的 H 面 HPBW 在 23.8 ~ 24.2 GHz 范围内小于 4.6°，实测的 H 面 HPBW 在 24.0 ~ 24.4 GHz 带宽内小于 4.6°。E 面实测的 HPBW 在 24.0 ~ 24.4 GHz 的频带内小于 20°。

　　图 9.25 和图 9.26 分别对比了天线阵列 H 面和 E 面方向图的仿真与实测结果。此外，天线的主波束保持视轴，与预期的一样没有任何偏移。

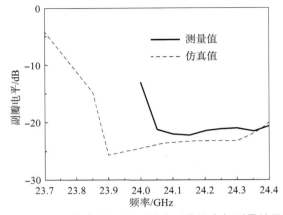

图 9.23 天线阵列 H 面副瓣电平的仿真与测量结果

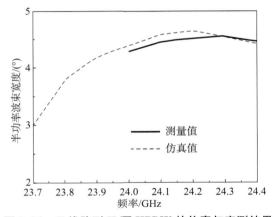

图 9.24 天线阵列 H 面 HPBW 的仿真与实测结果

图 9.25 所示为 24.05～24.25 GHz 频带上的 H 面方向图,测量的波束宽度与仿真数据一致。实测结果表明最内层 SLL 增加,因为它对制造公差和误差非常敏感。图 9.26 中,实测的 E 面波束宽度和峰值 SLL 也非常接近仿真结果。尽管天线结构 E 面对称,仿真的方向图也是对称的,但实测的第一副瓣不对称,可能是因为测量或制造公差的不对称导致测量结果不对称。

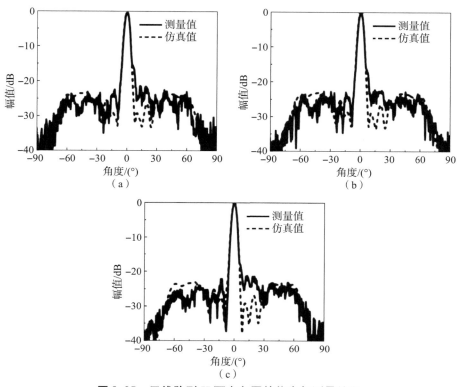

图 9.25　天线阵列 H 面方向图的仿真与测量结果

（a）24.05 GHz 测量值和 23.95 GHz 仿真值；（b）24.15 GHz 测量值和 24.05 GHz 仿真值；

（c）24.25 GHz 测量值和 24.15 GHz 仿真值

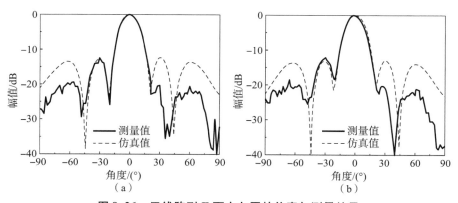

图 9.26　天线阵列 E 面方向图的仿真与测量结果

（a）24.05 GHz 测量值和 23.95 GHz 仿真值；（b）24.15 GHz 测量值和 24.05 GHz 仿真值

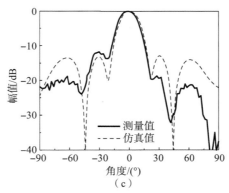

图 9.26   天线阵列 E 面方向图的仿真与测量结果（续）

（c）24.25 GHz 测量值和 24.15 GHz 仿真值

9.4   用于 77 GHz 汽车雷达的透射阵列天线

汽车雷达传感器的理想天线是重量轻、低剖面、低成本的多波束天线[57]。天线自由空间波束形成技术已经研究了好多年，主要有两类，基板透镜透射类型[58~59] 和透射/反射阵列类型[60~63]。基板透镜体积大、质量重，而反射阵列可能因馈源遮挡反射器前的某些位置而导致阴影效应。因此，透射阵列是低剖面高增益的首选，并适合与主馈源紧密集成。

透射阵列（也称为离散透镜）已经研究了多年[60~67]。通常，多层透射阵列单元要为同相远场辐射提供特定的相位补偿。本节介绍了一个双层 PCB 上的 77 GHz 发射阵列。共面贴片单元蚀刻在 PCB 背面，通过通孔连接。单元排列成同心环，形成的透射阵列产生 1 bit 同相发射。采用四个 SIW 缝隙天线作为主馈源，透射阵列在水平面产生的四个波束覆盖 ±15°的范围，在 76.5 GHz 下的增益大于 18.5 dBi。共面结构大大简化了毫米波透射阵列的设计和制造。

9.4.1   单元

透射阵列的单元如图 9.27 所示，其中共面贴片用作接收和透射单元。共面贴片已经得到了深入的研究，其谐振特性与开口环天线不同，而与微带贴片天线类似。共面贴片的贴片和地板/地面位于 PCB 的同一层上。可以将接收和发送贴片阵列蚀刻到 PCB 的背面，如图 9.27（a）所示。对于最简单的 1 bit 线极化透射阵列，可以有两种单元，0°单元和 180°单元。将这些单元通过排列来合成理想的相位分布，180°（1 bit）相位量化形成阵列孔径的期望相位值。每个单元的尺寸为 2mm × 2 mm（$\lambda_0/2 \times \lambda_0/2$，中心频率 76.5 GHz）。面向焦源的贴片称为接收贴片，面向自由空间的贴片称为透射贴片。贴片通过馈电通孔连接，而接地通过单元边缘的接地通孔连接。

为消除不需要的模式，减少表面波损耗，单元中使用多个接地通孔。在单元仿真模型中，接地孔在边界处被切断，当组成阵列时，另一半接地孔位于下一个单元。图 9.27（b）为 0°单元，其接收和透射共面贴片一样具有零相差。图 9.27（c）、（d）分别为 180°接收和透射共面贴片单元。在透射共面贴片的馈电通孔周围引入环形缝隙，提供反相馈电并产生相对于接收贴片的 180°相位差。

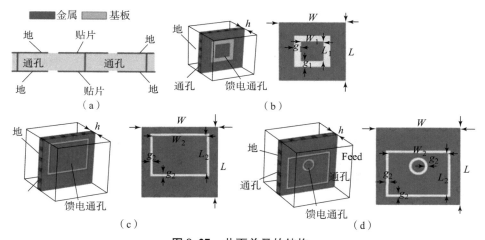

图 9.27　共面单元的结构

（a）横截面；（b）PCB 两面有相同的 0°贴片单元；
（c）180°的接收贴片单元；（d）180°的发射贴片单元

在 RO4003C 基板（$\varepsilon_r = 3.38$，$\tan\delta = 0.0027$，$h = 0.203$ mm）上设计发射阵列。单元的尺寸为 $W = L = 2$ mm，$W_1 = L_1 = 0.66$ mm，$g_1 = 0.22$ mm，$W_2 = 1.4$ mm，$L_2 = 1.075$ mm，$g_2 = 0.08$ mm。馈电通孔和接地通孔的直径分别为 0.1 mm 和 0.15 mm。共面贴片单元的 S 参数仿真结果如图 9.28 所示。垂直入射下，共面单元在 76～77 GHz 频段表现出良好的阻抗匹配性能（$|S_{11}| < -10$ dB），插入损耗也很低，在 76.5 GHz 下 0°单元的插入损耗为 0.18 dB，180°单元的插入损耗为 0.8 dB，在两个单元上分别实现了 0°和 180°相位差。

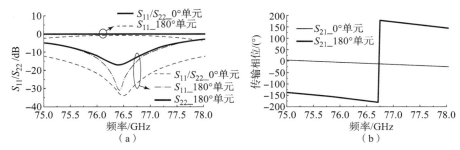

图 9.28 0°和 180°单元的 S 参数

（a）幅度；（b）相位

9.4.2 四波束透射阵列

透射阵列中的 0°和 180°单元在同心环上交替排列产生线极化。单元排列的精确位置取决于透射阵列的直径 D 和透射阵列到主馈源的焦距 f。图 9.29 为透射阵列的排列，$D = 40.35$ mm（大约 10λ），$f = 20$ mm。

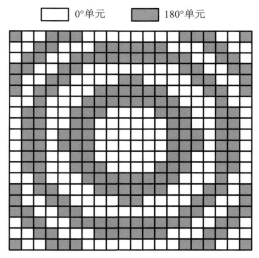

图 9.29 20×20 单元的 1 bit 相位状态布局

为了开发低成本可集成的 77 GHz 汽车射频前端组件，可以选择 SIW 缝隙天线作为主馈源与收发器模块集成。2×1 SIW 缝隙天线通过 SIW 激励至 50λ 接地共面波导（Grounded Co-Planar Waveguide, GCPW）过渡段，便于在透射阵列的焦点处进行测量。图 9.30 所示分别为 SIW 缝隙有无透射阵列的 E 面（水平面）方向图仿真结果。在 RO4003C 基板上加工的 SIW 缝隙高度为 0.203 mm。SIW 宽度为 1.4 mm，缝隙的长、宽分别为 1.65 mm 和 0.15 mm。无透射阵列的 SIW 缝隙增益为 5.77 dBi，E 面和 H 面 HPBW 分别为 55.6°和 121°。透射阵列实现了 20.7 dBi 的增益，E 面和 H 面 HPBW 分别为 5.2°和 6.2°。

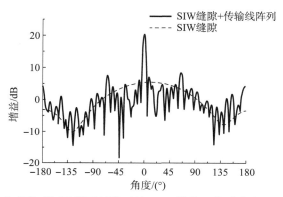

图 9.30 76.5 GHz 带/不带透射阵列的 SIW 缝隙天线增益方向图的仿真结果

为了演示天线的波束扫描功能，制作了透射阵列和四个 SIW 缝隙天线，如图 9.31 所示。四个 SIW 缝隙在距离 SIW 缝隙 E 面距焦 1.6～4.6 mm 范围内移动，连接并延长 GCPW 用于测量。四个 SIW 缝隙从左侧开始相应地标记为 P1、P2、P3 和 P4，箭头方向如图 9.31（b）所示。

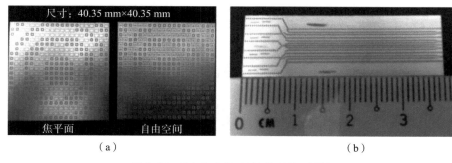

（a）   （b）

图 9.31 76.5 GHz 下的发射阵列样机

（a）收发贴片阵列；（b）SIW 缝隙主馈源

9.4.3 结论

针对方向图和增益测量，设计了一个特殊的 Teflon 固定夹具，如图 9.32（a）所示，用于固定和调整 SIW 缝隙主馈源和共面透射阵列。四个 SIW 缝隙主馈源放置在一个合适的浅槽中，透射阵列由四个支架通过四边固定在 SIW 缝隙天线上方 20 mm 处。然后将测试夹具放置在探针台上，SIW 缝隙主馈源通过 SIW 到 GCPW 过渡段连接到晶片探针。由于透射阵列堵塞，通过延长 GCPW 使得晶片探针能够到天线。如图 9.32（b）所示，在暗室内测量了带透射阵列的四个 SIW 缝隙。测量系统包括定制的 Cascade Microtech 探针台、安捷伦 E8361A PNA 和 OML 毫米波扩频模块（75～110 GHz）以及其他附件[68]。喇叭安装在旋台上，可以在 −90°～90°旋转测量半空间方向图。针对增益测量，先使用两个标准增益喇叭天线进行校准，然后用 SIW 缝隙天线和透射阵列取代标准接收喇叭。测量中考虑了所有的损耗，包括波导适配器损耗和探头损耗。增益测量是非嵌入的，不包括延长 GCPW 带来的损耗。

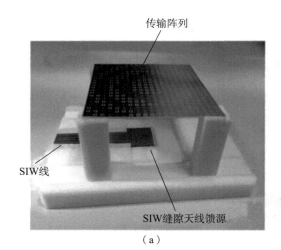
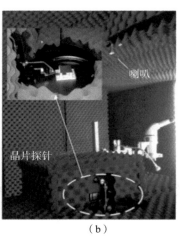

（a） （b）

图 9.32　（a）具有四个 SIW 缝隙主馈源的共面透射阵列　（b）方向图和增益测量装置

测量了具有四个 SIW 缝隙主馈源的透射阵列的 E 面方向图，证明其具有波束扫描特性。由于测量条件有限，未测量 H 面方向图。图 9.33 所示为带有四个 SIW 缝隙主馈源的透射阵列 E 面共面方向图的测量结果。其中一个波束的测量结果副瓣电平略高，这可能源于 SIW 缝隙或共面传输阵列的 PCB 制造公差、SIW 插槽与传输阵列没有对齐，也可能是传输阵列与喇叭没有对齐。总的来说，测量结果与仿真结果非常吻合。共面透射阵列天线样机在 76.5 GHz 端口上的增益为 18.5 dBi，每个端口有 7°的波束宽度，四个波束实现了组合 3 dB 波束宽度约为 ±15°。

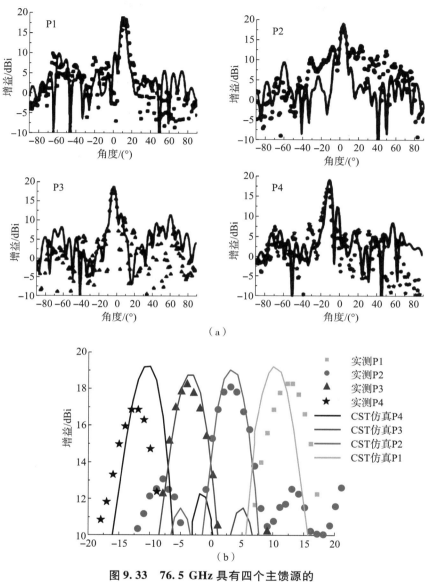

图 9.33　76.5 GHz 具有四个主馈源的
共面发射阵列方向图的仿真和测量结果

（a）分别为 ±90°四幅天线的宽度；（b）±20°宽度

9.5　小　　结

毫米波汽车雷达越来越广泛地用于提高驾驶员的舒适度和安全性。高性能、高性价比的雷达传感器一直是汽车行业的急需产品。天线系统是确定FOV 和可实现角度目标区分的汽车雷达传感器的关键因素之一。基片集成天线具有平面结构、重量轻、材料制造成本低、方便与射频前端集成等优点，是汽车雷达传感器的理想选择。为了满足广阔的汽车雷达传感器市场的需求毫米波雷达传感器的天线系统技术正在快速发展。

致谢

感谢徐俊峰博士和 Yeap Siew Bee 博士对单层 24 GHz SIW 缝隙阵列和 77 GHz 发射阵列的设计做出的贡献。

参 考 文 献

［1］ Grimes，D. M. and Jones，T. O. （1974）. Automotive radar：a brief review. IEEE Proc. 62 （6）：804 – 821.

［2］ Meinel，H. H. and Juergen，D. （2013）. Automotive radar：from its origins to future directions. Microw. J. 56 （9）：24 – 407.

［3］ Meinel，H. H. （2014）. Evolving automotive radar：from the very beginnings into the future. Eur. Conf. Antennas Propag. ：3107 – 3114.

［4］ Patole，S. M. ，Torlak，M. ，Wang，D. ，and Ali，M. （2017）. Automotive radars：a review of signal processing techniques. IEEE Signal Proces. Mag. 34 （2）：22 – 35.

［5］ Rasshofer，R. H. and Gresser，K. （2005）. Automotive radar and lidar systems for next generation driver assistance functions. Adv. Radio Sci. 3：205 – 209.

［6］ Bloecher，H. L. ，Dickmann，J. ，and Andres，M. （2009）. Automotive active safety & comfort functions using radar. IEEE Int. Conf. Ultra – Wideband：490 – 4944.

［7］ Dudek，M. ，Nasr，I. ，Bozsik，G. et al. （2015）. System analysis of a phased – array radar applying adaptive beam – control for future automotive safety applications. IEEE Trans. Veh. Technol. 64 （1）：34 – 47.

［8］ Gresham，I. ，Jain，N. ，Budka，T. et al. （2001）. A compact manufacturable 76 – 77 – GHz radar module for commercial ACC applications. IEEE Trans. Microwave Theory Tech. 49 （1）：44 – 58.

［9］ Kühnle，G. ，Mayer，H. ，Olbrich，H. et al. （2003）. Low – cost long –

range radar for future driver assistance systems. Auto Technol. 4：76 – 79.

[10] Russell, M. E. , Crain, A. , Curran, A. et al. （1997）. Millimeter – wave radar sensor for automotive intelligent cruise control （ICC）. IEEE Trans. Microwave Theory Tech. 45 （12）：2444 – 2453.

[11] Tokoro, S. , Kuroda, K. , and Kawakubo, A. （2003）. Electronically scanned millimeter – wave radar for precrash safety and adaptive cruise control system. IEEE Intell. Veh. Symp. ：304 – 309.

[12] Winkler, V. , Feger, R. , and Maurer, L. （2008）. 79 GHz automotive short range radar sensor based on single – chip SiGe – transceivers. In：2008 38th European Microwave Conference, Amsterdam, 1616 – 1619.

[13] Harsch, J. , Topak, E. , Schnabel, R. et al. （2012）. Millimeter – wave technology for automotive radar sensors in the 77 GHz frequency band. IEEE Trans. Microwave Theory Tech. 60 （3）：845 – 860.

[14] ETSI EN 300 400 V2. 1. 1 （2018） – Radio Equipment to be Used in the 1 GHz to 40 GHz Frequency Range. The European Telecommunications Standards Institute （ETSI）, France. https：//www. etsi. org/deliver/etsi＿en/300400＿300499/300440/02. 02. 01＿60/en＿300440v020201p. pdf.

[15] FCC 47 CFR 15. 245 （2011） – Operation within the bands 902 – 928 MHz, 2435 – 2465 MHz, 5785 – 5815 MHz, 10500 – 10550 MHz, and 24075 – 24175 MHz. https：//www. govinfo. gov/app/details/CFR – 2011 – title47 – vol1/CFR – 2011 – title47 – vol1 – sec15 – 245 （accessed 19 December 2020）.

[16] FCC report and order （2017） – radar services in the 76 – 81 GHz band, ET docket No. 15 – 26.

[17] ETSI EN 301 091 V2. 1. 1 （2017） – Radar Equipment Operating in the 76 GHz to 77 GHz Range. The European Telecommunications Standards Institute （ETSI）, France. https：//www. etsi. org/deliver/etsi＿en/301000＿301099/30109101/02. 01. 01＿60/en＿30109101v020101p. pdf （accessed 19 December 2020）.

[18] ARIB STD – T48 Version 2. 1 （2015）, Millimeter – wave Radar Equipment for Specified Low Power Radio Station. Association of Radio Industries and Businesses. Japan. https：//www. arib. or. jp/english/std＿tr/telecommunications/desc/std – t48. html（accessed 19 December 2020）.

[19] Ramasubramanian, K. , Ramaiah, K. , and Aginskiy, A. （2017）. Moving

from legacy 24 GHz to state – of – the – art 77 GHz radar. https：//www. ti. com/lit/wp/spry312/spry312. pdf（accessed 19 December 2020）.

［20］ Menzel, W. and Moebius, A.（2012）. Antenna concepts for millimeter – wave automotive radar sensors. IEEE Proc. 100（7）：2372 – 2395.

［21］ Binzer, T., Klar, M., and GroQ, V.（2007）. Development of 77 GHz radar lens antennas for automotive applications based on given requirements. In：2007 2nd International ITG Conference on Antennas, Munich, 205 – 209.

［22］ Millitech Corporation（1994）. Crash avoidance FLR sensors. Microw. J. 37（12）：122 – 126.

［23］ Sarkas, I., Khanpour, M., Tomkins, A. et al.（2009）. W – band 65 – nm CMOS and SiGe BiCMOS transmitter and receiver with lumped I – Q phase shifters. In：2009 IEEE Radio Frequency Integrated Circuits Symposium, Boston, MA, 441 – 444.

［24］ Wagner, C., Hartmann, M., Stelzer, A., and Jaeger, H.（2008）. A fully differential 77 GHz active IQ modulator in a silicon – germanium technology. IEEE Microwave Wireless Compon. Lett. 18：362 – 364.

［25］ Steinhauer, M., Ruo, H. O., Irion, H., and Menzel, W.（2008）. Millimeter – wave radar sensor based on a transceiver array for automotive applications. IEEE Trans. Microwave Theory Tech. 56（2）：261 – 269.

［26］ Sakakibara, K., Sugawa, S., Kikuma, N., and Hirayama, H.（2010）. Millimeter wave microstrip array antenna with matching – circuit – integrated radiating – elements for travelling – wave excitation. In：Proceedings of the Fourth European Conference on Antennas and Propagation, Barcelona, 1 – 5.

［27］ Han, L. and Wu, K.（2012）. 24 GHz bandwidth – enhanced microstrip array printed on a single – layer electrically – thin substrate for automotive applications. IEEE Trans. Antennas Propag. 60（5）：2555 – 2558.

［28］ Xu, J. F., Hong, W., Chen, P., and Wu, K.（2009）. Design and implementation of low sidelobe substrate integrated waveguide longitudinal slot array antennas. IET Microwave Antennas Propag. 3（5）：790 – 797.

［29］ Xu, J. F., Chen, Z. N., Qing, X., and Hong, W.（2011）. Bandwidth enhancement for a 60 GHz substrate integrated waveguide fed cavity array antenna on LTCC. IEEE Trans. Antennas Propag. 59（3）：826 – 832.

［30］ Chen, P. , Hong, W. , Kuai, Z. et al. （2009）. A multibeam antenna based on substrate integrated waveguide technology for MIMO wireless communications. IEEE Trans. Antennas Propag. 57（6）: 1813 – 1821.

［31］ Shin, D. H. , Park, S. J. , Ahn, J. W. et al. （2015）. Design of shorted parasitic rhombic array antenna for 24 GHz rear and side detection system. IET Microwave Antennas Propag. 9（14）: 1581 – 1586.

［32］ Hayashi, Y. , Sakakibara, K. , Nanjo, M. et al. （2011）. Millimeter wave microstrip comb – line antenna using reflection – canceling slit structure. IEEE Trans. Antennas Propag. 59（2）: 398 – 406.

［33］ Shin, D. H. , Kim, K. B. , Kim, J. G. , and Park, S. O. （2014）. Design of null – filling antenna for automotive radar using genetic algorithm. IEEE Antennas Wirel. Propag. Lett. 14: 738 – 741.

［34］ Lee, W. , Kim, J. , and Yoon, Y. J. （2011）. Compact two – layer Rotman lens – fed microstrip antenna array at 24 GHz. IEEE Trans. Antennas Propag. 59（2）: 460 – 466.

［35］ Deckmyn, T. , Caytan, O. , Bosman, D. et al. （2018）. Single – fed 3 × 3 substrate – integrated waveguide parasitic antenna array for 24 GHz radar applications. IEEE Trans. Antennas Propag. 66（11）: 5955 – 5963.

［36］ Tekkouk, K. , Ettorre, M. , and Sauleau, R. （2018）. Multibeam pillbox antenna integrating amplitude – comparison monopulse technique in the 24 GHz band for tracking applications. IEEE Trans. Antennas Propag. 66（5）: 2616 – 2321.

［37］ Yu, Y. , Hong, W. , Zhang, H. et al. （2018）. Optimization and implementation of SIW slot array for both medium – and long – range 77 GHz automotive radar application. IEEE Trans. Antennas Propag. 66（7）: 3769 – 3774.

［38］ Xu, J. , Hong, W. , Zhang, H. et al. （2017）. An array antenna for both long – and medium – range 77 GHz automotive radar applications. IEEE Trans. Antennas Propag. 65（12）: 7207 – 7216.

［39］ Rengarajan, S. R. , Josefsson, L. G. , and Elliott, R. S. （1999）. Waveguide – fed slot antennas and arrays: a review. Electromagnetics 19（1）: 3 – 22.

［40］ Elliott, R. and O'Loughlin, W. （1986）. The design of slot arrays including internal mutual coupling. IEEE Trans. Antennas Propag. 34（9）: 1149 – 1154.

［41］ Zhang, T. , Zhang, Y. , Cao, L. et al. （2015）. Single – layer wideband circularly polarized patch antennas for Q – band applications. IEEE Trans. Antennas Propag. 63 （1）: 409 – 414.

［42］ Ku, B. H. , Schmalenberg, P. , Inac, O. et al. （2014）. A 77 – 81 – GHz 16 – element phased – array receiver with 50 beam scanning for advanced automotive radars. IEEE Trans. Microwave Theory Tech. 62 （11）: 2823 – 2832.

［43］ Trotta, S. , Li, H. , Trivedi, V. , and John, J. （2009）. A tunable flipflop – based frequency divider up to 113 GHz and a fully differential 77 GHz push – push VCO in SiGe BiCMOS technology. In: 2009 IEEE Radio Frequency Integrated Circuits Symposium, Boston, MA, 47 – 50.

［44］ Starzer, F. , Fischer, A. , Forstner, H. et al. （2010）. A fully integrated 77 – GHz radar transmit – ter based on a low phase – noise 19. 25 – GHz fundamental VCO. In: 2010 IEEE Bipolar/BiCMOS Circuits and Technology Meeting （BCTM）, Austin, TX, 65 – 68.

［45］ Knapp, H. , Treml, M. , Schinko, A. et al. （2012）. Three – channel 77 GHz automotive radar transmitter in plastic package. In: 2012 IEEE Radio Frequency Integrated Circuits Symposium, Montreal, QC, 119 – 122.

［46］ Wagner, C. , Böck, J. , Wojnowski, M. et al. （2012）. A 77 GHz automotive radar receiver in a wafer level package. In: 2012 IEEE Radio Frequency Integrated Circuits Symposium, Montreal, QC, 511 – 514.

［47］ Nicolson, S. , Chevalier, P. , Sautreuil, B. , and Voinigescu, S. （2008）. Single – chip W – band SiGe HBT transceivers and receivers for doppler radar and millimeter – wave imaging. IEEE J. Solid – State Circuits 43 （10）: 2206 – 2217.

［48］ Wagner, C. , Forstner, H. P. , Haider, G. et al. （2008）. A 79 – GHz radar transceiver with switchable TX and LO feed through in a silicon – germanium technology. In: 2008 IEEE Bipolar/BiCMOS Circuits and Technology Meeting, Monteray, CA, 105 – 108.

［49］ Fischer, A. , Tong, Z. , Hamidipour, A. et al. （2014）. 77 – GHz multi – channel radar transceiver with antenna in package. IEEE Trans. Antennas Propag. 62 （3）: 1386 – 1394.

［50］ Trotta, S. , Wintermantel, M. , Dixon, J. et al. （2012）. An RCP packaged transceiver chipset for automotive LRR and SRR systems in SiGe BiCMOS technology. IEEE Trans. Microwave. Theory Tech. 60 （3）: 778 – 794.

[51] Wojnowski, M., Lachner, R., Böck, J. et al. （2011）. Embedded wafer level ball grid array （eWLB） technology for millimeter – wave applications. In: 2011 IEEE 13th Electronics Packaging Technology Conference, Singapore, 423 – 429.

[52] Wojnowski, M., Wagner, C., Lachner, R. et al. （2012）. A 77 – GHz SiGe single – chip four – channel transceiver module with integrated antennas in embedded wafer – level BGA package. In: 2012 IEEE 62nd Electronic Components and Technology Conference, San Diego, CA, 1027 – 1032.

[53] Xu, J., Chen, Z. N., and Qing, X. （2014）. CPW center – fed single – layer SIW slot antenna array for automotive radars. IEEE Trans. Antennas Propagat. 62 （9）: 4528 – 4536.

[54] Hashimoto, K., Hirokawa, J., and Ando, M. （2010）. A post – wall waveguide center – feed parallel plate slot array antenna in the millimeter – wave band. IEEE Trans. Antennas Propagat. 58 （11）: 3532 – 3538.

[55] Sehyun, P., Tsunemitsu, Y., Hirokawa, J., and Ando, M. （2006）. Center feed single layer slotted waveguide array. IEEE Trans. Antennas Propagat. 54 （5）: 1474 – 1480.

[56] Tsunemitsu, Y., Matsumoto, S., Kazama, Y. et al. （2008）. Reduction of aperture blockage in the center – feed alternating – phase fed single – layer slotted waveguide array antenna by E – to H – plane cross – junction power dividers. IEEE Trans. Antennas Propagat. 56 （6）: 1787 – 1790.

[57] Yeap, S. B., Qing, X., and Chen, Z. N. （2015）. 77 – GHz dual – layer transmit – array for automotive radar applications. IEEE Trans. Antennas Propagat. 63 （6）: 2833 – 2837.

[58] Rutledge, D. （1985）. Substrate – lens coupled antennas for millimeter and sub – millimeter waves. IEEE Antennas Propag. Soc. Newslett. 27 （4）: 4 – 8.

[59] Porter, B. G., Rauth, L. L., Mura, J. R., and Gearhart, S. S. （1999）. Dual – polarized slot – coupled patch antennas on Duroid with Teflon lenses for 76. 5 – GHz automotive radar system. IEEE Trans. Antennas Propag. 47 （12）: 1832 – 1846.

［60］ McGrath，D. T.（1986）. Planar three – dimensional constrained lenses. IEEE Trans. Antennas Propag. 34（1）: 46 – 50.

［61］ Pozar，D. M.（1996）. Flat lens antenna concept using aperture coupled microstrip patches. Elec – tronics Lett. 32（23）: 2109 – 2111.

［62］ Huder，B. and Menzel，W.（1988）. Flat printed reflector antenna for mm – wave applications. Elec – tronic Lett. 24（6）: 318 – 319.

［63］ Park，Y. J.，Herschlein，A.，and Wiesbeck，W.（2003）. Offset cylindrical reflector antenna fed by a parallel – plate Luneburg lens for automotive radar applications in mmW. IEEE Trans. Antennas Propag. 51（9）: 2481 – 2483.

［64］ Padilla，P.，Munoz – Acevedo，A.，and Sierra – Castaner，M.（2010）. Passive planar transmit – array microstrip lens for microwave purpose. Microwave Opt. Tech. Lett. 52（4）: 940 – 947.

［65］ Ryan，C. G. M. and Chaharmir，M. R.（2010）. A wideband transmit – array using dual – resonant double square rings. IEEE Trans. Antennas Propag. 58（5）: 1486 – 1493.

［66］ Abbaspour – Tamijani，A.，Sarabandi，K.，and Rebeiz，G. M.（2007）. A millimeter – wave bandpass filter – lens array. IET Microwave Antennas Propag. 1（2）: 388 – 395.

［67］ Kaouach，H.，Dussopt，L.，Lanteri，J. et al.（2001）. Wideband low – loss linear and circular polarization transmit – arrays in V – band. IEEE Trans. Antennas Propag. 59（7）: 2531 – 2523.

［68］ Qing，X. and Chen，Z. N.（2014）. Measurement setups for millimeter – wave antennas at 60/140/270 GHz bands. In: 2014 International Workshop on Antenna Technology: Small Antennas，Novel EM Structures and Materials，and Applications（iWAT），Sydney，NSW，281 – 284.

第 10 章

Ka 频段基片集成天线阵列的旁瓣抑制

李　腾

东南大学信息科学与工程学院毫米波国家重点实验室，中国南京 210096

10.1　引　言

旁瓣抑制技术可以有效减少目标方向以外的噪声和干扰，在雷达和通信系统中起着至关重要的作用。降低天线阵列的旁瓣电平（Sidelobe Level，SLL）需要解决两个关键问题：①如何确定低 SLL 天线阵列的功率口径分布；②如何通过馈电网络实现期望的功率分布。

第一个问题涉及已经发展了半个多世纪的低旁瓣天线阵列因子的方向图综合。对于线性阵列和平面阵列，已经有很多经典的方法，例如谢昆诺夫（Schelkunoff）形式、伍德沃德（Woodward）综合、傅里叶变换法、多尔夫 - 切比雪夫（Dolph - Chebyshev）综合和泰勒线源/圆形阵列综合。这些方法均假设所有天线单元的方向图相同。然而，在实际的天线阵列中，由于单元之间的相互耦合，中心单元的方向图可能与边缘单元的方向图差别很大。在有限大小的天线阵列中，单元方向图的差异不能忽略，并且在精确的方向图合成时须考虑其差别。空间映射方法、粒子群优化算法、遗传算法和自适应差分进化算法等都可以解决这个问题，并在天线波束成形中得到应用[1~3]。

第二个问题是构建目标功率分布的天线阵列结构，其中馈电网络是选择天线单元的关键因素。然而，毫米波频段很难同时获得宽带馈电网络与精确的同相功率分布。

本章介绍了基片集成天线阵设计中的旁瓣抑制技术，讨论了基于 SIW 馈电网络的驻波天线阵。10.2 节回顾了用于低 SLL 馈电网络的最新技术；讨论了平衡/不平衡输出功分器的设计方法和性能。10.3 节介绍了采用旁瓣抑制技术的 Ka 频段小天线阵列和 Ka 频段单脉冲天线阵列的两种串联馈电技术。

10.2 基片集成天线阵列的馈电网络

馈电网络是实现天线阵列低 SLL 的关键技术之一。与矩形波导和微带线相比，在毫米波频段基于 SIW 技术的馈电网络具有高集成度和低损耗的优点。按工作机理分为串联馈电[4~8]、并联/组合馈电[9~15]和基于平面透镜/反射面的准光学馈电[16~18]。本节详细介绍了每种馈电网络的特点，并讨论了任意功率比尤其是大功率比的功分器和相位平衡。

10.2.1 串联馈电网络

串联馈电结构是一种非常经典的结构，在 SIW 波导缝隙天线阵列中应用广泛。根据功率流定义，它可分为 H 面串联馈电和 E 面串联馈电。H 面串联馈电经常采用纵向辐射缝隙沿 SIW 分布的结构，这是 SIW 天线阵列设计最常用的配置[4~11]。如图 10.1 所示，缝隙间距为辐射 SIW 的半导波波长 λ_{gr}，从距离短路端的 $\lambda_{gr}/4$ 处开始，为了抵消同相辐射，此时缝隙等效为并联导纳，与波导缝隙相同[19]。设计 H 面串联馈电可以简单总结为：通过调整缝隙长度 l，当电纳 b 为零时，辐射缝隙发生谐振，那么归一化电导 g 与辐射功率和中心线的偏移距离 x 成正比。对于单端馈电 SIW，阻抗匹配时总的归一化电导为 1。

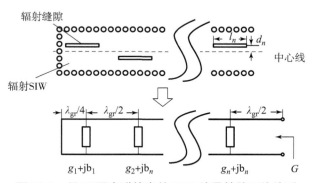

图 10.1 沿 H 面串联馈电的 SIW 波导缝隙天线阵列

E 面串联馈电结构经常采用斜缝隙或 SIW T 形结，如图 10.2 所示。受金属波导缝隙阵列的启发，在每个 SIW 底部接地板上刻蚀斜耦合缝隙，缝隙间距为耦合 SIW 的半导波波长 λ_{gc}，通过旋转耦合缝隙可实现每个辐射 SIW 的同相激励。与辐射缝隙类似，通过调整缝隙长度，当电抗 x 为零时，耦合缝隙产生谐振，耦合功率大小由旋转角度决定，与等效电阻成正比。对于单

端馈电耦合 SIW，阻抗匹配时总的归一化电阻为 1。耦合缝隙通常位于宽带
工作的辐射缝隙之间，即中心馈电。与串联耦合缝隙不同，串联 T 形结工作
在准行波状态，并在 SIW H 面拐弯处终止。因此，T 形结的目标输出比可通
过剩余的线性阵列功率计算，与前面的阵列无关，通过调整窗口附近的调谐
通孔位置可以调节其功率输出比。另外，T 形结的周期通常为半导波波长
λ_{gT}，由于相邻 T 形结是反相输出的，相邻线性阵列之间辐射缝隙通过反向
偏移可实现同相辐射。

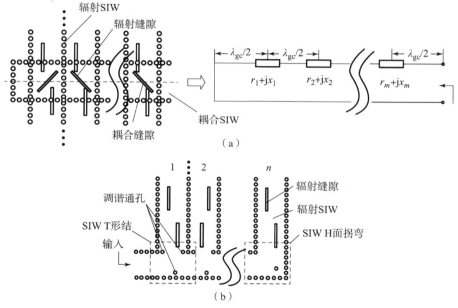

图 10.2　基于 SIW 的 E 面串联馈电网络

（a）串联耦合缝隙；（b）串联 T 形结

　　基于上述串联馈电结构，低 SLL 的 SIW 波导缝隙阵列可获得期望的功率
分布。图 10.3（a）给出了一个 X 频段 3×6 缝隙波导天线阵列，采用串联
耦合缝隙结构和混合优化方法使 H 面 SLL 达到 −20 dB[4]。随着工作频率提
高到毫米波频段，为获得更高的天线增益，天线阵列尺寸将变得更大，辐射
SIW 和耦合 SIW 之间可能泄漏，导致双层 SIW 馈电结构更具挑战性。因此，
基于 SIW 和金属矩形波导（Rectangular Wave Guide，RWG）的混合馈电结
构将是一个很好的备选方案。文献［5］设计了一个 16×56 缝隙天线阵列，
其中 8 个子阵列缝隙天线单元位于 SIW 层，RWG 馈电网络位于其下方，E
面和 H 面 SLL 分别达到 −16 dB 和 −20 dB。与多层馈电和混合馈电相比，

串联 T 形结可以与辐射 SIW 集成在同一层，代价是增大孔面积，图 10.3（c）给出了一个由串联 T 形结馈电的 X 频段 16×16 SIW 波导缝隙阵列，E 面和 H 面的 SLL 都低于 −30 dB[7]。图 10.3（d）给出了一个基于类似架构的 60 GHz 12×12 SIW 波导缝隙阵列，E 面和 H 面的 SLL 分别低于 −15 dB 和 −25 dB[8]。

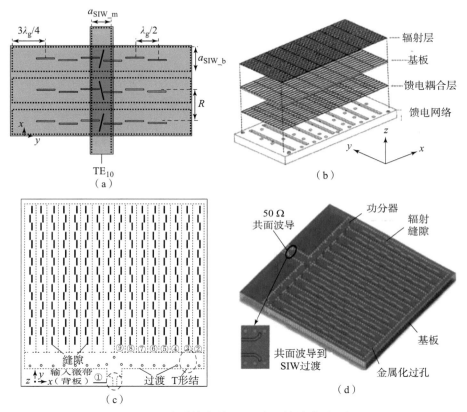

图 10.3 串联馈电的 SIW 波导缝隙阵列示例

（a）串联耦合缝隙[4]；（b）混合馈电[5]；（c）和（d）串联 T 形结[7-8]

综上所述，串联纵向缝隙阵列是实现 H 面串联馈电的一种方便、有效的方法，串联耦合缝隙法更适合对口径效率有较高要求的应用场景。另外，串联 T 形结法由于具有低剖面和低成本的特点，是单层应用的一个很好的选择。尽管如此，由于相位误差的增加，串联馈电网络带宽较窄，通常为 3%～5%。

10.2.2　并联馈电网络

为了实现带宽天线阵列，并联馈电结构是一种优选方案，根据馈电结构可分为两类：部分并联馈电[9-13]和完全并联馈电[14,15]。部分并联馈电表示天线在一个平面（沿一个方向）并联馈电，而在另一个平面串联馈电。图10.4（a）给出了一个典型的基于 SIW 部分并联馈电网络，该网络由一个四级 16 路等输出功分器组成[9]，其输出端口连接 SIW 串联纵向缝隙阵列，因此，并联馈电是在 E 面上实现的。与串联馈电 SIW T 形结不同，并联馈电 T 形结的输入端口和一个输出端口是互易的。为了实现低 SLL 的非均匀功率输出，可以采用不等输出功分器，如图10.4（b）所示，E 面的 SLL 可以实现

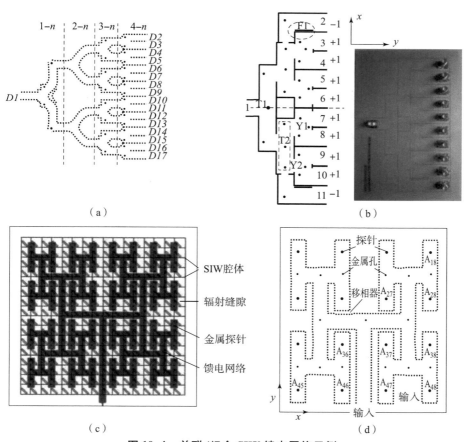

（a）

（b）

（c）

（d）

图 10.4　并联/组合 SIW 馈电网络示例

（a）均匀并联馈电[9]；（b）非均匀并联馈电[10]；

（c）均匀组合馈电[14]；（d）非均匀组合馈电[15]

优于 -25 dB 的水平[10]。部分并联馈电网络可以集成到 SIW 天线阵列的同一层，为了节省空间也可以折叠到下一层[11]。这种技术虽然可以提高天线的工作带宽，但仍然受串联馈电网络的限制。

完全并联馈电表明 SIW 天线或子阵列的每个单元是并联馈电的结构，预期带宽可以更宽。图 10.4（c）给出了一种典型的完全并联馈电结构，对 45°斜缝隙的 2×2 子阵列均匀馈电[14]。图 10.4（d）给出了另一种非均匀的并联馈电网络形式，它采用不等长 T 形结在 15% 的带宽上 SLL 达到了 -17 dB[15]。与部分并联馈电网络相比，完全并联馈电网络通常位于辐射层之下，具有更高的口径效率和成本优势。

10.2.3　基于平面透镜/反射面的准光学馈电网络

平面准光学馈电是一种基于 SIW 技术的二维透镜/反射面。与 TE_{10} 模式的传统电路馈电不同，准光学馈电依赖于 SIW 平行板，支持准 TEM 模式。通过 SIW 端口或 SIW 喇叭的照射实现锥形功率分布和低 SLL。此外，由于空间馈电结构的固有特性，通过偏置馈电可以容易地实现多波束功能。

图 10.5（a）给出了一种典型的基于 SIW 的罗特曼（Rotman）透镜，包括 7 个输入端口和 9 个输出端口，输出端口连接了一个串联馈电的 4×9 SIW 波导缝隙天线阵列，用于多波束天线应用场景[16]。每个输入端口产生一个

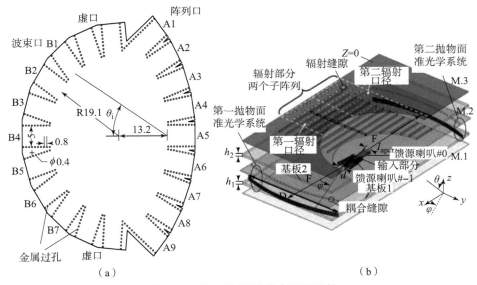

（a）　　　　　　　　　　　　　　　　　　　（b）

图 10.5　准光学 SIW 馈电网络示例

（a）基于平面透镜的馈电[16]；（b）基于抛物反射面的馈电[17]

定向波束，因此在 E 面上产生了 7 个波束。图 10.5（b）给出了一种基于 SIW 的枕形天线，其中抛物面反射器和馈电喇叭用于功率分配和多波束形成[17]。串联馈电 SIW 波导缝隙的两个子阵列位于顶层并由耦合缝隙激励，中心波束在 E 面的 SLL 低于 − 24 dB。

因此，平面准光学馈电方法是多波束天线应用的首选，其锥形功率分布的固有特性有助于实现低 SLL。准光学馈电网络的工作机制与基于电路的馈电网络不同，通常与串联馈电的辐射缝隙天线阵列连接，表现出与部分并联网络相似的特性。

10.2.4　功分器

如图 10.4 所示，功分器是馈电网络中实现期望功率分布的重要部件。SIW 功分器主要有两种类型：T 形结和 Y 形结。以 T 形结为例，文献对等功率输出 T 形结进行了广泛的论述，传统配置如图 10.6（a）所示。端口 1 是输入端口，端口 2 和端口 3 是输出端口，采用 2 个金属电感通孔和 1 个分离通孔进行阻抗匹配和功率分配。由于结构对称，通过调整上述 3 个通孔的位置，T 形结可以获得同相的等输出，预期带宽可以超过 60%[20]。

图 10.6　SIW T 形结配置

（a）传统的等输出 T 形结；（b）具有大输出比和带宽增强的不等输出 T 形结[20]

将等输出 T 形结的分离通孔向输出端移动，并微调电感通孔，就可以得到一个典型的不等输出的 SIW T 形结，实现不同的功率分配。然而，这种类型的不等 SIW T 形结输出比和带宽非常有限，同相位输出时只有 12% 的带宽和 6 dB 的输出比[21]。受 SIW 耦合器和 H 面直角拐弯结构的启发，图 10.6（b）给出了一种改进的不等 T 形结，它能提供大输出比和带宽增强。采用直线排列的 3 个通孔作为电感通孔，同时设计了用于阻抗匹配的 SIW 阶梯，通过优化阶梯和电感通孔的尺寸和位置，该 T 形结同相位输出时带宽超过 60% 输出比为 9 dB，优于经典对称馈电结构的性能[20]。因此，对于低 SLL

天线阵列，不等 T 形结是一种可以实现任意功率分布和同相位输出的宽带馈电网络。

10.3　Ka 频段旁瓣抑制的 SIW 天线阵列

本节以两种 Ka 频段双层串联馈电 SIW 缝隙天线阵列为例，详细介绍了旁瓣抑制 SIW 天线阵列的设计过程。天线阵列工作在 35 GHz，该频段属于雷达系统的大气窗口，如合成孔径雷达和单脉冲雷达。如 10.1 节所述，泰勒分布是一种抑制旁瓣的较好选择，选作初始功率分布使用。PCB 技术用于低成本应用。本节首先针对大孔应用，介绍了一种带耦合缝隙的 8×8 SIW 缝隙阵列设计；然后给出一种 16×16 的 SIW 缝隙阵列设计，其中串联 T 形结在同一层馈电，和差网络位于第二层。

10.3.1　双层 8×8 SIW 缝隙阵列

图 10.7（a）给出了双层 8×8 SIW 的整体结构图。为了确保组装的可靠性，顶部方形金属框架和底部金属板采用螺钉和销钉孔定位，可以保持辐射层和馈电层对准实现能量耦合。此外，在底板中集成了一个宽带 SIW 到 RWG 的直角过渡转换，便于和外部连接[22]。图 10.7（b）给出了辐射层的俯视图和俯视图，所有 8×8 辐射缝隙沿辐射 SIW 刻蚀在顶部铜层上。另外，顶部耦合缝隙位于辐射 SIW 的底部中心，并沿 x 轴交替旋转。由于天线阵列结构对称，只需考虑天线阵列的一半，将辐射波导从中心向边缘依次编号为 1~4。馈电层如图 10.7（c）所示，底部耦合缝隙考虑装配公差而变宽，激励采用宽带同相 T 形结。为了简化设计，辐射 SIW 和馈电 SIW 的宽度相同，仍满足同相激励条件。天线基板采用 Rogers RT5880，10 GHz 时 $\varepsilon_r = 2.2$，$\tan\delta = 0.009$，低 SLL 采用泰勒分布，$n = 5$ 时 SLL 为 -30 dB。本章重点介绍设计过程，相关参数值见文献 [23]。

10.3.1.1　辐射缝隙的参数提取

为了获得低 SLL 的功率分布，需要一种精确的辐射缝隙参数提取方法。前人已经提出了各种参数提取方法，如实验法和 Elliott 公式。本节介绍一种简单有效的等效电路和 S 参数方法，通过全波电磁仿真得到辐射缝隙参数。

端馈式 SIW 波导缝隙阵列的原理图和等效电路如图 10.1 所示。假设每个缝隙尺寸相同，辐射波导 i 总的归一化导纳为

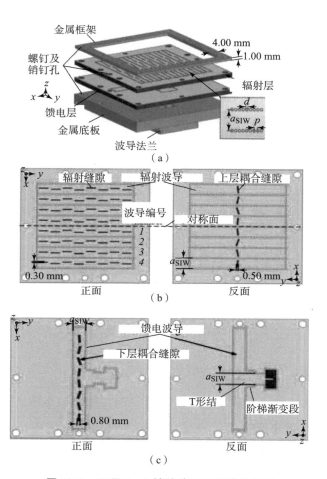

图 10.7　双层 8×8 缝隙波导天线阵的配置

（a）三维视图；（b）辐射层的俯视图和仰视图；（c）馈电层

$$G_i = ng_i + jnb_i = \frac{1 - S_{ii}}{1 + S_{ii}} \qquad (10.1)$$

式中：n 为辐射波导 i 中的缝隙数；S_{ii} 为端口 i 的反射系数；g_i 和 b_i 分别为波导 i 上缝隙的归一化电导和电纳。根据辐射缝隙的等效电路，缝隙在 $b_i = 0$ 时发生谐振。因此，在 $\text{Im}(S_{ii}) = 0$ 时可以得到谐振缝隙的电导。对于缝隙偏移，谐振时会对应一个合适的缝隙长度。

为了提高精度，仿真模型采用 1/4 缝隙阵列，具有对称边界和端馈端口。仿真时为馈电端口分配实际功率比，考虑相邻缝隙之间的互耦，最后得到了缝隙偏移量和缝隙长度和电导之间的参数提取曲线，如图 10.8 所示。

随着缝隙偏移量的增大，谐振缝隙长度基本不变，但归一化电导曲线开始发散，这一现象表明当缝隙偏移较大时，辐射波导之间的互耦较为明显。

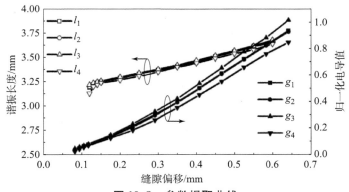

图 10.8　参数提取曲线

根据辐射缝隙等效电路，辐射波导的总归一化电导为 1，缝隙 ij 的电导 g_{ij} 由辐射功率决定，即

$$g_{ij} = \frac{p_{ij}}{q_i} \tag{10.2}$$

式中：p_{ij} 为根据泰勒分布计算的缝隙辐射功率；q_i 为辐射波导 i 的分配功率，即 $\sum_{j=1}^{4} p_{ij}$。因此，辐射缝隙的初始尺寸可以采用插值法从这些曲线中计算。

10.3.1.2　馈电网络

为了简化馈电网络的设计过程，对耦合缝隙、馈电波导和无辐射缝隙的辐射波导进行建模，如图 10.9（a）所示。所有辐射波导都连接匹配负载，由于天线阵列对称，仿真时仅须考虑标记的波导。如 10.2 节所述，耦合缝隙可等效为串联阻抗，与辐射缝隙类似，如果电抗为零，耦合缝隙发生谐

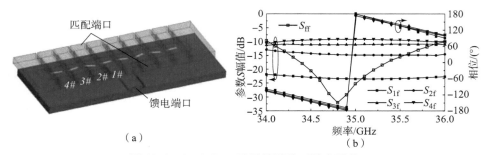

（a）

图 10.9　8 × 8 SIW 波导缝隙阵列馈电网络

（a）简化模型；（b）模拟馈电网络的 S 参数（下标 f 表示馈电口）

振，耦合功率与电阻成正比。同样，仿真后可以获得耦合缝隙倾斜角度和缝隙长度和串联电阻之间的参数曲线。

确定耦合缝隙初始尺寸后，通过微调优化尺寸，具有以下规律：缝隙倾斜角度越大，耦合功率越大；缝隙长度和相位响应相关。经过几轮优化后，图 10.9（b）给出了馈电网络可接受的 S 参数曲线，在 34 ~ 36 GHz 频率范围实现了目标功率比，同相位，输入反射系数为 - 10 dB。

10.3.1.3　仿真和实验结果对比

对辐射缝隙和馈电网络分别进行单独设计均能得到良好的性能，但在天线阵列设计过程中并没有考虑耦合缝隙和相邻辐射缝隙之间的内部耦合，也未涉及辐射波导之间的耦合，而这些都是不可忽略的。因此，天线阵列设计时必须对整个阵列进行联合优化，以实现低 SLL 和阻抗匹配。考虑到互耦干扰主要影响连接部分，因此对中心耦合缝隙和辐射缝隙进行优化，优化目标为天线在 E 面和 H 面的 SLL。阻抗匹配可以通过修改缝隙尺寸参数来实现，且功率分布保持不变。基于这些有效的优化工作，天线阵列可以获得良好的电性能。

图 10.10 为优化后的 8 × 8 SIW 波导缝隙阵列样机，口径尺寸约为 35 mm × 35 mm。图 10.11 为仿真和实测的回波损耗结果对比。假定设计的天线用于大功率发射，输入反射系数应优于 - 20 dB。测量结果表明，反射系数满足 - 20 dB，阻抗带宽为 1.32 GHz（33.97 ~

图 10.10　制作的 8 × 8 SIW 波导缝隙阵列

35.29 GHz），与仿真结果相比阻抗带宽向低频段偏移了 300 MHz。

图 10.12 为 35 GHz 时归一化方向图的仿真和实测结果。结果表明，E 面和 H 面 SLL 的仿真值分别为 - 27.8 dB 和 - 26.9 dB，非常接近泰勒分布值。然而，E 面和 H 面 SLL 的测量值分别为 - 19.8 dB 和 - 17.7 dB。SLL 性能下降主要是由 PCB 的制造误差造成的，金属通孔和缝隙由于采用不同的加工工艺，也可能存在定位不准的误差。因此，对辐射层中沿 x 轴的缝隙和通孔的位置误差 err_x 进行分析，如图 10.13 所示。随着 err_x 的增加，H 面的 SLL 性能恶化，特别是在 60° 附近仿真结果与实测结果相似。实测的天线增益为 19.9 dBi，比仿真结果低 1.2 dBi。

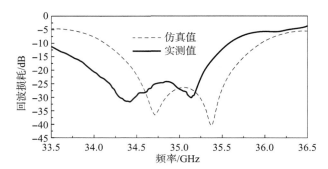

图 10.11　仿真和实测的 SIW 波导缝隙阵列的回波损耗

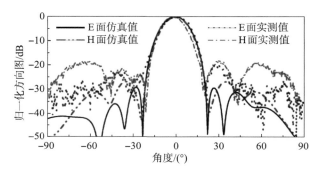

图 10.12　SIW 波导缝隙阵列方向图的仿真和实测结果

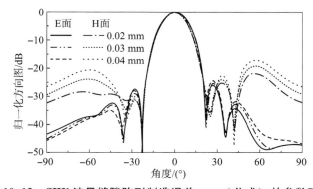

图 10.13　SIW 波导缝隙阵列制造误差 err$_x$（公式）的参数研究

10.3.2　16×16 单脉冲 SIW 缝隙阵列

另一种串联馈电技术，串联 T 形结馈电网络可以与 SIW 波导缝隙阵列集成在同一层，具有低剖面、低成本和高集成度的特点。图 10.14 给出了一种采用两层基片的 16×16 单脉冲 SIW 波导缝隙阵列[24]。如图 10.14（a）所示，第一层的辐射缝隙阵列由四个子阵列和一个不等输出的串联 T 形结馈电网络组成；第二层设计了和差网络，由移相器和 3 dB 定向耦合器组成，如图 10.14（b）所示，另外四个耦合缝隙用于连接 SIW 波导缝隙阵列与和差网络。与 8×8 阵列相比，耦合缝隙的减少提高了天线的可靠性，SIW 天线阵列的设计过程与 10.3.1.1 节类似。

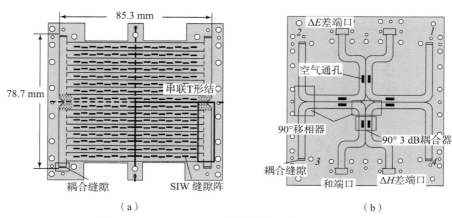

（a）　　　　　　　　　　　　　　　　（b）

图 10.14　16×16 SIW 单脉冲缝隙阵列天线结构
（a）第一层辐射缝隙和馈电网络；（b）和差网络

天线采用 −28 dB SLL 的泰勒锥形分布，阵列的仿真方向图如图 10.15 所示，仿真时采用了对称电边界和对称磁边界子阵列的简化模型。仿真中未计入串联馈电网络，1~8 的 SIW 辐射波导由波导端口激励，其功率比分别为 −4.905 dB、−5.896 dB、−7.003 dB、−9.344 dB、−11.593 dB、−17.975 dB、−18.675 dB 和 −23.018 dB。仿真结果显示 SLL 降低到

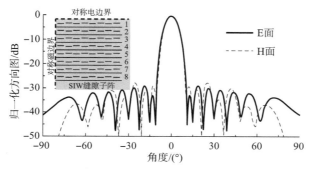

图 10.15　SIW 辐射缝隙简化模型在 35 GHz 的仿真方向图

－27.45 dB，接近泰勒分布的结果。下一步需要设计一个满足功率比和相位响应的串联 T 形结馈电网络。

10.3.2.1　串联 T 形结馈电网络

图 10.16 给出了串联 T 形结馈电网络的详细配置，包括 7 个串联 T 形结和一个 H 面 SIW 拐弯结构。串联 T 形结馈电网络是一种 E 面串联馈电结构，在 10.2.1 节中已经讨论过其工作原理，设计流程如下。

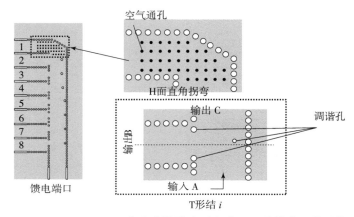

图 10.16　16×16 SIW 单脉冲缝隙阵列串联 T 形结馈电网络结构图

（1）每个 T 形结功率分配比值可从功率分布中得出：

$$\Delta T_l = \frac{P_B}{P_C} = \frac{r_i}{\sum\limits_{n=1}^{l-1} r_n}, i = 2,3,\cdots \qquad (10.3)$$

式中：i 为 T 形结的数量；P_B 和 P_C 分别为 T 形结输出端口 B 和输出端口 C 的输出功率；r_i 为辐射波导 i 的分配功率，对应的相位响应分别为相位 Si_{BA} = 常数和相位 Si_{CA} = ±π。

（2）通过调整调谐通孔的位置和尺寸分别设计不同位置的 T 形结，终端负载采用 SIW 的 H 面拐弯结构，其直通相位响应也为 ±π。H 面直角拐弯是一种基于超材料的结构形式，通过引入空气通孔来改变其有效介电常数，从而实现所需的相位响应和阻抗匹配。

（3）最后将所有的 T 形结和 H 面拐弯结构级联组成串联 T 形结馈电网络。

图 10.17 为串联 T 形结馈电网络的仿真结果。如图 10.17（a）所示，幅值响应在整个工作频段内非常平坦，表明宽带稳定的功率分布，输入端口的反射系数低于 －23 dB。图 10.17（b）给出了输出端口的相位响应，在

35 GHz 左右反相交替变化。由于 T 形结是串联结构，随着工作频率的偏移，其相位误差迅速增加。

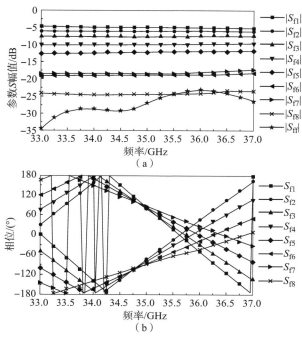

图 10.17　串联 T 型结馈电网络的仿真结果

（a）幅值响应；（b）相位响应

10.3.2.2　和差网络

文献 [6，9] 用 90°3 dB 定向耦合器和 90°移相器实现了平面和差网络，从和端口或差端口到四个子阵列的输出应该幅度相等，并且存在一定的相位差。和波束通过和端口激励产生，E 面和 H 面中的差波束则由差端口激励产生。单脉冲雷达的工作机理是对比同时接收的和信号与差信号，从而确定目标的角位置。

图 10.18（a）给出了一种采用空气通孔的 3 dB SIW 定向耦合器结构，详细尺寸见文献 [25]。通过改变 H 面拐弯结构的半径 $R_1 \sim R_4$ 来实现 90°移相器，如图 10.18（b）所示，优化拐弯半径大小，可以实现宽带性能。完整的和差网络由四个 90°3 dB 定向耦合器和四个 90°移相器组成，如图 10.14（b）所示。

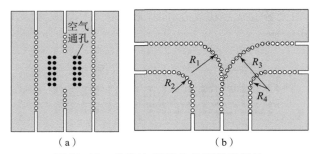

图 10.18　单脉冲 SIW 和差网络的结构

（a）90° 3 dB 定向耦合器；（b）90°移相器

图 10.19 给出了和差网络的仿真 S 参数，下标 1～4 表示子阵列编号，符号 Σ 和 $\triangle$ 分别表示和端口和差端口。和端口在 33～37 GHz 的反射系数优于 -22.5 dB，可以实现子阵列的稳定同相输出，相位差优于 $\pm5°$。和端口与差端口之间的隔离均高于 22 dB，尤其在 35 GHz 达到了 32 dB。此外，在工作带宽内，子阵列与和、差端口之间的相位误差均优于 $\pm5°$，实现了 SIW 宽带同相输出的和差网络。

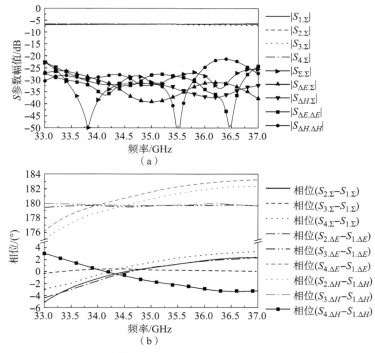

图 10.19　仿真的单脉冲 SIW 和差网络的幅度和相位响应

10.3.2.3　仿真和实测结果对比

为了验证设计的正确性，在双层 PCB 基板上加工了一个 16×16 单脉冲 SIW 波导缝隙阵列样机，并用螺钉固定在一起，如图 10.20 所示。基板采用 F4BMX220，介电常数为 2.2，10 GHz 的损耗角正切为 0.001，厚度为 1.5 mm。阵列周围设计了几个定位孔，以便精确装配。图 10.21 给出了和端口与差端口反射系数的仿真与实测结果，一致性较好，在 34 – 36 GHz 低于 – 10 dB，和端口与差端口之间的对应隔离度均优于 25 dB。

图 10.20　加工的 16×16 单脉冲 SIW 波导缝隙阵列

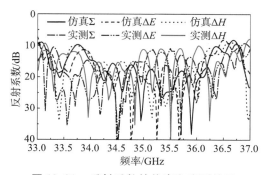

图 10.21　反射系数的仿真和实测结果

图 10.22 为中心频率 35 GHz 的方向图仿真和实量结果。在 E 面和 H 面上，和波束 SLL 的仿真结果分别为 – 26 dB 和 – 28.4 dB，与图 10.15 中无馈电网络情况下的阵列性能相近。在 E 面和 H 面 SLL 的测量结果分别为 – 20 dB

和 −22.5 dB，性能下降主要源于制造误差和装配误差。金属通孔的位置公差为 ±0.05 mm，可能会影响串联 T 形结馈电网络的功分比，不同尺寸的调谐通孔也可能会增加公差。此外，对准误差也会影响子阵列的功率比，导致方向图不对称。在 35 GHz 天线增益的测量值是 24 dBi，与仿真结果相比低 2.3 dB，主要原因是 SIW 中存在介质和金属损耗、两层基板间过渡和耦合缝隙增加了插入损耗。最终，测量得到的差波束增益比和波束增益低 4 dB，E 面和 H 面的差波束零深测量值分别为 31 dB 和 28 dB，而仿真值约为 35 dB。因此，基于 PCB 技术实现的低 SLL 单脉冲 SIW 波导缝隙阵列具有成本低、尺寸小、重量轻等优点，是雷达系统的一种较好选择方案。未来采用相同尺寸的金属通孔，双层基板之间采用导电黏合有望提高天线阵列的性能。

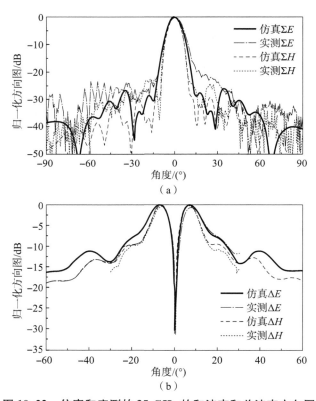

图 10.22　仿真和实测的 35 GHz 的和波束和差波束方向图

10.4　小　　结

　　本章总结了基于 SIW 旁瓣抑制的天线方向图合成技术和天线馈电技术。馈电网络可分为串联馈电、并联馈电和基于平面透镜/反射面的准光学馈电，并讨论了不同馈电网络在实际工程中的应用。针对天线低旁瓣问题，本章介绍了一种基于串联耦合缝隙馈电网络的 8×8 SIW 波导缝隙天线阵的设计案例。在此基础上，针对 Ka 波段单脉冲雷达应用，介绍了 16×16 低旁瓣缝隙阵列详细讲述了 SIW 波导缝隙阵列、两种串联馈电网络及和差网络的设计过程。

参 考 文 献

［1］Hao, Z. C. , He, M. , and Hong, W. （2016）. Design of a millimeter - wave high angle selectivity shaped - beam conformal array antenna using hybrid genetic/space mapping method. IEEE Antennas Wirel. Propag. Lett. 15：1208 - 1212.

［2］Echeveste, J. I. , González de Aza, M. A. , and Zapata, J. （2016）. Shaped beam synthesis of real antenna arrays via finite - element method floquet modal analysis and convex programming. IEEE Trans. Antennas Propag. 64 （4）：1279 - 1286.

［3］Zhang, Z. Y. , Liu, N. W. , Zuo, S. et al. （2015）. Wideband circularly polarised array antenna with flat - top beam pattern. IET Microwave Antennas Propag. 9 （8）：755 - 761.

［4］Hosseininejad, S. E. , Komjani, N. , and Mohammadi, A. （2015）. Accurate design of planar slotted SIW array antennas. IEEE Antennas Wirel. Propag. Lett. 14：261 - 264.

［5］Ding, Z. , Xiao, S. , Tang, M. C. , and Liu, C. （2018）. A compact highly efficient hybrid antenna array for W - band applications. IEEE Antennas Wirel. Propag. Lett. 17 （8）：1547 - 1551.

［6］Liu, B. , Hong, W. , Kuai, Z. Q. et al. （2009）. Substrate integrated waveguide （SIW） monopulse slot antenna array. IEEE Trans. Antennas Propag. 57 （1）：275 - 279.

［7］Xu, J. F. , Hong, W. , Chen, P. , and Wu, K. （2009）. Design and implementation of low sidelobe substrate integrated waveguide longitudinal slot array antennas. IET Microw. Antennas Propag. 3（5）：790－797.

［8］ Chen, X. - P. , Wu, K. , Han, L. , and He, F. （2010）. Low - cost high gain planar antenna array for 60 - GHz band applications. IEEE Trans. Antennas Propag. 58（6）：2126－2129.

［9］ Cheng, Y. J. , Hong, W. , and Wu, K. （2012）. 94 GHz substrate integrated monopulse antenna array. IEEE Trans. Antennas Propag. 60（1）：121－128.

［10］ Yang, H. , Montisci, G. , Jin, Z. S. et al. （2015）. Improved design of low sidelobe substrate integrated waveguide longitudinal slot array. IEEE Antennas Wirel. Propag. Lett. 14：237－240.

［11］ Navarro - Mendez, D. V. , Carrera - Suarez, L. F. , Baquero - Escudero, M. , and Rodrigo - Penarrocha, V. M. （2010）. Two layer slot - antenna array in SIW technology. Eur. Microw. Conf. ：1492－1495.

［12］ Park, S. J. , Shin, D. H. , and Park, S. O. （2016）. Low side - lobe substrate - integrated - waveguide antenna array using broadband unequal feeding network for millimeter - wave handset device. IEEE Trans. Antennas Propag. 64（3）：923－932.

［13］ Chang, L. , Li, Y. , Zhang, Z. et al. （2017）. Low - sidelobe air - filled slot array fabricated using silicon micromachining technology for millimeter - wave application. IEEE Trans. Antennas Propag. 65（8）：4067－4074.

［14］ Guan, D. F. , Qian, Z. P. , Zhang, Y. S. , and Jin, J. （2015）. High - gain SIW cavity - backed array antenna with wideband and low sidelobe characteristics. IEEE Antennas Wirel. Propag. Lett. 14：1774－1777.

［15］ Guan, D. F. , Ding, C. , Qian, Z. P. et al. （2015）. An SIW - based large - scale corporate - feed array antenna. IEEE Trans. Antennas Propag. 63（7）：2969－2976.

［16］ Cheng, Y. J. , Hong, W. , Wu, K. et al. （2008）. Substrate integrated waveguide（SIW）Rotman lens and its Ka - band multibeam array antenna applications. IEEE Trans. Antennas Propag. 56（8）：2504－2513.

［17］ Tekkouk, K. , Ettorre, M. , Gandini, E. , and Sauleau, R. （2015）. Multibeam pillbox antenna with low sidelobe level and high - beam crossover in SIW technology using the split aperture decoupling method. IEEE Trans.

Antennas Propag. 63 （11）：5209 – 5215.

[18] Tekkouk, K., Ettorre, M., Le Coq, L., and Sauleau, R. （2015）. SIW pillbox antenna for monopulse radar applications. IEEE Trans. Antennas Propag. 63 （9）：3918 – 3927.

[19] Li, T., Meng, H., and Dou, W. （2014）. Design and implementation of dual – frequency dual – polarization slotted waveguide antenna array for Ka – band application. IEEE Antennas Wirel. Propag. Lett. 13：1317 – 1320.

[20] Li, T. and Dou, W. （2015）. Broadband substrate – integrated waveguide T – junction with arbitrary power – dividing ratio. Electron. Lett. 51 （3）：259 – 260.

[21] Contreras, S. and Peden, A. （2013）. Graphical design method for unequal power dividers based on phase – balanced SIW tee – junctions. Int. J. Microwave Wireless Technol. 5：603 – 610.

[22] Li, T. and Dou, W. （2014）. Broadband right – angle transition from substrate – integrated waveguide to rectangular waveguide. Electron. Lett. 50 （19）：1355 – 1356.

[23] Li, T. and Dou, W. B. （2015）. Millimetre – wave slotted array antenna based on double – layer sub – strate integrated waveguide. IET Microwave Antennas Propag. 9 （9）：882 – 888.

[24] Li, T., Dou, W., and Meng, H. （2016）. A monopulse slot array antenna based on dual – layer substrate integrated waveguide （SIW）. In：Proc. IEEE 5th Asia – Pacific Conf. Antennas Propag. （APCAP）, 373 – 374.

[25] Li, T. and Dou, W. （2017）. Substrate integrated waveguide 3 dB directional coupler based on air – filled vias. Electron. Lett. 53 （9）：611 – 613.

第 11 章
基片边缘天线

王　磊[1]，殷晓星[2]

[1]赫里奥特 – 瓦特大学传感器、信号和系统研究所，英国爱丁堡 EH14 4AS
[2]东南大学毫米波国家重点实验室，中国南京 210096

11.1　引　言

在频率低于 1 GHz 的情况下，PCB 的介质基板边缘由于其电磁辐射受到限制，通常视为理想开路。但是，当工作频率增大时，如到 28 GHz，图 11.1 所示基板的边缘辐射就不能忽略[1]，有时可以利用这一特性设计天线。

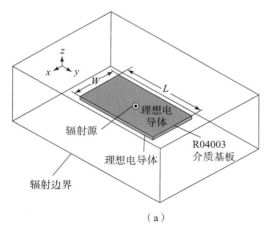

（a）

图 11.1　基板的边缘辐射[1]

（a）全波模拟中的三维模型

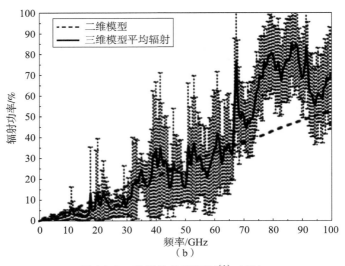

图 11.1　基板的边缘辐射[1]（续）

（b）R04003C 介质基板辐射功率与频率的关系，基板尺寸
2 mm×15 mm×0.508 mm、相对介电常数为 3.55

　　随着 5G 网络的快速发展，基片集成波导（Substrate Integrated
Waveguide，SIW）喇叭天线和阵列因其体积小、增益高、传输损耗低和易于
集成而得到越来越广泛的应用[2]。如图 11.2 所示，基片边缘天线（substrate
Edge Antennas，SEA）（如 H 面喇叭天线[3]）可以与基板中的其他无源组件
如滤波器、耦合器和有源组件（振荡器和放大器）实现集成。与轴向辐射
的贴片天线相比，SEA 还能为系统中的天线布局提供另一种自由度。SEA 的
应用还可以抑制天线对其他组件的电磁干扰（Electromagnetic Interference，
EMI）。文献［4－5］还推荐 SEA 可以作为 5G 手机中的单脉冲阵列和双极
化相控阵列使用。

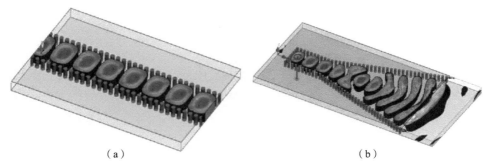

（a）　　　　　　　　　　　　　　　　　（b）

图 11.2　（a）SIW 和（b）SIW H 面喇叭天线的电场传播

　　然而，由于基片和自由空间之间存在严重的阻抗失配，开放式 SIW 作为天线使用时辐射效率很低。为了改善匹配问题，介质加载技术[4-6]和印制条带技术[7-8]已得到成功应用。除了要求阻抗匹配外，还应考虑 SIW 喇叭的增益，因此喇叭的口径效率是另一个关键参数，然而介质基片通常是电薄结构，所以 SIW 喇叭的辐射口径是有限的。文献［9-10］采用透镜和其他加载板等方式校正天线相位和增大天线尺寸，进而扩展整个辐射喇叭口径以实现 SIW 喇叭增益的提升。

　　从电磁场数值计算角度来看，SIW 中的接地过孔的仿真需要大量网格剖分，故大规模 SIW 喇叭阵列的电磁仿真很难。因此，用于 SIW 组件和 SIW 天线的有效数值方法已有研究并得到成功应用。例如，文献［13］提出了一种基于轮廓积分法和惠更斯原理的混合方法，该方法在数值上比三维全波模拟的效率高 2 ~ 3 个数量级，并且精度合理满足应用要求。

11.2　前沿技术

11.2.1　端射 SEA

　　如图 11.1（b）所示，电磁波可以从基片边缘辐射，但总辐射功率不足，如在 30 GHz 时小于 20%，这是由电薄基片边缘和自由空间之间存在严重失配造成的[14]。

　　为了提高阻抗匹配度，可以在喇叭口径通过自然延伸基片的方式加载矩形电介质板或椭圆形电介质板[4,9,15]，如图 11.3（a）所示。图 11.3（b）中在喇叭口径处采用一种附加的聚碳酸酯介质以改善阻抗匹配和提高天线前后比（Front - To - Back Ratio，FTBR）[6]。对于正交模 SIW 喇叭，文献［16］介绍了一种加载空气通孔的方式修正基片介电常数，从而实现阻抗匹配，如图 11.3（c）所示。类似地，文献［17］介绍了另一种加载介质板，采用渐变空气通孔以修正介电常数分布从而提高带宽，如图 11.3（d）所示。

　　此外，图 11.4（a）给出了 SIW 喇叭口径前印制了 3 行矩形条带过渡结构以改善 Ku 频带的阻抗匹配[7-8]。在图 11.4（b）中，喇叭口径前面印制了 2 行三角形条带阵列结构从而扩展了带宽并抑制了背向辐射[18]。图 11.4（c）给出了喇叭口径前印制有 Ku 频段偏移双面平行贴片结构[19]。图 11.4（d）给出了采用特征模方法分析的周期贴片结构在 SIW 喇叭孔和天线阵列的应用[20]。

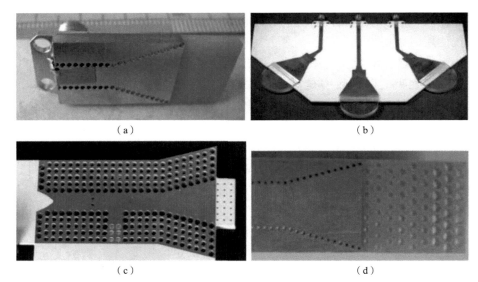

图 11.3 介质加载的 SIW 喇叭天线

（a）矩形介质加载[4]；（b）聚碳酸酯介质加载[6]；（c）空气通孔介质透镜[16]；
（d）渐变空气通孔介质加载[17]

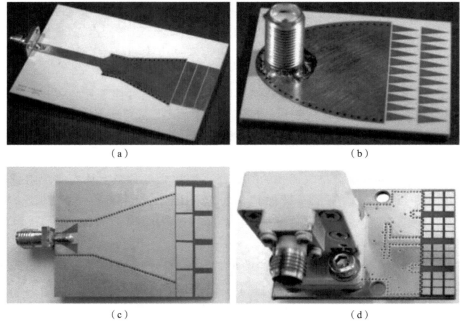

图 11.4 用于匹配增强的 SIW 喇叭口径印制结构

（a）矩形条带[8]；（b）三角形条带[18]；（c）偏移双面平行带状线[19]；
（d）使用特征模方法分析的矩形贴片[20]

如图 11.5（a）所示，喇叭口径前加载金属化过孔的蘑菇形超表面也可以用来改善阻抗匹配和背向散射，而背向散射很容易产生背向辐射方向图[10]。如图 11.5（b）所示，3 个金属化过孔插入 SIW 喇叭内部靠近口径处，目的也是调整阻抗匹配[21]。

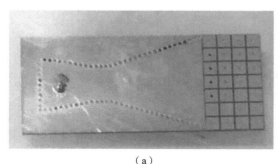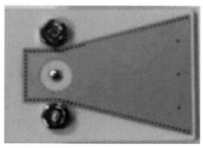

（a）　　　　　　　　　　　　　　　　　（b）

图 11.5　改善阻抗匹配的金属化过孔结构
（a）蘑菇形超表面[10]；（b）内嵌金属化过孔[21]

11.2.2　漏波 SEA

SIW 漏波天线采用单馈电平面 SIW 波导，具有高定向性和低损耗，能够为毫米波无线应用提供有价值的性能[22]。与谐振天线不同，漏波天线的行波辐射机制导致其阻抗带宽很宽，这是漏波天线的另一个普遍优势。由于存在色散特性，先前所有的定向 SIW 漏波天线设计中的辐射波束指向都随频率扫描变化。基片边缘辐射漏波天线可以工作在不同的模式，如 TE_{10} 模式[23]、半 TE_{10} 模式[11]、TE_{20} 模式[12]和半 TE_{20} 模式[24]。图 11.6（a）给出了一种漏波 SEA，它的一个 SIW 壁上减少了过孔数量，天线辐射角随频率变化的色散图如图 11.6（b）所示。在图 11.6（c）和图 11.6（d）中，通过改变漏波 SEA 的宽度，使用带通函数可以综合出辐射方向图[25]。

然而，对于高定向性的点对点宽带无线通信链路而言，波束指向依赖频率变化是一个缺点，因为波束倾斜会导致方向图带宽（pattern bandwidth，PBW）较窄。通常情况下，SIW 漏波天线指向性要求越高，其半功率波束宽度就越窄。因此，SIW 漏波天线不适用于在固定方向上宽带辐射的点对点高吞吐量通信[26]，波束偏斜会降低定向电长漏波 SEA 的有效带宽。

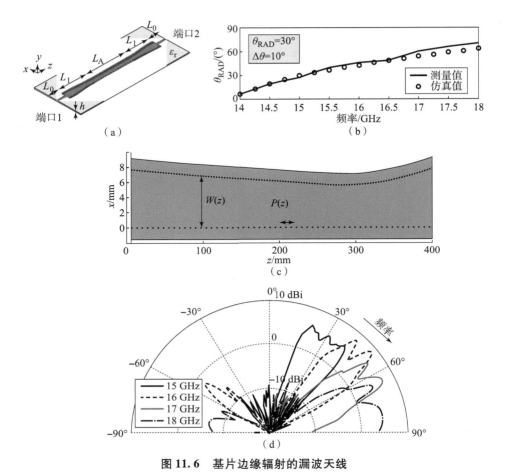

图 11.6　基片边缘辐射的漏波天线

（a）、（b）具有较少金属通孔的均匀漏射[23]；（c）、（d）角滤波方向图的修正宽度漏波天线[25]

11.3　用于宽带阻抗匹配的锥形条带

本节介绍用于改善 SIW 喇叭天线阻抗匹配的两种锥形条带结构：①采用开槽三角形条带来增强阻抗匹配和天线 FTBR；②研究锥形周期性矩形条带用以显著拓宽天线带宽。

11.3.1　锥形三角形条带

文献［18，27］提出了 2 种用于改善阻抗匹配和天线 FTBR 的三角形条带阵列结构。图 11.7 给出了其中一种三角形条带阵列结构用来控制天线的辐射和匹配，SIW 喇叭采用 R04003C 介质基板（$\varepsilon_r = 3.55$），喇叭口径宽度为 20.5 mm（$w_h = 2.3\lambda_0$），介质基板厚度为 1.524 mm（$0.17\lambda_0$），其中 λ_0 是自由空间中的波长，天线的总长度为 39.3 mm（$4.4\lambda_0$）。

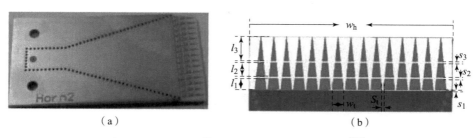

图 11.7　用于宽带匹配开槽锥形三角形条带[28]

（a）三角形条带的 SIW 喇叭；（b）三角形条带结构

喇叭口径前面还印制了一种锥形梯形过渡阵列结构，为了应对 $0.17\lambda_0$ 的基板/基片厚度，并与自由空间实现更好的匹配，在文献［18］中介绍的原始三角形中加入了窄槽。在宽度为 s_1 和 s_2 的前两行槽中出现强电场，然后电场在宽度为 s_3 的最后一行槽中逐渐衰减。结果显示，喇叭口径辐射端与自由空间匹配性良好，验证了开槽三角形条带的有效性。

图 11.8 显示，在较宽的带宽范围内，反射系数 $|S_{11}|$ 从 -3 dB 提高到低于 -15 dB。当平行槽 $l_1 = 1.5$ mm、$l_2 = 1.3$ mm 和 $l_3 = 1.8$ mm 时，$|S_{11}|$ 低于 -10 dB 的带宽可达 35%。

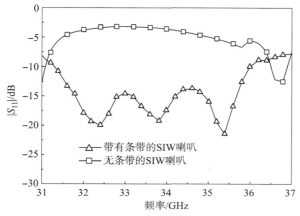

图 11.8　开槽三角形条带的回波损耗

开槽三角形条带还可以控制天线 FTBR，如表 11.1 所示，当三角形条带的总长度固定时，槽的位置会影响天线 FTBR。当 $w_h = 20.5$ mm，$w_t = 1.1$ mm，$s_t = 0.1$ mm，$s_1 = 0.1$ mm，$s_2 = 0.2$ mm，$s_3 = 0.2$ mm，在频率为 30 GHz 时，三种不同槽的位置对应天线 FTBR 变化范围为 9.2 ~ 25.3 dB。

表 11.1　槽的位置和天线性能

l_1/mm	l_2/mm	l_3/mm	带宽/GHz	天线前后比/dB		
				30 GHz	34 GHz	38 GHz
1.0	1.5	1.9	4.62（13%）	9.2	6.2	10.0
1.3	1.6	1.7	11.1（29%）	21.3	10.1	12.9
1.5	1.3	1.8	10.5（35%）	25.3	12.1	16.3

11.3.2　锥形矩形条带

本节介绍了一种采用宽度为 $\lambda_0/(4\sqrt{\varepsilon_r})$ 双条带对的方法，用于改善阻抗匹配，如图 11.9 所示。该方法的原理是当两个波的相位差为 180° 时，由第一条带反射的波被第二条带反射的波抵消或近似抵消，总反射波为

$$E_r = E_{r1} + E_{r2} = a_1 e^{-j\phi_0} + a_2 e^{-j\phi_0} e^{-j4\pi L/\lambda_g} \tag{11.1}$$

式中：E_r 为总反射波；E_{r1} 和 E_{r2} 为来自第一槽和第二槽的反射波，a_1 和 a_2 为相应的幅值，ϕ_0 为第一槽的相位；λ_g 为介质中的导波波长；L 为条带的宽度；ε_r 为相对介电常数。

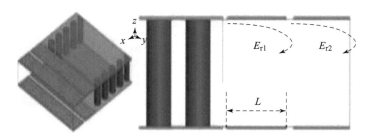

图 11.9　两对矩形条带的匹配结构 [29]

如果 $L = \lambda_0/(4\sqrt{\varepsilon_r}) = \lambda_g/4$ ，则

$$E_r = (a_1 - a_2)/e^{-j\phi_0} \tag{11.2}$$

如果两个槽的宽度相同（正如文献 [8] 所建议），那么 $a_2 < a_1$ 和 $E_r \neq 0$。然而，通过增加第 2 个槽的宽度，反射波 E_{r2} 中的幅值 a_2 也随之增加。因此，当 a_1 和 a_2 近似相等时，可以得到总反射波 $E_r \approx 0$。

如图 11.9 所示，在一块高度为 1.524 mm、宽度为 5 mm 的 R04003C 介质基板中，SIW 由两排半径为 0.25 mm、间距为 0.8 mm 的金属过孔构成，三种类型的印制条带用于改善空间匹配。其中一对宽条带、两对均匀条带和两对锥形条带的宽度分别为 $0.44\lambda_g$、$0.25\lambda_g$ 和 $0.25\lambda_g$。表 11.2 给出了天线带宽和分数带宽的对比结果，结果表明两对锥形条带的设计实现了 13% 的最大带宽。

表 11.2　三种阻抗匹配结构的带宽比较

参数	一对条带	两对均匀条带	两对锥形条带
带宽/GHz/%	1.22/4.36	2.79/8.72	4.17/13.03

如图 11.10 所示，还可以在开口 SIW 口径的前方印制更多的锥形条带以改善性能。为了简化描述，使用槽宽 w_{si} 和条带对宽度 w_{pi} 等参数来定义成对的锥形条形槽。设条形槽对的总长度为 L_a。选择一组阶梯变量为 0.05 mm、条带对宽度 w_{pi} 为 1.3 mm 的锥形条带，不同条形槽对的尺寸设计为

$$w_{si} = 0.1 + 0.05(i-1)\,\text{mm}, \quad i = 1, 2, \cdots, 18 \tag{11.3}$$

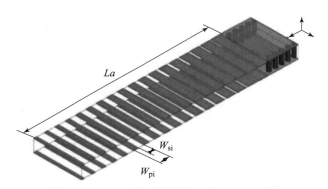

图 11.10　一组锥形条带的阻抗匹配结构[29]

不同条形槽对数量对阻抗匹配的影响如图 11.11 所示，从中可见阻抗带宽将随着条形槽对数量的增加而展宽。结果表明，在 25～40 GHz 频率范围内，无锥形结构 SIW 的 $|S_{11}| > -5$ dB，而对于 18 对锥形条带，其阻抗带宽大于 35%。

基于上述分析，提出了一种具有 18 对锥形条带的 H 面喇叭天线，如图 11.12（a）所示。喇叭的张角为 22°，与图 11.10 中的等宽度条带相比，其 H 面波束宽度更窄。图 11.12（b）中从顶部和侧面观察到的电场均表明，

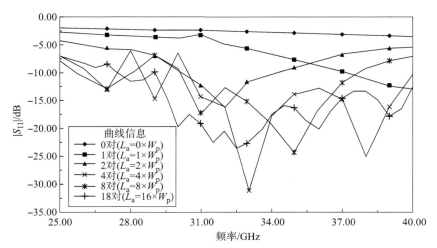

图 11.11 不同数量条形槽对的回波损耗（不同的总长度 L_a，

常数 $w_p = 1.3$ mm[29]）

锥形条带已经将电磁波从 SIW 平稳地引导到自由空间辐射出去。电场的俯视图还证明了 H 面喇叭方向图辐射是通过扩展条带的长度实现的。

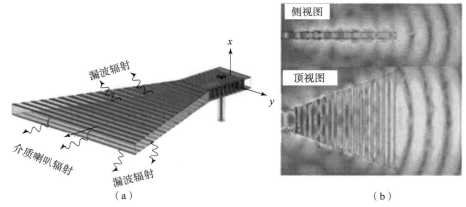

图 11.12 带有一组锥形条的宽带 H 面喇叭天线示意图[29]

（a）天线结构；（b）喇叭周围电场

图 11.13 所示为喇叭天线的样机，天线使用 R04003C 介质基板，其厚度为 1.524 mm，SIW 的宽度为 5mm，在 SIW 中插入半径为 0.15 mm 的金属探针连接器，以 TE_{10} 模式激励电磁波。

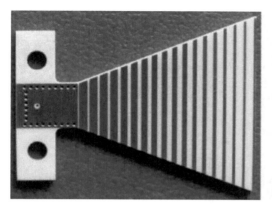

图 11.13　带有一组锥形条的宽带 H 面喇叭天线样机[29]

　　天线回波损耗的测试结果与模拟结果吻合良好，如图 11.14 所示。在 29.3 ~ 43.0 GHz 频率范围，$|S_{11}|$ 低于 -10 dB。图 11.15 给出了宽频带上稳定的 H 面辐射方向图，其旁瓣电平较低（低于 -20 dB），由于存在漏波辐射，E 面波束宽度减小。

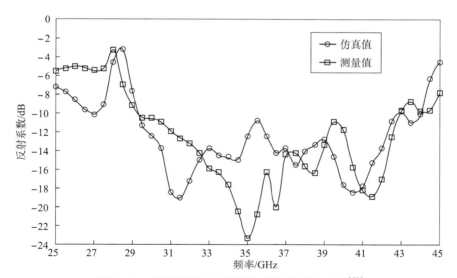

图 11.14　带锥形条的宽带喇叭天线的回波损耗[29]

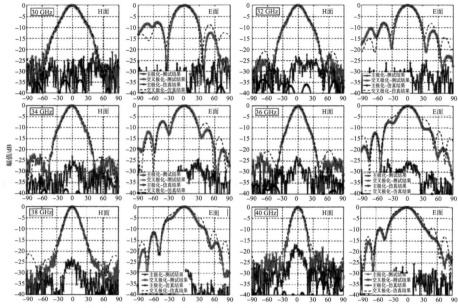

图 11.15　宽带喇叭天线在 30 GHz、32 GHz、54 GHz、
36 GHz、38 GHz 和 40 GHz 的辐射方向图[29]

11.4　用于增益增强的内嵌平面透镜

随着喇叭臂的展开，喇叭口径上的电场幅值和电场相位变得不均匀，这降低了口径效率和天线增益。解决该问题的一种常见方法是使用透镜来校正口径上的相位分布，但加载印制透镜[4,6,9] 的 SIW 喇叭尺寸变大从而导致成本上升。此外，喇叭天线也会失去印制其他结构形式的自由度，比如用于改进天线 FTBR 的印刷条带。

11.4.1　内嵌金属透镜

1946 年，文献［30］提出用金属透镜来校正喇叭口径上的相位分布。图 11.16（a）给出了在喇叭口径处内嵌一组不同宽度的短波导，以校正喇叭口径上电场的相位分布，相位校正的概念如图 11.16（b）所示。众所周知，矩形介质填充波导主模 TE_{10} 的相速度可以由空间 d 控制：

$$v = \frac{v_0}{\sqrt{1 - [\lambda/(2d)]^2}} \tag{11.4}$$

式中：v_0 为介质中的光速；v 为介质填充波导中的相速度；d 为波导的宽度；λ 为介质中的工作波长。

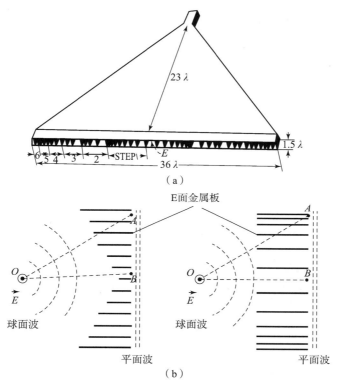

（a）

E面金属板

球面波　　　　　　　　　　　　球面波

平面波　　　　　　　　　　　　平面波

（b）

图 11.16　加载波导透镜的扇形喇叭[30]和透镜分析[31]

式（11.4）表明，相速可以通过改变波导宽度 d 来进行调谐。因此，通过调整波导的宽度和金属透镜的长度，可以校正喇叭口径相位。

在图 11.16 中，平行等距金属板之间的相速度是恒定的，但其比空气中的相速度传播快。而窄波导中的相速又比宽波导中的相速快，因此，所有球面波都能以相同的相位到达喇叭口径并以平面波形式传播出去。本节提出了一种组合的解决方案，将成排的金属通孔组成的金属波导透镜嵌入喇叭内部，实现喇叭口径电场等相位输出，如图 11.17（a）和图 11.17（b）所示。

为了验证金属透镜的相位校正效果，制作了相同尺寸的传统 SIW 喇叭和内嵌金属透镜的 SIW 喇叭天线。表 11.3 比较了两者的增益测试结果，使用内嵌金属透镜的喇叭天线增益比传统 SIW 喇叭天线高 2 dB 左右。

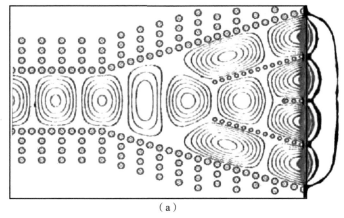

（a）

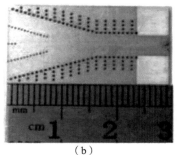

（b）

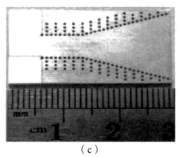

（c）

图 11.17 带有金属通孔透镜的 SIW 喇叭内部的电场、
带有嵌入金属透镜的 SIW 喇叭样品和传统 SIW 喇叭[31]

表 11.3 测量天线增益的比较

频率/GHz	28	30	34	35	36
带金属透镜的 SIW 喇叭的增益/dBi	8.16	10.83	8.29	9.20	8.75
常规 SIW 的增益/dBi	5.26	6.94	7.17	7.09	6.91

11.4.2 嵌入式间隙透镜

类似地，在 SIW 喇叭天线内部刻蚀间隙也可以实现内嵌间隙透镜的功能，图 11.18 给出了一种嵌入喇叭内部的间隙透镜，同时在口径外再加载三角形条带，以实现更好的匹配和天线 FTBR 抑制，三角形条带的设计如 11.3.1 节所述。下面介绍对称间隙 SIW 和不对称间隙 SIW 之间的差异，如图 11.19 所示。对称间隙 SIW 的整体性能表现与无间隙的经典 SIW 相同。然而，非对称缝隙 SIW 不同部分（宽半模和窄半模）的相速是不同的，可以用来调整相位分布。

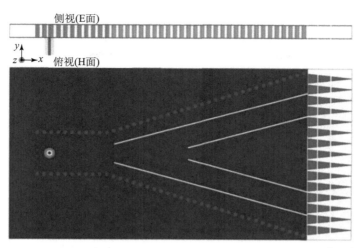

图 11.18　内嵌间隙透镜的 SIW 喇叭天线的侧视图和俯视图[28,32]

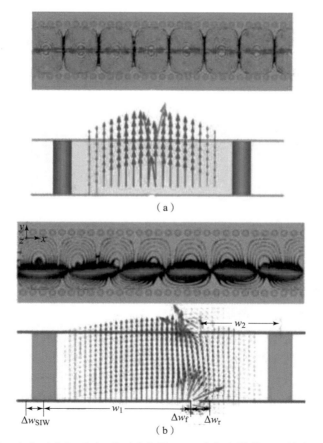

图 11.19　中心对称和（b）非对称间隙 SIW 内部和横截面上的电场分布[28]

图 11.20 给出了使用间隙透镜进行相位校正后的喇叭口幅值和相位分布。很明显，喇叭口径上的相位变得线性化，电场的幅值趋于均匀，有助于提高 SIW 喇叭天线的口径效率。

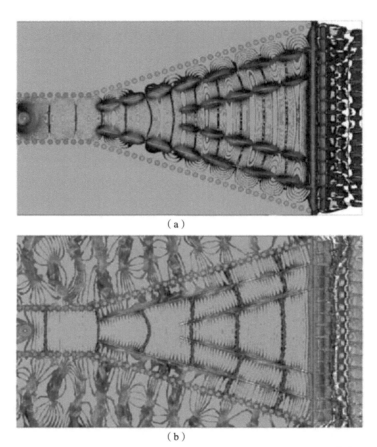

（a）

（b）

图 11.20　内嵌间隙透镜 SIW 喇叭的电场幅值和相位分布[28]

图 11.21 给出了四种不同间隙透镜和锥形条带的 SIW 喇叭天线样机，采用探针同轴连接器测试了这四个喇叭性能。图 11.22 对比了天线反射系数的仿真结果和实测结果，同时给出了四种天线的实测增益对比。

喇叭 1 和喇叭 2 都表现出良好的阻抗匹配，如图 11.22（a）所示，相位校正的效果如图 11.22（b）所示，结果表明喇叭 1 比喇叭 2 在工作频带上实现了约 2 dB 的增益改善，在 30 ~ 36 GHz 频率范围，喇叭 1 的方向图随频率稳定，如图 11.23 所示。

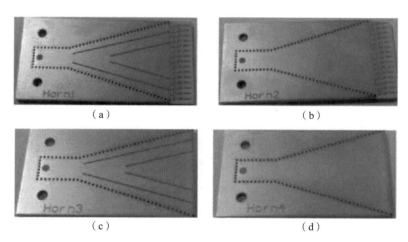

图 11.21　四种有/无间隙透镜和有/无锥形条带的 SIW 喇叭天线样品[28]

（a）带锥形条的间隙 SIW 喇叭；（b）带锥形条的传统 SIW 喇叭；

（c）间隙 SIW 喇叭；（d）传统 SIW 喇叭

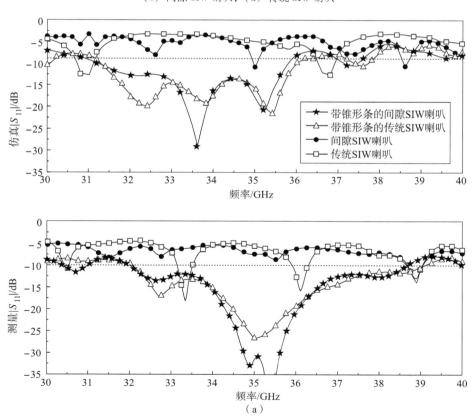

图 11.22　四个天线回波损耗的仿真和测量对比和天线测量增益对比[28]

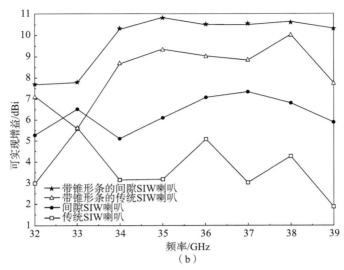

图 11.22　四个天线回波损耗的仿真和测量对比和天线测量增益对比[28]　（续）

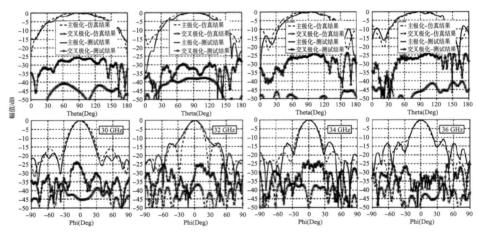

图 11.23　在 30 GHz、32 GHz、34 GHz 和 36 GHz 下间隙透镜的
SIW 喇叭天线的方向图（上方：E 面，下方：H 面[28]）

11.5　用于宽带定向波束漏波 SEA 的棱镜透镜

为了解决波束倾斜问题，提高漏波 SEA 在定向应用中的带宽，图 11.24
分别说明了漏波 SEA 和棱镜透镜的工作机理，其中漏波 SEA 和棱镜透镜具

有波束指向随频率变化而变化的特性[33-36]，将漏波 SEA 和棱镜透镜有机组合在一起，可以很好地实现宽频带固定波束指向的漏波 SEA。

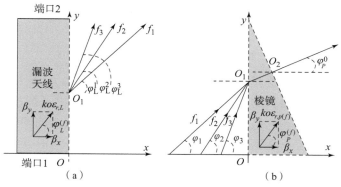

图 11.24　工作原理说明

（a）漏波 SEA 的辐射色散；（b）使用色散棱镜透镜，根据频率不同的角方向射线组合[33]

漏波 SEA 波束指向随频率扫描特性如图 11.24（a）所示。SIW 中的电磁波沿 y 轴方向传播，而漏波的辐射方向为 $\phi_L(f)$，其与频率相关，并由在 SIW 中传播模式的固有色散特性决定，传播和辐射角定义为

$$k_0^2 \times \varepsilon_{r,L} = \beta_x^2 + \beta_y^2 \qquad (11.5)$$

$$\sin\phi_L(f) = \frac{\beta_y}{k_0 \times \sqrt{\varepsilon_{r,L}}} \qquad (11.6)$$

式中：k_0 为自由空间中的波数；$\varepsilon_{r,L}$ 为漏波 SEA 中的相对介电常数；β_x 和 β_y 分别为 x 轴和 y 轴方向上的传播常数。

由色散材料制成的光学棱镜可以根据颜色将一束光分成不同的方向，每种颜色代表不同的频率。同样地，可以利用棱镜将不同方向不同频率的光线聚焦到相同的传播方向，如图 11.24（b）所示。棱镜的等效介电常数 $\varepsilon_{r,P}(f)$ 必须与频率相关，即

$$k_0^2 \times \varepsilon_{r,P}(f) = \beta_r^2 + \beta_y^2 \qquad (11.7)$$

$$\sin\phi_P(f) = \frac{\beta_y}{k_0 \cdot \sqrt{\varepsilon_{r,P}(f)}} \qquad (11.8)$$

如果将漏波 SEA 和色散棱镜透镜有机组合在一起，则根据电磁波在两种介质之间传播的边界条件，β_y 在两个结构中是相等的，则

$$\beta_y = k_0 \times \sqrt{\varepsilon_{r,L}} \times \sin\phi_L(f) = k_0 \cdot \sqrt{\varepsilon_{r,P}(f)} \cdot \sin\phi_P(f) \qquad (11.9)$$

因此　　　　　　$n_L \times \sin\phi_L(f) = n_P(f) \cdot \sin\phi_P(f), \qquad (11.10)$

这就是斯涅尔定律，其中等效折射率为 $n_L = \sqrt{\varepsilon_{r,L}}$，$n_P(f) = \sqrt{\varepsilon_{r,P}(f)}$。漏波 SIW 中的折射率 n_L 是恒定的，而漏波辐射方向角 $\phi_L(f)$ 和棱镜中的折射率 $n_P(f)$ 都是和频率相关的。对于给定的漏波方向角 $\phi_L(f)$，为了获得恒定的辐射角，棱镜的折射率为

$$n_P(f) = \frac{n_L \cdot \sin\phi_L(f)}{\sin\phi_P(f)} \qquad (11.11)$$

基于上述分析，这里给出了一种超表面透镜结构，它是在 R04003C 介质基板中采用金属通孔的方式实现。图 11.25（a）给出了漏波 SEA 单元和金属过孔超表面单元的色散图，色散曲线分别绘制在光线的两侧，两者随频率变化的趋势相反。在 30～40 GHz 的目标频带内，黑色正方形曲线和粉色右三角形曲线是漏波 SEA 和棱镜透镜的两个较好结果。根据色散图计算，模拟的等效折射率如图 11.25（b）所示，设计时选择 $p_{prism} = 1.0$ mm 和 $p_{leaky} = 2.0$ mm。

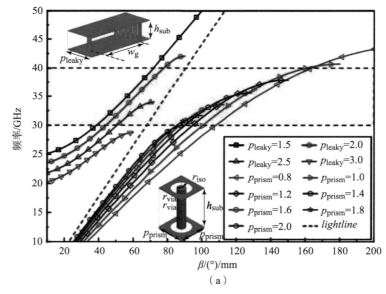

（a）

图 11.25　色散图和不同周期数的漏波 SEA 等效折射率

（不同周期 p_{leaky}（1.5～3.0 mm）以及 p_{prism}（0.8～2.0 mm）[33]）（见彩插）

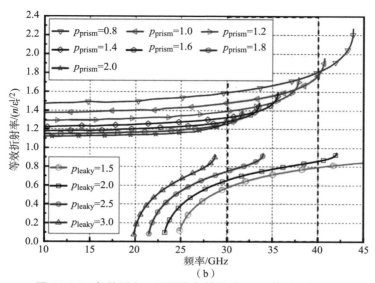

图 11.25　色散图和不同周期数的漏波 SEA 等效折射率

（不同周期 p_{leaky}（1.5 ~ 3.0 mm）以及 p_{prism}（0.8 ~ 2.0 mm）[33]）（见彩插）（续）

　　天线仿真方向图如图 11.26 所示，结果表明无棱镜漏波 SEA 在 33 ~ 38 GHz 范围内波束偏转角约为 16°，而有棱镜漏波 SEA 在 H 面内的波束偏转角小于 1°，天线旁瓣电平低于 − 10 dB。

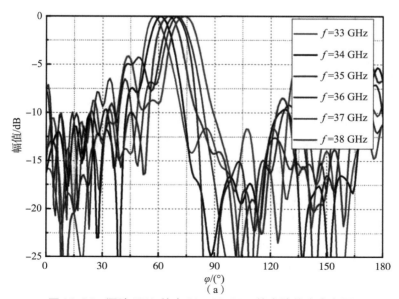

图 11.26　漏波 SEA 的在 33 ~ 38 GHz 的全波仿真方向图

（a）有色散棱镜

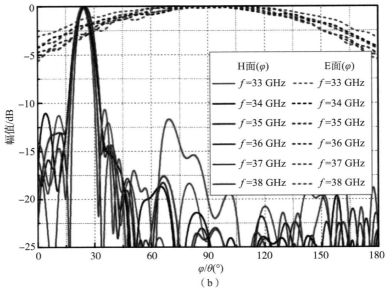

（b）

图 11. 26　漏波 SEA 的在 33 ~ 38 GHz 的全波仿真方向图 （续）

（b）无色散棱镜

图 11.27 给出了天线加载透镜后在宽频带（33 – 38 GHz）的电场分布，结果表明电场波前均平行于辐射口径，再次证明了加载色散透镜天线可以实现宽频带内的定向辐射。

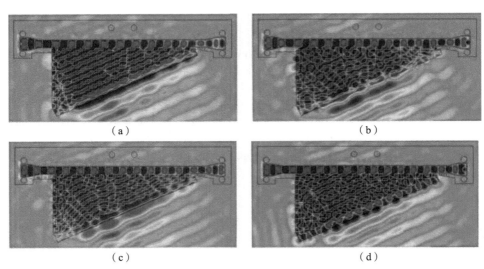

图 11. 27　带棱镜透镜的漏波 SEA 在不同频率下的电场分布

（a）33 GHz；（b）34 GHz；（c）35 GHz；（d）36 GHz

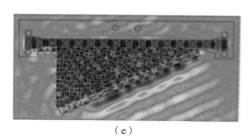 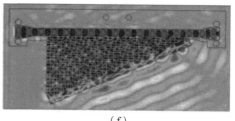

（e）　　　　　　　　　　　　　　　（f）

图 11. 27　带棱镜透镜的漏波 SEA 在不同频率下的电场分布（续）

（e）37 GHz；（f）38 GHz[53]

图 11.28（a）给出了一个定向波束漏波 SEA 的样机，采用了厚度为 1.524 mm 的 R04003 介质基板色散棱镜透镜，同时在辐射口径上印制了 2 行矩形条带以提高阻抗匹配。图 11.28（b）中的散射参数测量结果表明该天线在 30～40 GHz 具有良好的阻抗匹配，而 $|S_{21}|$ 也很低，保持良好的天线效率。

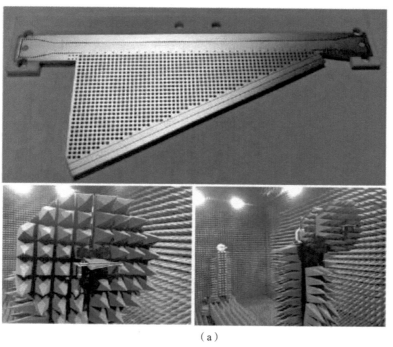

（a）

图 11. 28　（a）透镜漏波 SEA 产品测试状态图和（b）散射参数[33]

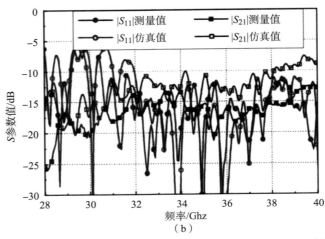

图 11. 28 （a）透镜漏波 SEA 产品测试状态图和（b） 散射参数[33]（续）

图 11.29 （a） 给出了漏波 SEA 实测方向图，结果表明在 35 ~ 40 GHz 频率范围的辐射方向图均维持在 $\phi = 31°$，变化约 0.5°。图 11.29 （b） 表明天线方向图在 ϕ 为 28°、29°、30°和31°方向上 3 dB 频率带宽急剧下降，结果表明当 $\phi = 31°$时，35 ~ 40 GHz 的天线辐射电平差小于1 dB，33.2 ~ 40 GHz 的天线辐射电平差小于 3 dB。如果采用辐射角 $\phi = 30°$的情况，34 ~ 40 GHz 的天线辐射电平差小于 1 dB，32.3 ~ 40 GHz 的天线辐射电平差小于 3 dB。

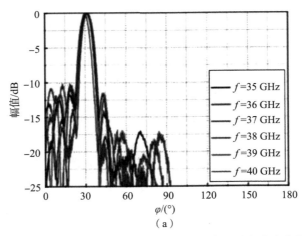

图 11. 29 测量方向图特定方向上辐射电平随频率变化图

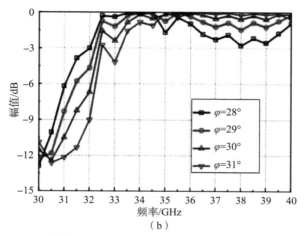

图 11. 29 测量方向图特定方向上辐射电平随频率变化图 (续)

11. 6 小 结

本章综述和讨论了基片边缘辐射的基片集成天线，基于 5G 和下一代雷达等毫米波应用，由于 SEA 具有紧凑的几何结构、宽带、低电磁干扰和易于阵列设计等特点，它是一种非常有应用前景的产品。

除了自身作为辐射器使用外，SEA 还可以用作其他辐射器的基片集成馈电结构，如线性锥形缝隙天线[37~39]、八木天线阵列[40]、对数周期偶极子阵列[41]和宽边辐射缝隙阵列[42]。

除了毫米波阵列和馈电应用之外，SEA 也有望未来应用于 100 GHz 以上的无线通信系统封装天线中。

参 考 文 献

[1] Wang, L. and Schuster, C. (2018). Investigation of radiated EMI from printed circuit board edges up to 100 GHz by using an effective two – dimensional approach. In: International Symposium on Electromagnetic Compatibility (EMC EUROPE), 473 – 476.

[2] Li, Z., Wu, K., and Denidni, T. A. (2004). A new approach to integrated horn antenna. In: 10th International Symposium on Antenna Technology and Applied Electromagnetics and URSI Conference, 1 – 3.

［3］ Cao, Y., Cai, Y., Wang, L. et al. （2018）. A review of substrate integrated waveguide end – fire antennas. IEEE Access 6: 66243 – 66253.

［4］ Wang, H., Fang, D., Zhang, B., and Che, W. （2010）. Dielectric loaded substrate integrated waveg – uide （SIW） H – plane horn antennas. IEEE Trans. Antennas Propag. 58 （3）: 640 – 647.

［5］ Zhang, J., Zhao, K., Wang, L. et al. （2020）. Dual – polarized phased array with endfire radiation for 5G handset applications. IEEE Trans. Antennas Propag. 68, 4, 3277 – 3282.

［6］ Yousefbeiki, M., Domenech, A. A., Mosig, J. R., and Fernandes, C. A. （2012）. Ku – band dielectric – loaded SIW horn for vertically – polarized multi – sector antennas. In: 6th European Conference on Antennas and Propagation （EuCAP）, 2367 – 2371.

［7］ Morote, M. E., Fuchs, B., and Mosig, J. R. （2012）. Printed Transition for SIW Horn Antennas — Analytical Model. In: 6th European Conference on Antennas and Propagation （EuCAP）, 1 – 4.

［8］ Esquius – Morote, M., Fuchs, B., Zürcher, J., and Mosig, J. R. （2013）. A printed transition for matching improvement of SIW horn antennas. IEEE Trans. Antennas Propag. 61 （4）: 1923 – 1930.

［9］ Che, W., Fu, B., Yao, P., and Chow, Y. L. （2007）. Substrate integrated waveguide horn antenna with dielectric lens. Microwave Opt. Technol. Lett. 49 （1）: 168 – 170.

［10］ Cai, Y., Zhang, Y., Yang, L. et al. （2017）. Design of low – profile metamaterial – loaded substrate integrated waveguide horn antenna and its array applications. IEEE Trans. Antennas Propag. 65 （7）: 3732 – 3737.

［11］ Xu, J., Hong, W., Tang, H. et al. （2008）. Half – mode substrate integrated waveguide （HMSIW） leaky – wave antenna for millimeter – wave applications. IEEE Antennas Wirel. Propag. Lett. 7: 85 – 88.

［12］ Xu, F., Wu, K., and Zhang, X. （2010）. Periodic leaky – wave antenna for millimeter wave applica – tions based on substrate integrated waveguide. IEEE Trans. Antennas Propag. 58 （2）: 340 – 347.

［13］ Dahl, D., Brüns, H. D., Wang, L. et al. （2019）. Efficient simulation of substrate – integrated waveg – uide antennas using a hybrid boundary element method. IEEE J. Multiscale Multiphys. Comput. Tech. 4: 180 – 189.

[14] Yeh, C. I., Yang, D. H., Liu, T. H. et al. (2010). MMIC compatibility study of SIW H – plane horn antenna. In: International Conference on Microwave and Millimeter Wave Technology, 933 – 936.

[15] Yeap, S. B., Qing, X., Sun, M., and Chen, Z. N. (2012). 140 – GHz 2 × 2 SIW horn array on LTCC. In: IEEE Asia – Pacific Conference on Antennas and Propagation, 279 – 280.

[16] Esquius – Morote, M., Mattes, M., and Mosig, J. R. (2014). Orthomode transducer and dual – polarized horn antenna in substrate integrated technology. IEEE Trans. Antennas Propag. 62 (10): 4935 – 4944.

[17] Cai, Y., Qian, Z., Zhang, Y. et al. (2014). Bandwidth enhancement of SIW horn antenna loaded with air – via perforated dielectric slab. IEEE Antennas Wirel. Propag. Lett. 13: 571 – 574.

[18] Esquius – Morote, M., Fuchs, B., Zürcher, J., and Mosig, J. R. (2013). Novel thin and compact H – plane SIW horn antenna. IEEE Trans. Antennas Propag. 61 (6): 2911 – 2920.

[19] Cao, Y., Cai, Y., Jin, C. et al. (2018). Broadband SIW horn antenna loaded with offset double – sided parallel – strip lines. IEEE Antennas Wirel. Propag. Lett. 17 (9): 1740 – 1744.

[20] Li, T. and Chen, Z. N. (2018). Wideband substrate – integrated waveguide – fed endfire metasurface antenna array. IEEE Trans. Antennas Propag. 66 (12): 7032 – 7040.

[21] Sun, D., Xu, J., and Jiang, S. (2015). SIW horn antenna built on thin substrate with improved impedance matching. Electron. Lett 51 (16): 1233 – 1235.

[22] Jackson, D. R., Arthur, A. O., and Balanis, C. (2008). Leaky – wave antennas. In: Modern Antenna Handbook, Wiley. 325 – 367.

[23] Martinez – Ros, A. J., Gomez – Tornero, J. L., and Goussetis, G. (2012). Planar leaky – wave antenna with flexible control of the complex propagation constant. IEEE Trans. Antennas Propag. 60 (3): 1625 – 1630.

[24] Liao, Q. and Wang, L. Switchable bidirectional/unidirectional LWA array based on half – mode substrate integrated waveguide. IEEE Antennas Wirel. Propag. Lett. 19 (7). 1261 – 1265.

[25] Martinez – Ros, A. J., Gómez – Tornero, J. L., and Goussetis, G.

(2017). Multifunctional angular bandpass filter SIW leaky – wave antenna. IEEE Antennas Wirel. Propag. Lett. 16: 936 – 939.

[26] Zetterstrom, O., Pucci, E., Padilla, P. et al. (2020). Low – dispersive leaky – wave antennas for mmWave point – to – point high – throughput communications. IEEE Trans. Antennas Propag. 68 (3): 1322 – 1331.

[27] Li, Y., Yin, X., Zhao, H. et al. (2014). Radiation enhanced broadband planar TEM horn antenna. In: Asia – Pacific Microwave Conference, 720 – 722.

[28] Wang, L., Esquius – Morote, M., Qi, H. et al. (2017). Phase corrected H – plane horn antenna in gap SIW technology. IEEE Trans. Antennas Propag. 65 (1): 347 – 353.

[29] Wang, L., Garcia – Vigueras, M., Alvarez – Folgueiras, M., and Mosig, J. R. (2017). Wideband H – plane dielectric horn antenna. IET Microwaves Antennas Propag. 11 (12): 1695 – 1701.

[30] Kock, W. E. (1946). Metal – lens antennas. Proc. IRE 34 (11): 828 – 836.

[31] Wang, L., Yin, X., Li, S. et al. (2014). Phase corrected substrate integrated waveguide H – plane horn antenna with embedded metal – via arrays. IEEE Trans. Antennas Propag. 62 (4): 1854 – 1861.

[32] Wang, L., Esquius – Morote, M., Yin, X., and Mosig, J. R. (2015). Gain enhanced H – plane gap SIW horn antenna with phase correction. In: 9th European Conference on Antennas and Propagation (EuCAP), 1 – 5.

[33] Wang, L., Gómez – Tornero, J. L., and Quevedo – Teruel, O. (2018). Substrate integrated waveguide leaky – wave antenna with wide bandwidth via prism coupling. IEEE Trans. Microwave Theory Tech. 66 (6): 3110 – 3118.

[34] Wang, L., Gómez – Tornero, J. L., and Quevedo – Teruel, O. (2018). Dispersion reduced SIW leaky – wave antenna by loading metasurface prism. In: International Workshop on Antenna Technology (iWAT), 1 – 3.

[35] Wang, L., Gómez – Tornero, J. L., Rajo – Iglesias, E., and Quevedo – Teruel, O. (2018). On the use of a metasurface prism in gap – waveguide technology to reduce the dispersion of leaky – wave antennas. In: 12th

European Conference on Antennas and Propagation（EuCAP 2018），1 – 3.

[36] Wang，L.，Gómez – Tornero，J. L.，Rajo – Iglesias，E.，and Quevedo – Teruel，O.（2018）. Low – dispersive leaky – wave antenna integrated in groove gap waveguide technology. IEEE Trans. Antennas Propag. 66（11）：5727 – 5736.

[37] Iigusa，K.，Li，K.，Sato，K.，and Harada，H.（2012）. Gain enhancement of H – plane sectoral post – wall horn antenna by connecting tapered slots for millimeter – wave communication. IEEE Trans. Antennas Propag. 60（12）：5548 – 5556.

[38] Wang，L.，Yin，X.，and Zhao，H.（2015）. A planar feeding technology using phase – and – amplitude – corrected SIW horn and its application. IEEE Antennas Wirel. Propag. Lett. 14：147 – 150.

[39] Wang，L.，Yin，X.，Esquius – Morote，M. et al.（2017）. Circularly polarized compact LTSA array in SIW technology. IEEE Trans. Antennas Propag. 65（6）：3247 – 3252.

[40] Wang，L.，Yin，X.，and Zhao，H.（2014）. Quasi – Yagi array loaded thin SIW horn antenna with metal – via – array lens. In：IEEE Antennas and Propagation Society International Symposium（APS），1290 – 1291.

[41] Chen，Q.，Yin，X.，and Wang，L.（2018）. Compact printed log – periodic dipole arrays fed by SIW horn. In：12th European Conference on Antennas and Propagation（EuCAP 2018），1 – 3.

[42] Ettorre，M.，Sauleau，R.，and Le Coq，L.（2011）. Multi – beam multi – layer leaky – wave SIW pillbox antenna for millimeter – wave applications. IEEE Trans. Antennas Propag. 59（4）：1093 – 1100.

彩　插

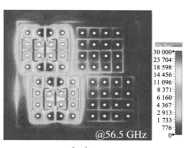

（a）

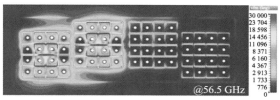

（b）

图 4.22　$S_e = 4.2$ mm 的 E 面耦合子阵列和 $S_h = 4.0$ mm 的 H 面耦合子阵列

顶面上 56.5 GHz 下的仿真电场幅值分布

（a）$S_e = 4.2$ mm 的 E 面耦合子阵列；（b）$S_h = 4.0$ mm 的 H 面耦合子阵列

顶面上 56.5 GHz 下的仿真电场幅值分布

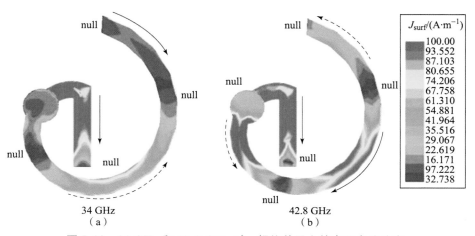

图 5.29　34 GHz 和 42.8 GHz 时，螺旋单元上的表面电流分布

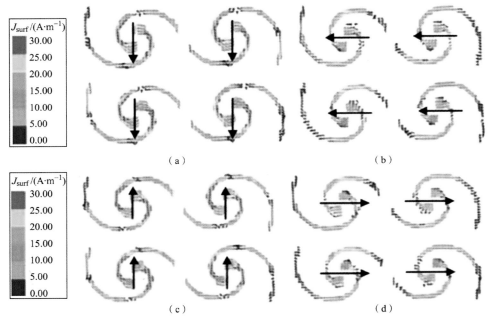

图 5.33 螺旋天线在不同时间相位产生的表面电流分布

(a) 0°; (b) 90°; (c) 180°; (d) 270°

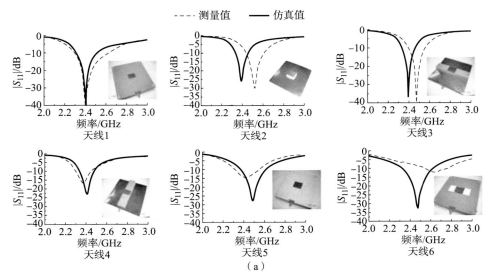

图 8.8 孔径耦合微带贴片天线的几何结构和阻抗匹配随频率的变化和
去除不同基板结构的 2.4 GHz 孔径耦合微带贴片天线的归一化电场分布

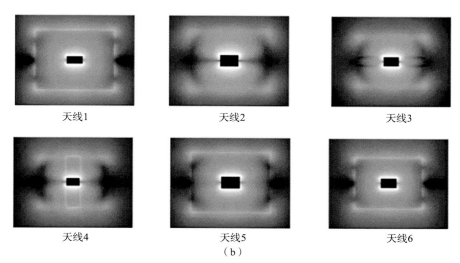

天线1　　　　　　　　天线2　　　　　　　　天线3

天线4　　　　　　　　天线5　　　　　　　　天线6

（b）

图 8.8　孔径耦合微带贴片天线的几何结构和阻抗匹配随频率的变化和
去除不同基板结构的 2.4 GHz 孔径耦合微带贴片天线的归一化电场分布（续）

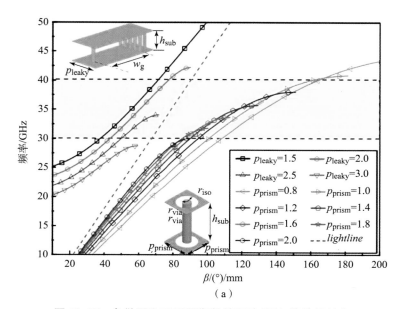

（a）

图 11.25　色散图和不同周期数的漏波 SEA 等效折射率
（不同周期 p_{leaky}（1.5 ~ 3.0 mm）以及 p_{prism}（0.8 ~ 2.0 mm）[33]）

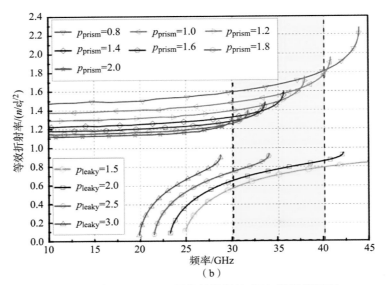

图 11.25　色散图和不同周期数的漏波 SEA 等效折射率

（不同周期 p_{leaky} （1.5 ~ 3.0 mm） 以及 p_{prism} （0.8 ~ 2.0 mm）[33]） （续）